FLUVIAL PROCESSES

河流演变学

［加］M. Selim Yalin，A.M. Ferreira da Silva

戴文鸿　唐洪武　闫静　译

内 容 提 要

本书系 MS. Yalin 教授与 AMF. da Silva 教授 2001 年的出版专著 *Fluvial Processes*（IAHR，2001）的中文译本。译时在不损害原义表达的基础上，尽可能保持原著风格。本书采用与原著相同的编排方式，共分 6 章：第 1 章介绍相关的基础知识；第 2 章介绍床面形态与水流阻力的相关理论；第 3 章阐述稳定河道及其计算；第 4 章阐述稳定河道的形成，弯曲河道与分汊河道的演变过程，并涉及三角洲的形成过程；第 5 章阐述弯曲河道的几何及力学特性；第 6 章阐述弯曲河道的相关计算。

本书可作为水利、环境等涉河专业高校研究生的教材，亦可作为相关研究人员或工程技术人员的参考用书。

图书在版编目（CIP）数据

河流演变学 / (加) 雅林, (加) 席尔瓦著 ; 戴文鸿, 唐洪武, 闫静译. -- 北京 : 中国水利水电出版社, 2015.6(2017.12重印)
书名原文: Fluvial Processes
ISBN 978-7-5170-3336-3

Ⅰ. ①河… Ⅱ. ①雅… ②席… ③戴… ④唐… ⑤闫… Ⅲ. ①河道演变 Ⅳ. ①TV147

中国版本图书馆CIP数据核字(2015)第136633号

书　　名	**河流演变学**
原 书 名	**Fluvial Processes**
原　　著	[加] M. Selim Yalin，AM. Ferreira da Silva
译　　者	戴文鸿　唐洪武　闫静
出版发行	中国水利水电出版社 （北京市海淀区玉渊潭南路 1 号 D 座　100038） 网址：www. waterpub. com. cn E - mail：sales@waterpub. com. cn 电话：(010) 68367658（营销中心）
经　　售	北京科水图书销售中心（零售） 电话：(010) 88383994、63202643、68545874 全国各地新华书店和相关出版物销售网点
排　　版	中国水利水电出版社微机排版中心
印　　刷	天津嘉恒印务有限公司
规　　格	170mm×240mm　16 开本　12.25 印张　234 千字
版　　次	2015 年 6 月第 1 版　2017 年 12 月第 2 次印刷
印　　数	601—1100 册
定　　价	**49.00** 元

译 者 序

《河流演变学》(原著：Fluvial Processes)是国际知名水力学及河流动力学学者 M. Selim Yalin 教授与 A.M. Ferreira da Silva 教授合作研究的成果。原著第一作者 Yalin 教授，生前是加拿大皇后大学(Queen's University)终身教授，曾任国际水利与环境工程学会(The International Association of Hydro-Environment Engineering and Research，简称 IAHR)河流水力学委员会(The Committee on Fluvial Hydraulics)主席(1986—1991 年)，其研究涉及泥沙输移理论、河流动力学、河流演变学和水流数学模型等领域。Yalin 教授一生学术成果丰硕，除发表了数百篇学术论文外，还出版了包括 Hydraulic Models (1971)、Mechanics of Sediment Transport (1972)、River Mechanics (1992) 以及 Fluvial Processes (2001) 在内的多部学术专著。原著另一作者 da Silva 教授，现为加拿大皇后大学教授，其研究涵盖河流紊动力学、泥沙输移理论与河流地貌动力学等领域。

第一译者戴文鸿教授曾师从 Yalin 教授和 da Silva 教授，研习数载，得益匪浅，其翻译出版导师研究专著的心愿由来已久。现《河流演变学》得以面世，以飨中国读者。

《河流演变学》理论缜密，条理清晰，注重阐述物理概念，擅长解读公式含义，关注业界研究动态，强调实验勘测佐证，广泛引荐同行成果。将大尺度紊动涡旋与大尺度床面形态有机结合、深入研究，无疑是本书最大亮点；广泛运用量纲分析则是本书最大特色。全书共分 6 章：第 1 章介绍基础知识；第 2 章阐述床面形态与水流阻力；第 3 章介绍稳定河道及其计算；第 4 章阐述稳定河道的形成，弯曲河道与分汊河道的演变过程；第 5、第 6 两章则分析和阐述弯曲河道的几何及力学特性和相关计算，意在更深入地研究河流演变。

本书可以拓宽河流演变研究者的视野，不仅可作为河流领域相关研究人员和工程技术人员的参考用书，还可作为地理、水利和环境等涉河专业高校师生的教学用书。对于有兴趣于河流演变学的读者，本书亦是难得的佳作。

本书出版承蒙中国水利科技专著译著出版基金、国家自然科学基金（51479071、51239003 和 51109066）、江苏省自然科学基金（BK2012808）、江苏高校优势学科发展平台（YS11001）以及“111”引智计划（B12032）等的资助和支持。河海大学毛野教授及泥沙实验室全体同仁为本书定稿等提出了诸多宝贵的修改意见，河海大学水力学及河流动力学专业研究生张海通、苗伟波、闫志方、赵苏磊、丁伟、张云、高嵩、冯逸君、甘珑、刘震、余雯、嵇敏、张九鼎等也参与了本书译稿的整理工作，在此一并致以衷心的谢意。

《河流演变学》内容博大精深，译者才疏学浅，书中难免有纰缪、疏漏或对原著领悟不深而曲解原意之处，凡此种种敬请读者批评指正。

戴文鸿　唐洪武　闫静

于江苏省南京市

2015 年 4 月

原 著 前 言

冲积河道中行进的水流常常改变其河床表面的形态，从而形成沙纹、沙垄和浅滩等；而且，在诸多情况下，水流都是在整体上改变整个河道，从而使河道在平面上展现出弯曲或分汊态势。总体来讲，冲积河流及其可变形的边界经历着形式各样的河流演变过程，并演绎着不同的冲积形态。

本书定性和定量地描述河流的演变过程及相关的冲积形态。除面向水利工程、水资源及相关地球科学分支等领域的研究者和研究生外，本书也可作为工程技术人员的参考用书。

本书中心思想如下：冲积河道中（沿水流方向）周期性变化的大尺度冲积形态是由水流的大尺度紊动引起的，而此后冲积形态随时间的演变过程则是由河道的稳定趋势引导的。

本书内容具有演绎特征，即每一章节的内容均以前面章节的内容为前提；因此，倘若不按照顺序阅读，读者或许会感到难以理解。书中大量运用了量纲分析法（Dimensional Method），并且强调了“与实验相符”的重要性。由于稳定分析法（Stability Approach）并非为作者的研究领域，故本书没有采用稳定分析法。（如果读者对采用稳定分析法研究河流演变的相关内容感兴趣，可参阅 G. Seminara, G. Paker, M. Tubino 和 T. Hayashi 的著作）。

第一作者 M. Selim Yalin 欣闻其之前出版的几部著作被若干大学选作相关研究生课程的教材。基于这一情况，本书在编写时主要考虑以学生为阅读群体。为此，每一章后均附有与该章内容紧密相关的习题；此外，凡适当之处，也均提供了有关后续研究的建议。关于阻力系数和稳定河道计算的 FORTRAN 程序也包含于书内[1]。

---

[1] 因版权问题，本中文译本并未提供这些程序。

通常，为了便于编程计算，需要对实验数据散点进行拟合，因此，书中提出了诸多“拟合计算公式”。这些公式并没有特别的物理含义，它们仅仅是为表达实验散点的分布趋势而已。

本书共分 6 章。第 1 章介绍紊流和泥沙运动的基本原理；第 2 章讨论床面形态及水流阻力。这两章只是对《河流动力学》（*River Mechanics*, M. Selim Yalin, Pergamon Press, 1992）中相关内容的更新和修订。第 3 章阐述河道稳定的概念及其热力学公式。稳定趋势影响下弯曲河道和分汊河道的演变规律在第 4 章中进行讨论，同时，三角洲的形成过程亦有所涉及。目前，河流动力学的研究内容大多与弯曲河道有关，为此，第 5 章专门研究弯曲河道的几何及力学特性。弯曲河道的水流运动、河床变形以及河岸迁移—扩展各方面的计算则是第 6 章的主要内容。

作者感谢 H. Scheuerlein 教授（IAHR 第三学术分会主席）长期以来的热心帮助和鼓励；并对 G. Di Silvio 教授和 M. Jaeggi 教授审阅本书手稿的工作表示感激，他们为本书定稿提出了许多有价值的建议。然而，书中若有任何不妥之处，均系作者职责所失。

作者感谢加拿大皇后大学应用科学学院院长 T.J. Harris 博士和土木工程系主任 D. Turcke 博士为本书出版提供的资金支持；此外，感谢皇后大学图形设计组的 Larry Harris 先生提供的技术支持。

M. Selim Yalin 和 A.M. Ferreira da Silva
于安大略省金斯敦市
2000 年 8 月

符号列表及说明

1. 一般符号

f_A	确定参量 A 的量纲函数
$\Phi_A, \phi_A, \Psi_A, \psi_A$	确定参量 A 的无量纲函数
$\alpha, \alpha', \beta, \beta'$	参量表达式中的无量纲系数（不一定为常数）
$\approx$	近似地等于，可与相比的
$\sim$	和……成比例（比例系数可能不是一个常数）
∇	Nabla 算子（“Del”）
const	常量

2. 平均值

$\bar{A}$	参量 A 的垂向平均值
A_m	参量 A 的断面平均值
A_{av}	参量 A 的河域平均值

（详见 5.4 节中关于平均值定义的说明）

3. 下标

a, O	分别表示弯道水流中的参量在顶点和拐点断面处的数值
b	表示在河床上或者与河床相关的参量的数值
cr	表示相应于泥沙起动的数值（相应于“临界状态”）
max	表示参量的最大值
min	表示参量的最小值
R	表示参量的稳定状态值
0	通常表示 $t=0$ 时刻参量的数值；除了 τ_0, c_{M0} 和 θ_0

4. 坐标

t	时间
x	顺直水流的方向；弯道水流的大致方向
y	水平面内垂直于 x 的方向

z	通常指垂直于x—y平面的方向（也可表示某点的高程——见“5. 相关量”）
l	弯道水流的纵向坐标
l_c	弯道水流沿中心线的纵向坐标
r	弯道水流的径向坐标；在河道曲率中心处，$r=0$
n	弯道水流的径向坐标；在河道中心线上，$n=0$
n_s	水平面内垂直于流线s的方向；径向自然坐标
s	流线；纵向自然坐标
ϕ	极坐标中的角度
ξ_c	l_c的无量纲值（$\xi_c=l_c/L$）
η	n的无量纲值（$\eta=n/B$）
ζ	z的无量纲值（$\zeta=z/h_{av}$）

5. 相关量

a_1, a_2	连续相邻的顶点断面（第 3 章）
a_i, a_{i+1}	连续相邻的顶点断面（第 5 章和第 6 章）
A_*	与水流能量相关的特征值（在稳定河道演变过程中趋于最小化）
B	自由水面的宽度
B_c	河道断面中心区域的宽度
B_s	粗糙度函数
c	总无量纲（Chézy）阻力系数
c_f	c中纯摩擦引起的阻力分量
c_Δ	c中床面形态引起的阻力分量
c_M	弯道水流总的当地无量纲阻力系数
c_{M0}	c_M中河床引起的当地阻力分量（包括床面形态的影响）
C	悬移质的当地无量纲体积浓度
C_ϵ	当$z=\epsilon$时，C的数值
CV	控制体积
D	颗粒材料的代表粒径（通常为D_{50}）
e_i	空间点m处单位质量流体的内能
e_k	空间点m处单位质量流体的动能
e_p	空间点m处单位质量流体的压能
e	空间点m处单位质量流体的总能量（$e=e_i+e_k+e_p$）
E_i	系统或控制体积中流体的内能

E	系统或控制体积中流体的总能量
e_V, e_H	分别为垂向和水平向紊动猝发形成的涡旋
E_V, E_H	分别为垂向和水平向大尺度紊动的涡旋（当$t=T_V$时，$E_V=e_V$；当$t=T_H$时，$E_H=e_H$）
$\mathcal{F}_i$	单位时间内通过横断面面积A_i的能量转化（能量通量与位移功率之和）
g	重力加速度
h	水深
$\mathbf{i}_\alpha$	α方向上的单位矢量
J	纵向自由水面的比降
$\mathcal{J}$	径向自由水面的比降
$J_0(\theta_0)$	关于θ_0的0阶第一类Bessel函数
k_s	河床表面的沙粒粗糙度
K_s	河床的总有效粗糙度：沙粒粗糙度与床面形态粗糙度之和
L	弯曲长度（沿l_c测量的长度）
L_V, L_H	分别为垂向和水平向上的猝发长度
n	猝发（水平紊动）的排数
O_1, O_2	连续相邻的拐点断面（第3章）
O_i, O_{i+1}	连续相邻的拐点断面（第5章和第6章）
p	颗粒材料的孔隙率
Q	流量
Q_{bf}	平滩流量
Q_s	体积输沙率（通过水流的整个横断面）
$\dot{Q}_s$	系统或控制体积与周围环境之间的净热交换率
q	单宽流量（$q=Q/B$）
q_{sb}	推移质的单宽体积输沙率（在区域$0<y<\epsilon$中）
q_{ss}	悬移质的单宽体积输沙率（在区域$\epsilon<y<h$中）
q_s	总单宽体积输沙率$q_s=q_{sb}+q_{ss}$
R	弯道水流中心线的曲率半径
$\mathcal{R}$	水力半径
r_s	流线s的曲率半径
S	河床坡降
S_c	沿弯道水流中心线的河床坡降
S_v	河谷坡降
s_*	熵

S_*	系统或控制体积的熵
Sys	流体系统（与控制体积 CV 相对应）
$\mathbf{T}$	当地“侧向应力和床面剪切应力”的合成矢量
$T°$	绝对温度（Kelvin 温度）
T_b	弯曲河道河床的演变历时
$\hat{T}_0$	河宽的演变历时
T_i	河流或其可动边界特征参数 i 的演变历时
T_V, T_H	分别为垂向和水平向猝发历时
T_R	稳定河道的演变历时
T_Δ	床面形态的演变历时
$(T_\Delta)_i$	床面形态 i 的演变历时（当 $i=a$ 时，为交错浅滩；当 $i=d$ 时，为沙垄；当 $i=r$ 时，为沙纹；等等）
$\mathbf{U}$	当地流速矢量
U	矢量 $\mathbf{U}$ 的大小
$\mathbf{U}_b$	床面上的流速矢量
u, v, w	分别为 $\mathbf{U}$ 在纵向、横向和垂向上的投影（标量）
v_*	摩阻流速 $v_* = \sqrt{\tau_0/\rho}$
v_Γ	横向环流的流速大小
W	水流边界面的当地移动速度（垂直于该表面的方向）
W_1', W_2'	分别为弯道内岸 1 和外岸 2 的当地径向移动速度（水平面上）
W'	中心线的当地径向移动速度
W_a'	顶点断面处的 W' 值
$\mathcal{W}_x$	弯曲河道的迁移速度（沿 x 方向）
W_x, W_l	分别为沿 x 和 l 方向上沙波的迁移速度
$\dot{W}_*$	系统或控制体积与周围环境之间的净功率
w_s	颗粒的沉降速度
z	某点的高程（通常也指竖直方向——见“4. 坐标”）
z_b	任意 t 时刻的河床高程
$(z_b)_0$	$t=0$ 时刻的河床高程
$(z_b)_T$	$t=T_b$ 时刻的河床高程
z_c	质心的高程
z_f	任意 t 时刻自由水面的高程
z'	t 时刻 z_b 的正或负增量［$z' = z_b - (z_b)_0$］
z_T'	T_b 时刻 z_b 的正或负增量［$z_T' = (z_b)_T - (z_b)_0$］

γ 流体的容重

γ_s 颗粒在流体中的容重（湿容重）

Γ 横向环流

Δ, Λ, δ 通常，分别指床面形态的高度、长度和陡度

$\Delta_i, \Lambda_i, \delta_i$ 对应于床面形态 i 的高度、长度和陡度（当 $i=a$ 时，指交错浅滩；当 $i=d$ 时，指沙垄；当 $i=n$ 时，指 n 排浅滩；当 $i=r$ 时，指沙纹）

ϵ 推移质区域的厚度

θ 弯曲河道在 l_c 断面处的偏转角

θ_0 $l_c=0$ 断面处的偏转角

Θ 河道演变的无量纲时间（或阶段）变量

κ von Karman 常数（≈ 0.4）

λ_c 阻力系数 c 与纯摩擦系数 c_f 的比值（$\lambda_c = c/c_f$）

Λ_M 弯段的波长

ν 运动黏滞系数

ν_t 涡旋运动黏滞系数

ρ 流体密度

ρ_s 颗粒密度

σ 河道的弯曲系数（$\sigma = L/\Lambda_M$）

τ_0 床面剪切应力矢量 $\vec{\tau}_0$ 的大小

χ 当地“侧应力”合成矢量 $\vec{\chi}$ 的大小

ϕ_r 休止角

ω 偏移角（弯曲河道中流线 s 与坐标线 l 之间的夹角）

ω_c 沿弯道水流中心线处的 ω 值

6. 无量纲组合

Fr 水流弗劳德数［$Fr = \mathcal{V}^2/(gh)$，式中，$\mathcal{V}$ 是某特征流速（$\mathcal{V} = \bar{u}, u_m, u_{av}$ 等）］

Re 水流雷诺数（$Re = \mathcal{V}h/\nu$，式中，$\mathcal{V}$ 是某特征流速）

Re_* 摩阻雷诺数（$Re_* = v_* k_s/\nu$）

X 沙粒雷诺数（$X = v_* D/\nu$）

Y 沙粒的可动性数［$Y = \rho v_*^2/(\gamma_s D)$］

Z 相对水深（$Z = h/D$）

W 密度比率（$W = \rho_s/\rho$）

Ξ^3 材料数［$\Xi^3 = X^2/Y = \gamma_s D^3/(\rho \nu^2)$］

η_* 相对水流强度（$\eta_* = Y/Y_{cr}$）

ϕ Einstein 无量纲输沙率［$\phi = \rho^{1/2} q_s \big/ \left(\gamma_s^{1/2} D^{3/2} \right)$］

N 无量纲单宽流量［$N = Q \big/ \left(BDv_{*cr} \right)$］

说　明

本书中，冲积物指无黏性颗粒材料或介质，冲积河道则指由水流冲积形成的河道或河床。

天然冲积河道通常为“宽浅”河道：它们的宽深比一般大于10。宽深比随流量的增加而增大，某些天然河道，其宽深比甚至达到3位数，这些河道的水流（紊流）几乎均为缓流。

本书河道演变研究采用恒定的（特征）流量Q（特征流量Q的选取总结于3.6节）

目　录

第1章 基 础 知 识

冲积河道的变形（包括河床和河岸的变形），是由水流作用下大量泥沙颗粒的运动，即泥沙输移（Sediment Transport）引起的。因此，我们首先探讨泥沙输移及其相关课题。

1.1 泥沙输移

形成冲积河流边界的泥沙颗粒具有一定的湿容重和摩擦系数。因此，如果作用在河流边界上某点的剪切应力τ_0（见图 1.1）小于特定的“临界值”$(\tau_0)_{cr}$，那么泥沙颗粒将不会随水流运动。这就意味着，泥沙颗粒只能沿河流边界 $AA'B'B$ 中 $A'B'$ 输移。在边界 $A'B'$ 处

$$\eta_* = \frac{\tau_0}{(\tau_0)_{cr}} > 1 \tag{1.1}$$

本书中，称η_*为“相对拖曳力（Relative Tractive Force）”或“相对水流强度（Relative Flow Intensity）”。注意，只有位于河流边界（河岸及河床）表层的泥沙颗粒才会随水流起动并输移（沿水流运动x方向）。泥沙颗粒的起动是由边壁剪切应力τ_0引起的，输移则是由水流的纵向流速u引起的。

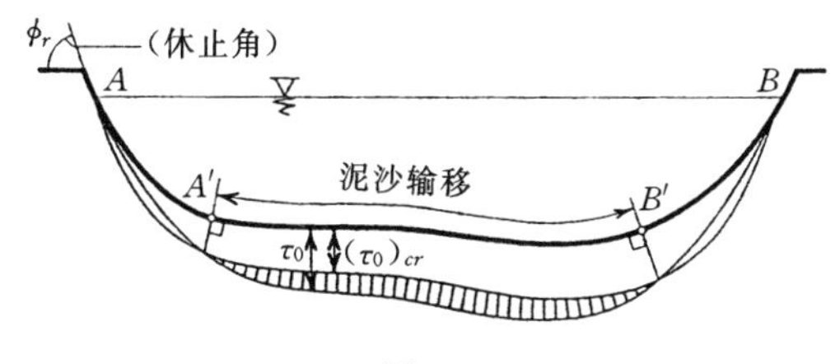

图 1.1

如果η_*小于某特定值η_{*1}（$1<\eta_*<\eta_{*1}$），那么位于河床附近（即图 1.2 中的区域$k_s<z<\epsilon$）的泥沙颗粒将按照确定的“跳跃”轨迹P_b运动。以这种形式运动的颗粒称为推移质（Bed-Load）。

如果η_*“较大”，即$\eta_*>\eta_{*1}$，那么由于水流紊动的作用，部分泥沙颗粒将会“悬浮”于区域$\epsilon<z<h$中，而其他颗粒仍将以推移质形式运动，即位于区域$k_s<z<\epsilon$。区域$\epsilon<z<h$内的颗粒将按照随机的轨迹P_s运动。以这种形式运

动的颗粒称为悬移质（Suspended-Load）。因此，我们应该明确这样一个概念：悬移质并非推移质的“替代品”，而是推移质的“补充”。

显然，η_{*1}一定是沙粒雷诺数v_*D/ν——本书中用X表示（详见1.3小节）——的特定函数。到目前为止，函数η_{*1}还没有确定的形式；更多内容可参见文献[5]。

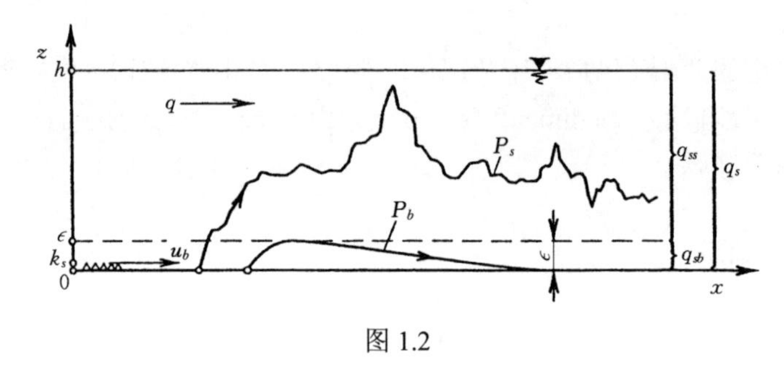

图 1.2

定义单位时间内通过单位宽度过水断面的泥沙颗粒的总体积为总单宽体积输沙率（Total Specific Volumetric Transport Rate），并用q_s表示。显然，q_s为推移质输沙率（Bed-Load Rate）q_{sb}与悬移质输沙率（Suspended-Load Rate）q_{ss}之和

$$q_s = q_{sb} + q_{ss} \quad (q_s \geqslant q_{sb},\ q_s > q_{ss}) \tag{1.2}$$

其中，q_{si}的量纲为

$$[q_{si}] = [\text{长度}] \cdot [\text{速度}] \tag{1.3}$$

1.2 紊流

本书首先针对顺直明渠中恒定且均匀的二维紊流（最简单的情况）来探讨泥沙输移的基本规律。在目前所述的范围内，“二维”是指水流的特征参量不沿第三个维度y（垂直于（x；z）坐标平面）发生变化。上述简化看似抽象且脱离实际，但其实并非如此。对于宽浅天然冲积河道（河流）的顺直河段，其横断面形状接近于梯形［例如，图1.3（a）、（b）中的河流横断面——其y方向比例被严重缩小］，然而沿x方向的变化却通常小到可以忽略。对于这些河段，（几乎不受河岸摩阻影响的）“中心区域”B_c处的水流可近似视为二维均匀流［见图1.3（a）］。

本章1.2~1.5节中，均假定动床表面是平整的，且床面的沙粒粗糙度为k_s。k_s可由下式估算（参见文献[10]，[24]，[13]，[2]）

$$k_s \approx 2D \tag{1.4}$$

i）剪切应力τ（$\tau = \tau_{zx}$）在上述二维水流中的垂向分布可用线性公式（见

图 1.4）来表示

$$\tau=\tau_0\left(1-\frac{z}{h}\right) \tag{1.5}$$

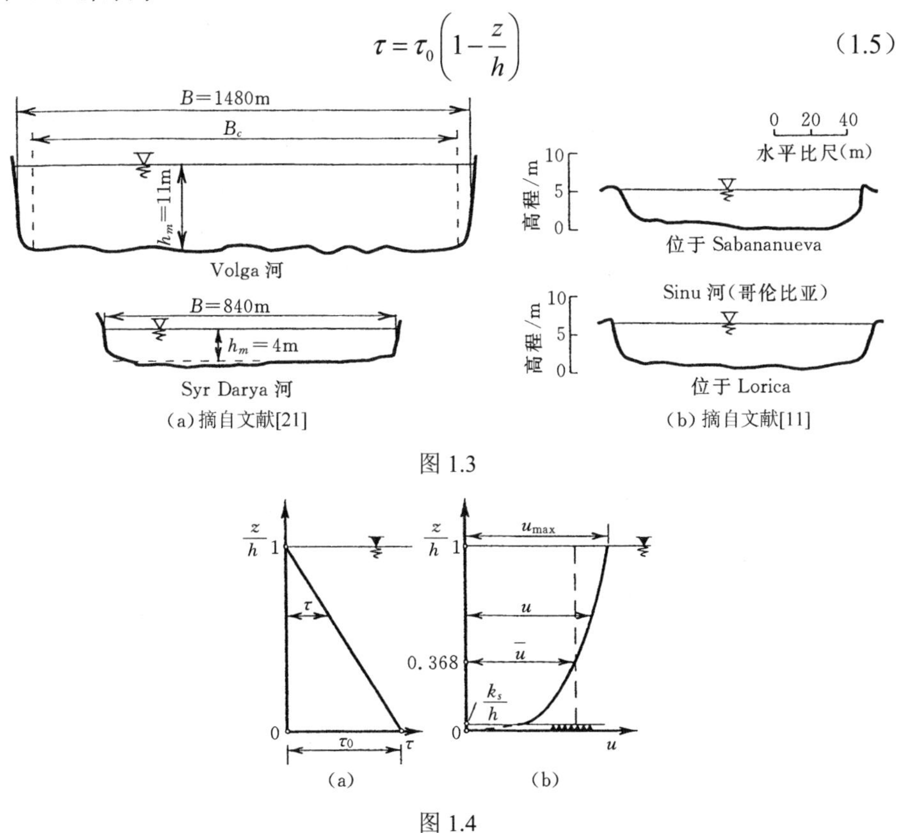

图 1.3

图 1.4

水流流速 u 的垂向分布可用对数公式❶来表示

$$\frac{u}{v_*}=\frac{1}{\kappa}\ln\frac{z}{k_s}+B_s=\frac{1}{\kappa}\ln\left(A_s\frac{z}{k_s}\right)\quad（其中，\kappa\approx0.4） \tag{1.6}$$

在上述表达式中

$$\tau_0=\gamma Sh \tag{1.7}$$

$$v_*=\sqrt{\frac{\tau_0}{\rho}}=\sqrt{gSh}\quad（摩阻流速） \tag{1.8}$$

且❷

$$A_s=\mathrm{e}^{\kappa B_s} \tag{1.9}$$

---

❶ 近期研究表明，对于水流的上层区域，引入一个“尾流函数（Wake Function）” $\phi_w(z/h)$ 可使对数分布律更好地符合实际情况（例如文献[7]中 Coles 使用的函数；另参见文献[12]）。然而，考虑到泥沙输移主要发生在水流的底层区域，本书中并不采用函数 $\phi_w(z/h)$。

❷ 如果二维水流不是均匀流，那么它的自由水面坡降 J 并不等于河床坡降 S，且 τ_0 将由 $\tau_0=\gamma Jh$（$\neq\gamma Sh$）给出。

“粗糙度函数” $B_s=\phi_B(Re_*)$，其中，$Re_*=v_* k_s/\nu$ 为“摩阻雷诺数”，可通过图1.5中的实验曲线确定。对于区域 $0.2<\lg Re_*<3.2$，该曲线可由式（1.10）拟合公式表示

$$B_s=(2.5\ln Re_*+5.5)\mathrm{e}^{-0.0705(\ln Re_*)^{2.55}}+8.5\left[1-\mathrm{e}^{-0.0594(\ln Re_*)^{2.55}}\right] \tag{1.10}$$

这里还需提及的是，当 $Re_*<\approx 5$ 时，紊流位于水力光滑区（Hydraulically Smooth Regime）；当 $\approx 5<Re_*<\approx 70$ 时，紊流位于过渡区（Transitional Regime）；当 $Re_*>\approx 70$ 时，紊流位于粗糙紊动区（Rough Turbulent Regime）（或称此时的水流为粗糙紊流（Rough Turbulent Flow））。

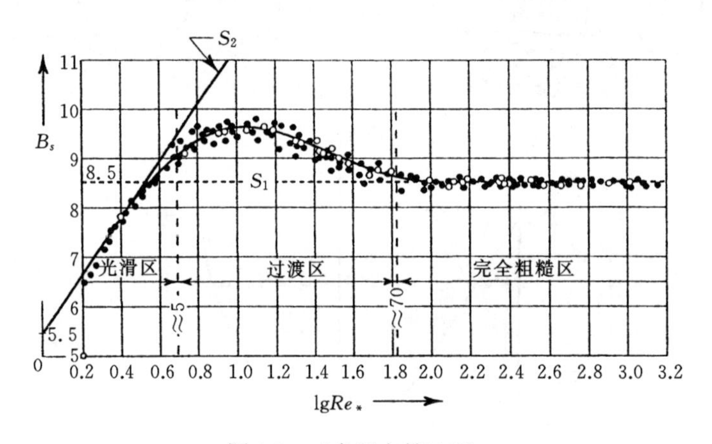

图 1.5 （参照文献[15]）

ii）二维水流的平均流速，也即它的垂向平均流速 $\bar{u}$，等于相对高程 $z/h=\mathrm{e}^{-1}=0.368$ 处的流速 u——这对于紊流的任意区域都成立（参见文献[24]），即

$$\frac{\bar{u}}{v_*}=\frac{1}{\kappa}\ln\left(0.368\frac{h}{k_s}\right)+B_s=\frac{1}{\kappa}\ln\left(0.368A_s\frac{h}{k_s}\right) \tag{1.11}$$

其中，对于粗糙紊流（$Re_*>\approx 70$）的情况，$B_s=8.5$，上式可简化为

$$\frac{\bar{u}}{v_*}=\frac{1}{\kappa}\ln\left(11\frac{h}{k_s}\right)\approx 7.66\left(\frac{h}{k_s}\right)^{1/6} \tag{1.12}$$

比值 $\bar{u}/v_*$ 称作（无量纲 Chézy）摩擦系数（Friction Factor），用 c_f 表示

$$c_f=\frac{\bar{u}}{v_*} \tag{1.13}$$

注意到，式（1.11）在给出二维均匀流流经平整河床（沙粒粗糙度为 $k_s\approx 2D$）情况下的 $\bar{u}$ 值的同时，也给出了水流的摩擦系数 c_f 值

$$c_f = \frac{1}{\kappa}\ln\left(0.368\frac{h}{k_s}\right) + B_s \tag{1.14}$$

利用式（1.8），可将式（1.13）表示为 chézy（谢才）摩阻方程的形式

$$\bar{u} = c_f\sqrt{gSh} \tag{1.15}$$

iii）如果动床表面是“不平整的”（即被沙纹、沙垄或其他沿 x 方向呈周期性变化的床面形态覆盖），那么河床的有效粗糙度 K_s 通常大于 k_s ，而（总）阻力系数 c 小于摩擦系数 c_f 。在不平整河床的情况下，式（1.15）可归纳为如下阻力方程

$$\bar{u} = c\sqrt{gSh} \tag{1.16}$$

（ K_s 和 c 的计算将在第 2 章中进行介绍。）

阻力方程式（1.16）的无量纲形式可表示为

$$Fr = c^2 S \tag{1.17}$$

其中

$$Fr = \frac{\bar{u}^2}{gh} \tag{1.18}$$

称 Fr 为弗劳德数。式（1.17）是非常重要的关系式，本书中会经常用到。这里需要指出的是，弗劳德数反映了水流的能量结构（它是水流的一个“与能量相关”的特征参量）。实际上，单位体积流体的动能可用 $e_k = (1/2)\rho\bar{u}^2$ 来衡量，而其断面势能用 $e_p = \rho gh$ 来表示；因此，弗劳德数是比值 e_k / e_p 的“量度”。此外，还需注意的是，在本章及第 2 章中，我们将只讨论二维水流，或可视为二维水流的情况（梯形断面，“较大的”宽深比 B/h ，且河岸阻力可忽略不计）。对于后一种情况，这两章给出的所有表达式中的垂向平均流速 $\bar{u}$ ，均需用断面平均流速 u_m 来替代[例如， $Fr = \bar{u}^2/(gh)$ 将被考虑为 $Fr = u_m^2/(gh)$]。

1.3　二维二相流

i）输运泥沙的水流和被水流输运的泥沙，这两者同时运动而形成了密不可分的力学体系，我们称之为“二相流（Two-Phase Flow）”。恒定且均匀的二维二相流可通过以下 7 个特征参数来定义（参见文献[24]，[25]，[26]）

$$\rho, \nu, \rho_s, D, \gamma_s, h, v_* \tag{1.19}$$

其意义见符号列表，且与之相关的任意参量（例如 A' ）均可表示为

$$A' = f_{A'}(\rho, \nu, \rho_s, D, \gamma_s, h, v_*) \tag{1.20}$$

然而，本书中我们将只涉及集合 $\{A'\}$ 中相应于颗粒群体运动的子集 $\{A\}$ ，而决定颗粒个体运动的参数 ρ_s 与 $\{A\}$ 无关（参见文献[24]，[25]，[26]）。去除 ρ_s 后，

式（1.19）可简化为

$$\rho, \nu, D, \gamma_s, h, v_* \tag{1.21}$$

则 A 表示为

$$A = f_A(\rho, \nu, D, \gamma_s, h, v_*) \tag{1.22}$$

式（1.22）的无量纲形式为

$$\Pi_A = \phi_A(X, Y, Z) \tag{1.23}$$

其中，无量纲变量 X，Y，Z 分别为

$$X = \frac{v_* D}{\nu}, \quad Y = \frac{\rho v_*^2}{\gamma_s D}, \quad Z = \frac{h}{D} \tag{1.24}$$

A 的无量纲形式 Π_A 可表示为

$$\Pi_A = \rho^{x_A} v_*^{y_A} D^{z_A} A \tag{1.25}$$

式中，x_A，y_A 和 z_A 的取值必须使 Π_A 无量纲化。

ii） 假设 A 代表输沙率 q_s。那么，由式（1.23）和式（1.25）可推导出

$$\Pi_{q_s} = \frac{q_s}{v_* D} = \bar{\phi}_{q_s}(X, Y, Z) \tag{1.26}$$

式（1.26）等号两边同乘 $\sqrt{\rho v_*^2 / \gamma_s D} = \sqrt{Y}$，得到

$$\phi = \frac{\rho^{1/2} q_s}{\gamma_s^{1/2} D^{3/2}} = \phi_{q_s}(X, Y, Z) \quad （其中，\phi_{q_s} = \sqrt{Y} \cdot \bar{\phi}_{q_s}） \tag{1.27}$$

式（1.27）中，等号左边的无量纲项即为著名的“Einstein 的 ϕ”（参见文献[8]，[9]）。它通过一不随水流流态变化（因为不包含 v_* 和 h）的比例因子 $\rho^{1/2}/(\gamma_s^{1/2} D^{3/2})$ 与 q_s 关联起来，从而表征泥沙输移强度。

在泥沙的起动阶段（即动床的“临界状态”），q_s（刚好）等于 0，且 $Z = h/D$ 并不是影响参数。实际上，临界状态仅由下式确定

$$(\tau_0)_{cr} = \gamma (hS)_{cr} (= \rho v_{*cr}^2) \tag{1.28}$$

该式对任意 h 都成立（通过 S 的适当调整）。将 $q_s \sim \phi = 0$ 代入式（1.27），删掉 Z，并用下标“cr”标示 X 和 Y，我们得到

$$0 = \phi_{q_s}(X_{cr}, Y_{cr}) \tag{1.29}$$

即

$$Y_{cr} = \Phi(X_{cr})$$

即为 Shields 泥沙起动函数（Shields' Transport Inception Function），式（1.29）中

$$X_{cr} = \frac{v_{*cr} D}{\nu}, \quad Y_{cr} = \frac{\rho v_{*cr}^2}{\gamma_s D} = \frac{(\tau_0)_{cr}}{\gamma_s D} \tag{1.30}$$

表征函数式（1.29）的实验曲线示于图 1.6。

我们知道，一个无量纲变量总可以用其余几个（或全部）变量组成的函数来表示（参见文献[16]，[22]，[24]，[25]）。例如，以下为 X 和 Y 的组合式

$$\Xi^3 = \frac{X^2}{Y} = \frac{\gamma_s D^3}{\rho \nu^2} \tag{1.31}$$

该组合式反映了固(γ_s，D)、液(ρ，ν)两相耦合的影响，且它的值与水流的流态无关（因为不涉及v_*和h）。对于临界状态，Ξ^3可表示为

$$\Xi^3 = \frac{X_{cr}^2}{Y_{cr}} \tag{1.32}$$

即

$$X_{cr} = \sqrt{\Xi^3 Y_{cr}}$$

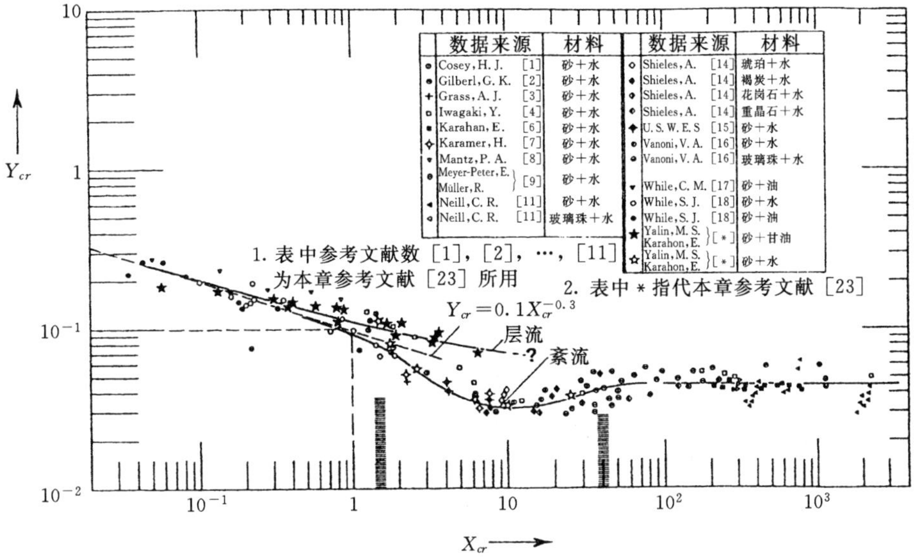

图 1.6　（摘自文献[23]）

联立式（1.29）和式（1.32），消去X_{cr}，我们得到

$$Y_{cr} = \Phi\left(\sqrt{\Xi^3 Y_{cr}}\right) \tag{1.33}$$

即

$$Y_{cr} = \Psi(\Xi)$$

这是另一种形式的 Shields 泥沙起动函数。用它计算Y_{cr}和v_{*cr}，不必采用“试错法（Trial and Error）”。函数$Y_{cr} = \Psi(\Xi)$的关系曲线如图 1.7 所示。通过对图 1.7 中的实验点进行拟合，函数$Y_{cr} = \Psi(\Xi)$可恰当地表示为

$$Y_{cr} = 0.13\Xi^{-0.392}\mathrm{e}^{-0.015\Xi^2} + 0.045[1 - \mathrm{e}^{-0.068\Xi}] \tag{1.34}$$

注意到，借助式（1.33），相对水流强度$\eta_* = \tau_0/(\tau_0)_{cr}$可表示为

$$\eta_* = \frac{\tau_0}{(\tau_0)_{cr}} = \frac{Y}{Y_{cr}} = \frac{Y}{\Psi(\Xi)} \tag{1.35}$$

联立式（1.31）和式（1.35），求解X和Y，我们得到

$$X = \sqrt{\Xi^3 \eta_* \Psi(\Xi)}\ ,\ Y = \eta_* \Psi(\Xi) \tag{1.36}$$

将 X 和 Y 代入式（1.23），我们得到

$$\Pi_A = \phi_A \left(\sqrt{\Xi^3 \eta_* \Psi(\Xi)}, \eta_* \Psi(\Xi), Z \right) \tag{1.37}$$

即

$$\Pi_A = \bar{\phi}_A(\Xi, \eta_*, Z) \tag{1.38}$$

该式表明，如果 Π_A 为 X 和 Y 的函数，那么它也可以等价地视为 Ξ 和 η_* 的函数。本书中，式（1.38）将被经常使用。

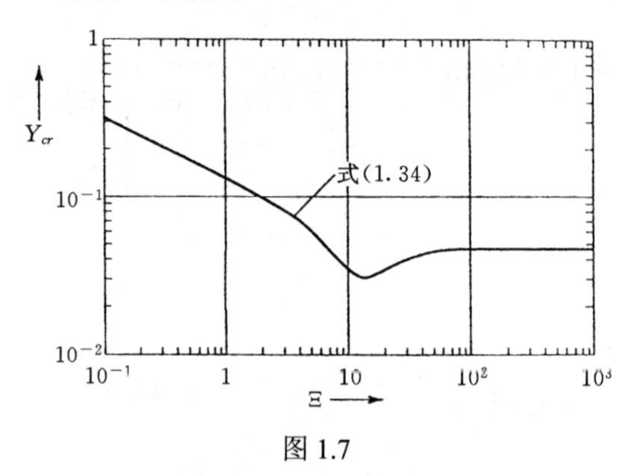

图 1.7

1.4 推移质输沙率；Bagnold公式

本书中，平整床面附近区域 ϵ（见图 1.2）中的推移质输沙率 q_{sb} 将用 Bagnold 公式计算

$$q_{sb} = \beta u_b [\tau_0 - (\tau_0)_{cr}] / \gamma_s \tag{1.39}$$

式中：u_b 为床面附近的流速（区域 $k_s < z < \epsilon$ 中的垂向平均流速）；β 为 Ξ 的函数，对于粗糙紊流的情况，$\beta = 0.5$；涵盖紊流所有分区的 $\beta = \phi_\beta(\Xi)$ 的曲线参见文献[1]，[24]。

因为 Bagnold 公式形式简单，准确度较高，且它清楚地反映了推移质输沙率的含义，所以推荐使用。实际上，q_{sb} 可以视为单位面积床面上泥沙颗粒的体积 v_s 与其速度 u_s 的乘积：$q_{sb} = v_s u_s$。式（1.39）清楚地显示出，$u_s \sim u_b$，而 $v_s \sim [\tau_0 - (\tau_0)_{cr}] / \gamma_s$。这两个比例关系均符合实际，且量纲和谐。

床面附近的水流流速 u_b 可用区域 ϵ 内的平均流速来表示

$$u_b \approx \frac{u_{k_s} + u_\epsilon}{2} \tag{1.40}$$

式中：u_{k_s} 和 u_ϵ 分别为 $z = k_s \approx 2D$ 和 $z = \epsilon$ 处的流速。

由式（1.6）可得

$$u_{k_s} = v_* B_s ,\quad u_\epsilon \approx v_* \left[\frac{1}{\kappa} \ln \left(\frac{\epsilon}{2D} \right) + B_s \right] \tag{1.41}$$

如果η_*刚好大于 1，那么泥沙颗粒的运动将主要集中在床面附近（ϵ的厚度相当于 2 倍或 4 倍粒径），那么u_ϵ将十分接近u_{k_s}，且我们可以采用

$$u_b \approx u_{k_s} (= v_* B_s) \tag{1.42}$$

（正如 Bagnold 最初推导推移质输沙率公式时所作的假设，参见文献[1]）。在这种情况下，式（1.39）即与$h \sim Z$无关，且我们可以将其表示成如下无量纲形式

$$\phi = (B_s \beta) Y^{1/2} (Y - Y_{cr}) \tag{1.43}$$

或

$$\phi = \left[(B_s \beta) Y_{cr}^{3/2} \right] \eta_*^{1/2} (\eta_* - 1)$$

注意到，$q_{sb} \sim \phi$的值（相应于给定的颗粒材料和流体）仅取决于$\tau_0 (\sim v_*^2 \sim Y)$，而不取决于水流的平均流速$\bar{u}$——$\bar{u}$是由$\tau_0$和$h \sim Z$共同决定的［见式（1.11），此式包含$v_* = \sqrt{\tau_0 / \rho}$和$h / k_s \approx Z / 2$］。

然而，通常情况下（尤其是当河床不十分平整，被沙纹或沙垄覆盖，而Z值“较大”时），推移质区域的厚度ϵ尽管仅为h的一小部分，却可以远大于D（$D \approx k_s / 2$）。（例如，如果$h = 0.5\text{m}$，$\epsilon = 0.5\text{cm}$，$D = 0.2\text{mm}$，则$Z = 2500 \gg \epsilon / h = 0.01$；$\epsilon / D = 25$。）在这种情况下，$u_\epsilon$，且因此$u_b$和$q_{sb}$就会受到$Z$，即$\bar{u}$的影响。实际上，由式（1.41）和式（1.11），可以得到

$$\frac{u_\epsilon}{v_*} = \frac{1}{\kappa} \ln \left(\frac{\epsilon}{k_s} \right) + B_s = \frac{\bar{u}}{v_*} - \frac{1}{\kappa} \ln \left(0.368 \frac{h}{\epsilon} \right) \tag{1.44}$$

基于上述原因，式（1.39）通常替换为如下形式

$$q_{sb} = \beta' \bar{u} (\tau_0 - (\tau_0)_{cr}) / \gamma_s \tag{1.45}$$

式中包含（明确的）$\bar{u}$。而由式（1.11）、式（1.40）和式（1.41），可推导出

$$\frac{\beta'}{\beta} = \frac{1 + \dfrac{1}{2\kappa B_s} \ln \left(\dfrac{\epsilon}{2D} \right)}{1 + \dfrac{1}{\kappa B_s} \ln \left(0.368 \dfrac{h}{2D} \right)} \left(= \frac{u_b}{\bar{u}} \right) \tag{1.46}$$

在大多数实际案例中，水流的特征参量（h, S, τ_0, $\bar{u}$ 等）都只随时间缓慢地（即非突然性地）变化。本书中，我们将只讨论这样的案例。因此，即使水流的特征参量随时间（缓慢地）变化，上述恒定状态的关系式仍被认为是适用的。也就是说，如果t_1时刻的参数$(\bar{u}_1, \tau_{01})$“缓慢地”转变为t_2时刻的$(\bar{u}_1, \tau_{02})$，则假定相应的$(q_{sb})_1$和$(q_{sb})_2$由相同的表达式［即式（1.45）］

确定——只需分别用 $(\bar{u}_1, \tau_{01})$ 和 $(\bar{u}_2, \tau_{02})$ 进行计算。考虑到这一点，下文将省略“恒定”一词。

1.5 推移质输沙率公式的矢量形式

i）现在，考虑非均匀明渠水流；我们仍旧假定动床表面是平整的。水流流速的大小和方向均随空间点 $P(x;\ y;\ z)$ 的不同而发生变化。因此，流速是一个矢量

$$\mathbf{U} = u\mathbf{i}_x + v\mathbf{i}_y + w\mathbf{i}_z \tag{1.47}$$

式中：$\mathbf{i}_x$、$\mathbf{i}_y$、$\mathbf{i}_z$ 分别为沿 x、y、z 方向的单位矢量；u、v、w 为 $\mathbf{U}$ 的分量，一般来说，u、v、w 为 x、y、z 的函数。

本书中，我们讨论的主要是宽浅河道的中心区域。因此，假定 w 为零或可以忽略不计。在这种情况下，$\mathbf{U}$ 表示为

$$\mathbf{U} = u\mathbf{i}_x + v\mathbf{i}_y \tag{1.48}$$

一般来说，$u = \phi_u(x,y,z)$，$v = \phi_v(x,y,z)$。（注意到，$w=0$ 并不意味着 $\mathbf{U}$ 不沿 z 方向发生变化。）

ii）目前，对于平整河床的情况，床面上某一点 $P(x;\ y)$ 的矢量 $\mathbf{U}_b = \mathbf{i}_b U_b$，$\vec{\tau}_0 = \mathbf{i}_\tau \tau_0$ 和 $\mathbf{q}_{sb} = \mathbf{i}_{q_{sb}} q_{sb}$ 始终具有相同的方向，也就是说，它们是共线的

$$\mathbf{i}_b = \mathbf{i}_\tau = \mathbf{i}_{q_{sb}} \tag{1.49}$$

式（1.39）等号两边同乘 $\mathbf{i}_{q_{sb}} = \mathbf{i}_b$（$u_b$ 实际上表示 U_b），得到

$$\mathbf{q}_{sb} = \mathbf{U}_b \left[\beta(\tau_0 - (\tau_0)_{cr}) / \gamma_s\right] \tag{1.50}$$

这就是 Bagnold 推移质输沙率公式的矢量形式。这个矢量表达式适用于所有流经平整动床的明渠水流。

若用 $\bar{\mathbf{U}}$ 来表示的 $\mathbf{q}_{sb}$，则还需考虑如下两点假设：

1. 如果非均匀渐变流的时均流线是顺直的（见图 1.8），那么 $\bar{\mathbf{U}}$ 和 $\mathbf{U}_b$，且因此 $\bar{\mathbf{U}}$ 和 $\mathbf{q}_{sb}$（均相应于同一点 $P(x;\ y)$）可视为共线：

$$\mathbf{i}_{q_{sb}} = \mathbf{i}_{\bar{\mathbf{U}}} \tag{1.51}$$

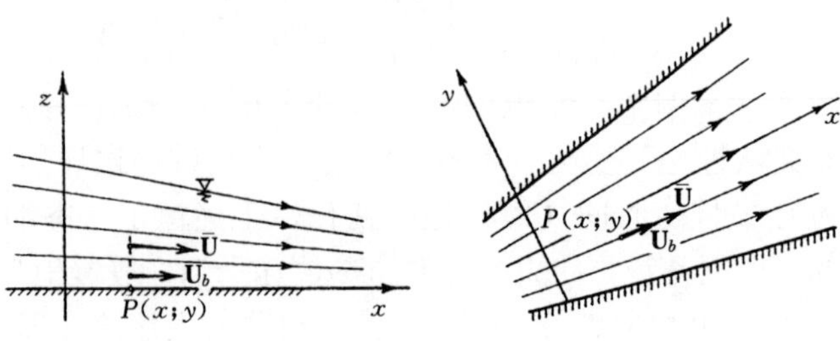

图 1.8

式（1.45）等号两边同乘 $\mathbf{i}_{q_{sb}}=\mathbf{i}_{\bar{\mathbf{U}}}$，得到

$$\mathbf{q}_{sb}=\bar{\mathbf{U}}\left[\beta'(\tau_0-(\tau_0)_{cr})/\gamma_s\right] \tag{1.52}$$

因此，对于流线顺直的情况，矢量 $\mathbf{q}_{sb}$ 可用式（1.50）和式（1.52）进行描述。

2. 如果时均流线是弯曲的（例如弯曲河道中的水流），那么除了垂向平均纵向水流外，还有横向环流 Γ（见图 1.9）。然而，由于 Γ 的垂向平均值（按定义）为零，故它不会改变垂向平均流速 $\bar{\mathbf{U}}$。但是，Γ 会影响床面附近的水流运动，在其影响下，床面附近的流速增大为：$\mathbf{U}_b=(\mathbf{U}_b)_s+(\mathbf{U}_b)_\Gamma$。显然，$\bar{\mathbf{U}}$ 和 $\mathbf{U}_b$ 的方向，且因此 $\bar{\mathbf{U}}$ 和 $\mathbf{q}_{sb}$（$\mathbf{q}_{sb}$ 是由 $\mathbf{U}_b$ 引起的）的方向是不同的。这就意味着，对于流线弯曲的情况，式（1.52）是不成立的［尽管式（1.50）仍旧成立，因为 $\mathbf{U}_b$ 和 $\mathbf{q}_{sb}$ 始终保持共线］。将在第 5 章（见 5.3 节）谈到，对于给定的相对曲率 B/R，Γ 的影响随弯曲河道宽深比 B/h_m 的增大而逐渐减小。因此，对于大型天然弯曲河道（通常，$B/h_m>100$），Γ 可以忽略，而式（1.52）仍旧适用。

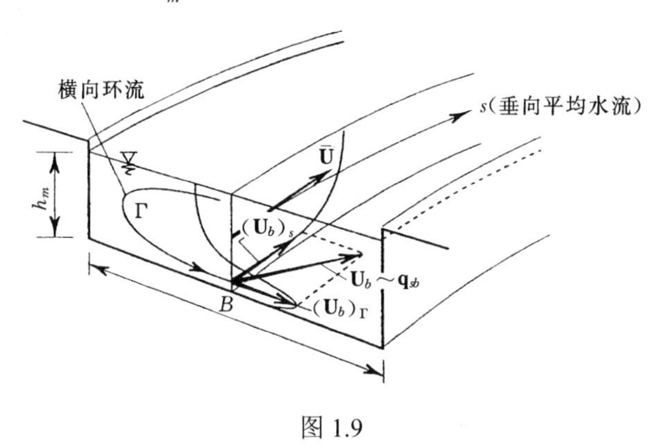

图 1.9

1.6　悬移质输沙率

i）定义 C 为悬移质颗粒在水流中一定位置处的无量纲体积浓度[1]，$\mathbf{U}_{ss}$ 为悬浮颗粒“群体”在该位置处的迁移速度。如果颗粒足够小，那么 $\mathbf{U}_{ss}$ 通常等于当地时均流速 $\mathbf{U}$

$$\mathbf{U}_{ss}=\mathbf{U} \tag{1.53}$$

考虑某空间点 P 处的（假想的）垂向单位面积；显然，该面积的单位法向矢量 $\mathbf{n}$ 等于 $\mathbf{i}_x$（见图 1.10）。通过该单位面积的悬移质输沙率 q_{ss}^* 可表示为[结合式

[1] 对于体积为 V_{mix} 的水沙混合物，如果其包含的泥沙颗粒的体积为 V_{sed}，那么 $C=V_{sed}/V_{mix}$。显然，C 为一无量纲变量，且 $0\leqslant C<1$。

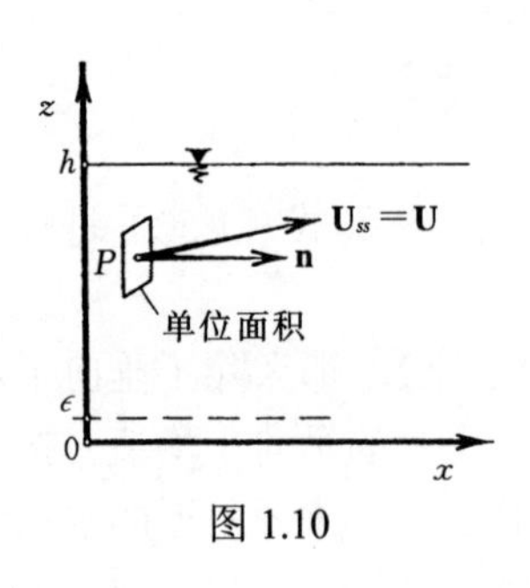

图 1.10

（1.53）］

$$q_{ss}^{*}=\mathbf{n}\mathbf{U}_{ss}C=\mathbf{n}\mathbf{U}C=\mathbf{i}_{x}\mathbf{U}C=uC \quad (1.54)$$

于是，得到q_{ss}的表达式（对于恒定且均匀的二维二相流）

$$q_{ss}=\int_{\epsilon}^{h}q_{ss}^{*}\mathrm{d}z=\int_{\epsilon}^{h}Cu\mathrm{d}z \quad (1.55)$$

对于悬移质“自然获得”❶的情况，其浓度C值通常不超过0.02（参见文献[18]），且u可用式（1.6）计算。

式（1.55）的矢量形式为

$$\mathbf{q}_{ss}=\int_{\epsilon}^{h}\mathbf{q}_{ss}^{*}\mathrm{d}z=\int_{\epsilon}^{h}C\mathbf{U}\mathrm{d}z \quad (1.56)$$

式中，$\mathbf{U}$ 按式（1.48）理解。

考虑z轴［通过点$P(x;y)$］上$\epsilon<z<h$范围内各点处的矢量$\mathbf{U}$。如果这些矢量共线，那么对于任意$z\in$［ϵ，h］，沿水流方向的单位矢量$\mathbf{i}_{s}$均相同，且式（1.56）可写为

$$\mathbf{q}_{ss}=\mathbf{i}_{s}\int_{\epsilon}^{h}CU\mathrm{d}z \quad (1.57)$$

运用积分中值定理（参见文献[17]），即

$$\int_{a}^{b}\psi(z)f(z)\mathrm{d}z=\psi(z_{m})\int_{a}^{b}f(z)\mathrm{d}z \quad (1.58)$$

其中 $a<z_{m}(=\mathrm{const})<b$

令$\psi(z)=C$，$f(z)=U$，得到

$$\int_{\epsilon}^{h}CU\mathrm{d}z=\overline{\overline{C}}\int_{\epsilon}^{h}U\mathrm{d}z=\overline{\overline{C}}h\overline{U} \quad (1.59)$$

式中，平均值$\overline{\overline{C}}=\psi(z_{m})$非常接近（但可能不完全等于）“通常意义上”的垂向平均值$\overline{C}$。基于这一事实，引进一个接近于 1 的系数$\alpha_{c}(\alpha_{c}=\overline{\overline{C}}/\overline{C})$，并考虑$\overline{\mathbf{U}}=\mathbf{i}_{s}\overline{U}$，则式（1.57）可表示为

$$\mathbf{q}_{ss}=\alpha_{c}h\overline{\mathbf{U}}\overline{C} \quad (1.60)$$

ii）考虑区域$\epsilon<z<h$内（“自然获得”的）悬移质颗粒体积浓度C沿水深的分布。对此，众多学者已经提出诸多表达式。其中，Einstein-Rouse公式最为常用（参见文献[14]，[4]，[3]，[5]）❷

❶ 即仅由水动力作用于床面扬动所产生——没有其他任何外因。

❷ 据本书作者所知，最新的 C 的表达式是文献[6]中提出的。然而，该表达式不同于式（1.61），因为它是用不同的流速分布（不同于对数分布）公式推导出的。

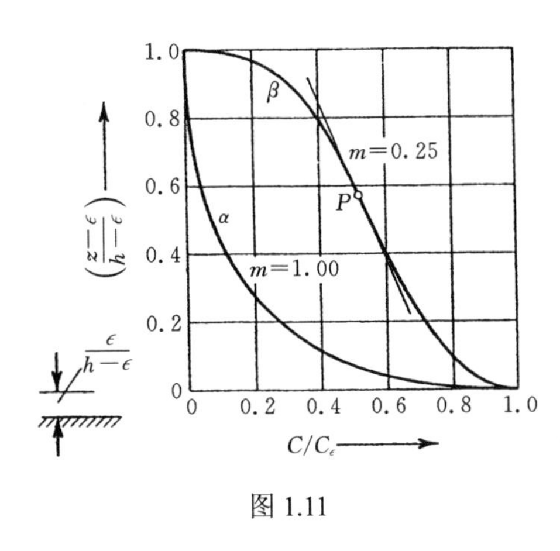

图 1.11

$$C = C_{\epsilon}\left[\frac{\epsilon}{z} \cdot \frac{h-z}{h-\epsilon}\right]^m \tag{1.61}$$

其中 $m = 2.5w_s / v_*$

式中：C_{ϵ} 为 $z=\epsilon$ 处的悬移质浓度；w_s 为颗粒的（极限）沉速。

图 1.11 中的曲线给出了 C 沿 z 轴分布的特性。

C_{ϵ} 和 ϵ 可用 L.C. van Rijn 给出的如下关系式（参见文献[19]，[20]）进行计算，对于平整河床的情况

$$C_{\epsilon} = 0.05\Xi^{-1}(\eta_* - 1) \tag{1.62}$$

$$\frac{\epsilon}{D} = 0.3\Xi^{0.7}(\eta_* - 1)^{0.5} \tag{1.63}$$

1.7 泥沙输移连续方程

i）考虑非恒定且非均匀的二相流——其非均匀性和非恒定性是渐变的。选取空间中一假想的固定垂直棱柱体作为控制体积（CV）：高为 h，底面积为 A（见图 1.12）。CV 的体积用 V 来表示，侧表面积用 σ 来表示。外法线方向的单位向量为 $\mathbf{n}$：假定区域 A 内变量 h 和 ϵ（$\epsilon \ll h$）的变化可以忽略。

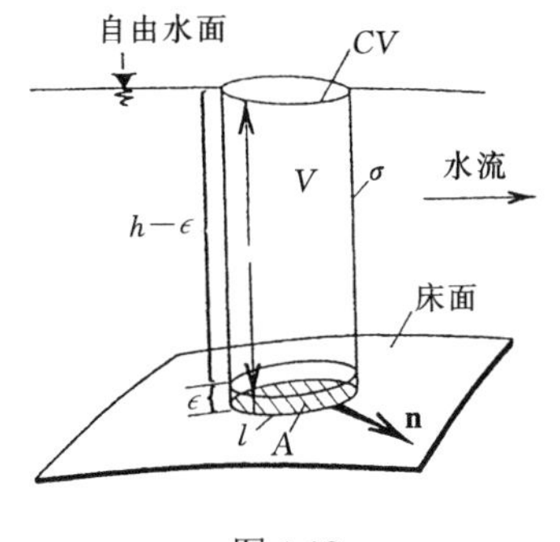

图 1.12

某一瞬时 t，通过 σ（下部区域 ϵ）的净推移质输沙率 $\mathcal{F}_b$ 的表达式为

$$\mathcal{F}_b = \oint_l \mathbf{n}\mathbf{q}_{sb}\mathrm{d}l = \int_A \nabla\mathbf{q}_{sb}\mathrm{d}A \tag{1.64}$$

式中：l 为底面积 A 的周长（见图 1.12）。

通过 σ（上部区域 $h-\epsilon$）的净悬移质输沙率 $\mathcal{F}_s$ 的表达式为

$$\mathcal{F}_s = \oint_l \mathbf{n}\left(\int_{\epsilon}^{h}\mathbf{q}_{ss}^{*}\mathrm{d}z\right)\mathrm{d}l = \oint_l \mathbf{n}\mathbf{q}_{ss}\mathrm{d}l = \int_A \nabla\mathbf{q}_{ss}\mathrm{d}A \tag{1.65}$$

式中的第二步运算利用了式（1.56）。

由于 q_{sb} 的影响，CV 内单位时间增加的泥沙颗粒的体积，即 $-\mathcal{F}_b$，只能引起单位时间 CV 内河床高程（z_b）的增加。令 CV 内河床高程增加（由于 q_{sb} 的影响）的平均速度为 W_b（正值），我们得到 $-\mathcal{F}_b$ 的表达式

$$-\mathcal{F}_b = (1-p)W_b A \tag{1.66}$$

式中：$p(<1)$为泥沙的孔隙率。

由于q_{ss}的影响，CV 内单位时间增加的泥沙颗粒的体积，即$-\mathcal{F}_s$，一部分引起河床高程的增加：河床底面积A上高程增加的平均速度为W_s（正值）；一部分引起CV 内（单位时间）悬移质颗粒体积的增加$\mathcal{J}_s$

$$-\mathcal{F}_s = (1-p)W_s A + \mathcal{J}_s \tag{1.67}$$

$\mathcal{J}_s$的表达式为

$$\mathcal{J}_s = \frac{\partial}{\partial t}\int_V C\mathrm{d}V = \frac{\partial}{\partial t}\int_A\left(\int_\epsilon^h C\mathrm{d}z\right)\mathrm{d}A = \frac{\partial}{\partial t}\int_A(h\bar{C})\mathrm{d}A = \int_A\frac{\partial(h\bar{C})}{\partial t}\mathrm{d}A \tag{1.68}$$

式中：$\bar{C}$为垂向平均浓度；$(h-\epsilon)\bar{C}$用$h\bar{C}$替代（因为$\epsilon \ll h$）。[床面上某点$P(x;y)$的垂向移动速度W_s（由于q_{ss}的影响），等于单位时间内，点$P(x;y)$处单位面积上落淤的颗粒体积$(w_s C)$与该面积上分离的颗粒体积（$\nu_t(\partial C/\partial z)_{z=\epsilon}$）之差。]

由于点$P(x;y)$的移动速度由$W=\partial z_b/\partial t$确定，故底面积$A$范围内的垂向平均移动速度$W_A$可表示为

$$W_A = \frac{1}{A}\int_A W\mathrm{d}A = \frac{1}{A}\int_A\frac{\partial z_b}{\partial t}\mathrm{d}A \tag{1.69}$$

CV 内河床高程的变化仅是$\mathbf{q}_{sb}$和$\mathbf{q}_{ss}$作用的结果，因此，（标量）W_A不过是W_b和W_s的代数和。考虑到W_b和W_s分别由式（1.66）和式（1.67）确定，于是，我们得到

$$(1-p)W_A = (1-p)(W_b + W_s) = -\frac{1}{A}(\mathcal{F}_b + \mathcal{F}_s + \mathcal{J}_s) \tag{1.70}$$

将式（1.69）、式（1.64）、式（1.65）及式（1.68）代入式（1.70），得到

$$\int_A\left[(1-p)\frac{\partial z_b}{\partial t} + \nabla\mathbf{q}_{sb} + \nabla\mathbf{q}_{ss} + \frac{\partial(h\bar{C})}{\partial t}\right]\mathrm{d}A = 0 \tag{1.71}$$

由于底面积A是任意选取的，故

$$(1-p)\frac{\partial z_b}{\partial t} + \nabla\mathbf{q}_{sb} + \nabla\mathbf{q}_{ss} + \frac{\partial}{\partial t}(h\bar{C}) = 0 \tag{1.72}$$

即为泥沙输移连续方程（Transport Continuity Equation）的一般形式。

本书中，对于所讨论的案例，$\partial(h\bar{C})/\partial t$通常可以忽略不计（恒定状态或$\bar{C}$值很小）。因此，式（1.72）可简化为

$$(1-p)W = (1-p)\frac{\partial z_b}{\partial t} = -\nabla\mathbf{q}_s \tag{1.73}$$

其中

$$\mathbf{q}_s = \mathbf{q}_{sb} + \mathbf{q}_{ss}$$

此外，矢量$\bar{\mathbf{U}}$, $\mathbf{U}_b$, $\mathbf{q}_{sb}$和$\mathbf{q}_{ss}$可视为共线，即假定$\bar{\mathbf{U}} = \mathbf{i}_s\bar{U}$，$\mathbf{U}_b = \mathbf{i}_s U_b$，$\mathbf{q}_{sb} = \mathbf{i}_s q_{sb}$和$\mathbf{q}_{ss} = \mathbf{i}_s q_{ss}$［式中，$\mathbf{i}_s$为点$P(x;y)$处沿垂向平均流线（$s$）的单位矢量］。据此提出以下几点。

由于 q_s 是 $\bar{U}$ 的严格递增函数，故 $\partial\bar{U}/\partial s$ 的正、负与 $\partial q_s/\partial s$ 的正、负紧密相关，且因此，也与 $\nabla\mathbf{q}_s$ 的正、负紧密相关[1]。因此，式（1.73）表明：

1. 如果水流在点 $P(x;y)$ 处是对流加速的，即：如果 $\dfrac{\partial\bar{U}}{\partial s}>0$，且因此 $\nabla\mathbf{q}_s>0$，则 $\dfrac{\partial z_b}{\partial t}<0$（发生冲刷）。

2. 如果水流在点 $P(x;y)$ 处是对流减速的，即：如果 $\dfrac{\partial\bar{U}}{\partial s}<0$，且因此 $\nabla\mathbf{q}_s<0$，那么 $\dfrac{\partial z_b}{\partial t}>0$（发生淤积）。

3. 如果 $\partial\bar{U}/\partial s=0$（即水流为均匀流），那么床面沿垂向不发生冲淤。

ii）现在，我们对式（1.73）中的 $\mathbf{q}_s$ 作进一步量化。根据式（1.50）和式（1.60），我们有

$$\mathbf{q}_s=\mathbf{q}_{sb}+\mathbf{q}_{ss}=\mathbf{U}_b\beta(\tau_0-(\tau_0)_{cr})/\gamma_s+\bar{\mathbf{U}}\alpha_c h\bar{C} \tag{1.74}$$

由于 $\mathbf{U}_b$ 和 $\bar{\mathbf{U}}$ 可视为共线，即

$$\mathbf{U}_b=\mathbf{i}_b U_b=(\mathbf{i}_s\bar{U})\frac{\beta'}{\beta}=\bar{\mathbf{U}}\frac{\beta'}{\beta} \tag{1.75}$$

故可以将式（1.74）表示为

$$\mathbf{q}_s=(h\bar{\mathbf{U}})\psi_q \tag{1.76}$$

式中：ψ_q 为无量纲函数，表示单宽输沙率 q_s 与单宽流量 $q(=h\bar{U})$ 的比值，即

$$\psi_q=\frac{q_s}{q} \tag{1.77}$$

ψ_q 由下式给出

$$\psi_q=\beta'\left[\frac{\tau_0-(\tau_0)_{cr}}{\gamma_s h}\right]+\alpha_c\bar{C} \tag{1.78}$$

对式（1.76）两边同时求微分，得到

$$\nabla\mathbf{q}_s=(h\bar{\mathbf{U}})\nabla\psi_q+\psi_q\nabla(h\bar{\mathbf{U}})=(h\bar{\mathbf{U}})\nabla\psi_q \tag{1.79}$$

这里，利用了 $\nabla(h\bar{\mathbf{U}})=\nabla\mathbf{q}=0$（连续方程）。观察式（1.79），如果任意一点 $P(x;y)$ 处，矢量 $\bar{\mathbf{U}}$ 和 $\nabla\psi_q$ 相互垂直，那么 $\nabla\mathbf{q}_s\equiv0$，从而 $W=\partial z_b/\partial t\equiv0$。因此，当“地形”使得 $\psi_q=\mathrm{const}$ 等值线与流线（s）相重合时，床面变形将会终止（达到平

---

[1] 见本章末的习题 1.17，它包含如下表达式：$\nabla\mathbf{q}_s=\dfrac{\partial q_s}{\partial s}-\dfrac{q_s}{q}\dfrac{\partial(\bar{U}h)}{\partial s}$。由于 $q_s(\sim\bar{U}\tau_0\sim\bar{U}^3)$ 随 $\bar{U}$ 的变化程度远大于 $q=\bar{U}h$，且由于 $q_s/q\ll1$，故等号右边第一项的大小远大于第二项——至少对于所讨论（天然）泥沙输移现象，确实如此。

衡状态）。

iii）考虑顺直明渠中流经初始平整动床（$t=0$ 时刻）的二维紊流。假定该总体均匀的水流，获得沿 x 方向的周期性的“内部非均匀状态（Internal Non-Uniformity）”：时均流线 s 由初始顺直变为波状［见图 1.13（a）］，波长为 L，波幅“较小”。2.1.1（ii）中将详细介绍上述变化是如何产生的，这里我们只关注它是如何影响床面变形的。

上述水流的流速 u（包括 u_b）沿 x 方向呈周期性变化—— q_s，$\nabla \mathbf{q}_s$（$=\partial q_s/\partial x$）和 W 一定也是如此：W 和 $\partial q_s/\partial x$ 在均值零附近变化［见图 1.13（b）］。这就意味着，随着时间的推移，（初始）平整床面一定会变为“不平整”床面，即被长度为 L 的床面形态（Bed Form）或沙波（Sand Wave）覆盖。

最初（刚过 $t=0$ 时刻）通过这种方式形成的床面形态，反过来，影响水流结构，水流又作用于床面……如此反复。这种“相互调整”一直持续到 $t=T_\Delta$ 时刻，直到河床达到其平衡状态。我们称时段 T_Δ 为床面形态的“演变历时（Duration of Development）”。当 $t>T_\Delta$ 时，变形河床（和水流）的特性将不再发生变化。

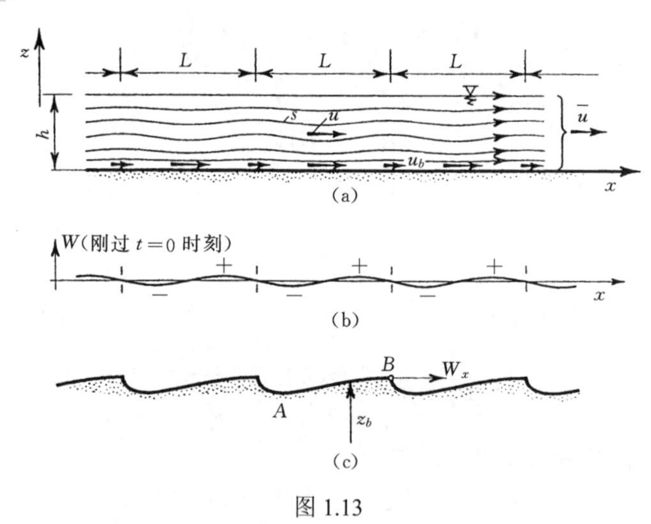

图 1.13

iv）考虑充分发展的二维床面形态（$t>T_\Delta$），且假定 $q_s=q_{sb}$。基于式（1.73），得到

$$(1-p)\frac{\partial z_b}{\partial t}=-\frac{\partial q_{sb}}{\partial x}，\ 即\ \frac{\partial q_{sb}}{\partial x}+(1-p)\frac{\partial z_b}{\partial t}=0 \tag{1.80}$$

这就是我们熟悉的 Exner-Polya 方程。

假定床面形态具有周期性，且以恒定的速度 W_x 沿 x 方向迁移（而不改变它们的大小和形状）［见图 1.13（c）］。于是

$$\frac{\partial z_b}{\partial t} = -\frac{\partial z_b}{\partial x} \cdot \frac{\partial x}{\partial t} = -\frac{\partial z_b}{\partial x} W_x \tag{1.81}$$

且式（1.80）可改写为

$$\frac{\partial}{\partial x}[q_{sb} - (1-p)W_x z_b] = 0 \tag{1.82}$$

即（当观察者随沙波迁移而同样移动时）

$$q_{sb} - (1-p)W_x z_b = \text{const} \tag{1.83}$$

由于流经床面形态的水流沿迎水面 AB 收敛，故 q_{sb} 的最大值出现在床面形态的最高点 B 处，此处 z_b 也取得最大值，即

$$(q_{sb})_{\max} - (1-p)W_x (z_b)_{\max} = \text{const} \tag{1.84}$$

式（1.84）减去式（1.83），得到

$$\frac{(q_{sb})_{\max} - q_{sb}}{(z_b)_{\max} - z_b} = (1-p)W_x \tag{1.85}$$

式中，等号右边为一常量。式（1.85）表明，迁移的床面形态的形状与其上推移质输沙率的分布紧密相关：$(q_{sb})_{\max} - q_{sb}$ 与 $(z_b)_{\max} - z_b$ 成正比。

习题

求解下列问题时，令 $\gamma_s = 16186.5\text{N/m}^3$，$\rho = 1000\text{kg/m}^3$，$\nu = 10^{-6}\text{m}^2\text{/s}$（相应于挟沙水流）。

1.1 试证明：二维紊流中，无量纲流速差值

$$\frac{u_{\max} - u}{v_*}$$

（普适流速分布律）只是无量纲位置 z/h 的函数：假定流速 u 沿水深为对数分布。

1.2 试证明：对于均匀紊流，流速差值

$$\frac{u_{\max} - \bar{u}}{v_*}$$

对于任意 z 均为常数。

a）明渠水流中的常数值是多少？

b）圆管水流中的常数值是多少？

1.3 考虑明渠中的二维粗糙紊流。将 u 的对数分布式（1.6）在 k_s 与 h 之间进行积分，且假定 $k_s \ll h$，试推导式（1.11）。

1.4 对于明渠紊流，除 Chézy 阻力方程式（1.16）外，还有 Manning 和 Dacy-Weysbach 阻力方程。对于宽浅河流情况（$\mathcal{R} \approx h$），分别表示为

$$\bar{u} = \frac{1}{n} h^{2/3} S^{1/2}$$

和

$$\bar{u} = \sqrt{\frac{8}{f}} \sqrt{ghS}$$

试确定c和n，c和f，n和f之间的关系。

1.5 考虑图 1.6 所示的双对数$(X;Y)$坐标平面，其中X和Y由式（1.24）给出。令m_1和m_2为平面内的两个点，分别代表相同颗粒材料和流体的两种不同流态$(v_*)_1$和$(v_*)_2$。直线m_1m_2的斜率是多少？该直线的物理意义是什么？

1.6 注意到，当X_{cr}值较小时（比如$X_{cr}<1$），图 1.6 中的紊流所对应的泥沙起动曲线近似为一条直线$Y_{cr}=0.1X_{cr}^{-0.3}$。在此基础上，试确定（解析）图 1.7 中相应直线的表达式。

1.7 某二维明渠的底坡$S=0.15\times10^{-4}$，河床上砂粒的特征粒径$D_{50}=0.18\text{mm}$。试确定泥沙起动所对应的水深是多少？

1.8 使用物理模型研究习题 1.7 中的泥沙起动问题，模型动床由聚苯乙烯（$\gamma_s/\gamma-0.05$）制成。如果（模型）水深$h'=10\text{cm}$，那么床面材料的粒径D'和底坡S'应为多少？（提示：由于动力相似准则，模型和原型必须具有相同的X_{cr}和Y_{cr}）。

1.9 考虑某宽浅河道中心区域恒定且均匀的二维水流。水深$h=2\text{m}$，底坡$S=0.00067$。河床由粒径为$D=2\text{mm}$的均匀砂组成：视动床表面是平整的。用 Bagnold 公式计算推移质单宽体积输沙率q_{sb}。

1.10 Pembina 河（位于加拿大西部的 Alberta 省）具有较大的宽深比，因此，其断面中心区域的水流可视为二维水流。在该河的某一区域，河床由均值粒径为$D=0.4\text{mm}$的无黏性砂组成。水深$h=5\text{m}$，底坡$S=0.00025$。假定河床表面是平整的。

a）试确定摩擦系数c_f。

b）试确定流量Q（假定平均河宽$B=100\text{m}$）。

c）试利用 Bagnold 公式确定推移质单宽体积输沙率q_{sb}。

1.11 考虑 H.A. Einstein 推移质输沙率公式，即

$$1-\frac{1}{\sqrt{\pi}}\int_{-(B_*\Psi+1/\eta_0)}^{(B_*\Psi-1/\eta_0)} \mathrm{e}^{-\xi^2}\,\mathrm{d}\xi = \frac{A_*\phi}{1+A_*\phi}$$

式中：Ψ为Y的倒数，且$A_*=43.50$，$B_*=0.143$，$\eta_0=0.5$；同时，考虑 M.S. Yalin 推移质输沙率公式，即

$$\phi = 0.635 s\sqrt{Y}\left[1-\frac{1}{as}\ln(1+as)\right]$$

其中
$$s=\frac{Y}{Y_{cr}}-1 \text{ 且 } a=2.45\frac{\sqrt{Y_{cr}}}{(\rho_s/\rho)^{0.4}}$$

如果 $Y_{cr}=0.043$，那么当 Y 取何值时，两个公式求得的推移质输沙率相同？（取 $\rho_s/\rho=2.65$）。

1.12　试证明：式（1.61），即 $C=C_\epsilon\left[\frac{\epsilon}{z}\bullet\frac{h-z}{h-\epsilon}\right]^m$（其中，$m=2.5w_s/v_*$）实质上表示函数 $C=\phi_C(X,Y,Z,z/D)$。

1.13　浓度 C 分布曲线的形状或如图 1.11 中的 α 所示，或如具有拐点 P 的 β 所示。这主要取决于指数 $m=2.5w_s/v_*$ 的值。试确定曲线 β 的 m 的取值范围。

1.14　在某河道中，相对水深 $z/h=0.75$ 处的悬移质浓度 C 是 $z/h=0.25$ 处的一半。C 分布曲线的形状类似于图 1.11 中的 α 还是 β？

1.15　考虑某河道中的二维水流，河床由均值粒径为 $D=0.30\text{mm}$ 的无黏性砂组成。水深 $h=0.80\text{m}$，底坡 $S=0.0002$。假定河床表面是平整的。

a）试利用 Bagnold 公式确定推移质输沙率 q_{sb}。

b）试确定推移质区域的厚度 ϵ。

c）试确定 $z=\epsilon$ 处的浓度 C_ϵ。

d）试确定悬移质单宽体积输沙率 q_{ss}（取 $w_s=0.03\text{m/s}$）。

1.16　在某阶段，Mississippi 河（St.Louis 附近）的水深和最大流速分别为 $h=12\text{m}$ 和 $u_{\max}=1.5\text{m/s}$。在区域 $0.5<z/h<0.6$ 中，浓度分布曲线可近似表示为直线 $C=0.0002(1-z/h)$。采用形式为 $u=u_{\max}(z/h)^{1/7}$ 的流速分布，试确定区域 $0.5<z/h<0.6$ 中的悬移质单宽体积输沙率 q_{ss}。

1.17　试证明：$\partial(\bar{U}h)/\partial s,\partial q_s/\partial s$ 和 $\nabla\mathbf{q}_s$ 之间存在关系：

$$\nabla\mathbf{q}_s=\frac{\partial q_s}{\partial s}-\frac{q_s}{q}\frac{\partial(\bar{U}h)}{\partial s}$$

提示：利用 $\nabla\mathbf{q}_s$ 的展开形式和 $\nabla(h\bar{\mathbf{U}})=0$（连续方程）。

1.18　试证明：式（1.79）［即 $\nabla\mathbf{q}_s=(h\bar{\mathbf{U}})\nabla\psi_q$，其中，$\psi_q=q_s/q$］与习题 1.17 中 $\nabla\mathbf{q}_s$ 的表达式互等。

参考文献

[1] Bagnold, R.A. 1956: *The flow of cohesionless grains in fluids*. Philosophical Trans. Roy. Soc. London, A, 249, No. 964, Dec.

[2] Bishop, C.T. 1977: *On the time-growth of dunes*. M.Sc. Thesis, Dept. of Civil Engrg., Queen's Univ., Kingston, Canada.

[3] Bogardi, J. 1974: *Sediment transport in alluvial streams*. Akadmiai Kiad, Budapest.

[4] Chang, H.H. 1988: *Fluvial processes in river engineering*. John Wiley and Sons, Inc.

[5] Cheng, N.S., Chiew, Y.M. 1999: *Analysis of initiation of sediment suspension from bed load*. J. Hydr. Engrg., Vol. 125,No,8,Aug.

[6] Chiu, C.-L., Jin, W., Chen, Y.-C. 2000: *Mathematical models of distribution of sediment concentration*. J. Hydr. Engrg., ASCE, Vol. 126, No. 1., Jan.

[7] Coles, D. 1956: *The law of the wake in the turbulent boundary layer*. J.Fluid Mech., Vol. 1.

[8] Einstein, H.A. 1950: *The bed-load function for sediment transportation in open channel flows*. U.S. Dept. Agriculture, Soil Conservation Service Tech. Bull., 1026.

[9] Einstein, H.A. 1942: *Formulae for transportation of bed load*. Tran. ASCE, 107.

[10] Kamphuis, J.W. 1974: *Determination of sand roughness for fixed beds*. J. Hydr. Res., Vol. 12, No. 2.

[11] Monsalve, G.C., Silva, E.F. 1983: *Characteristics of a natural meandering river in Colombia*: Sinu River. In River Meandering, Proc. Conf. Rivers's83, Charles M. Elliott ed.,ASCE.

[12] Nezu, I., Nakagawa, H. 1993: *Turbulencs in open-channel flows. IAHR Monograph*, A.A. Balkema, Rotterdam, The Netherlands.

[13] Riedel, H.P. 1972: *Direct measurement of bed shear stress under waves*. Ph.D. Thesis, Dept. Of Civil Engrg., Queen's Univ., Kingston, Canada.

[14] Rouse, H. 1937: *Modern conceptions of the mechanics of fluid turbulence*. Trans. ASCE,Vol. 102.

[15] Schlichting, H. 1968: *Boundary layer theory*. McGraw-Hill Book Co. Inc., Verlag G. Braun（6th edition）.

[16] Sedov, L.I. 1960: *Similarity and dimensional methods in mechanics*. Academic Press Inc., New York.

[17] Smirnov, V.I. 1964: *A course of higher mathematics. Vol. 1*. Addison-Wesley Pub. Co., Reading, Mass.

[18] Soo, S.L. 1967: *Fluid Dynamics of multiphase systems*. Blaisdall Pubishing Co., Waltham, Massachussetts, Toronto, London.

[19] van Rijn, L.C.: *Sediment transport*. Delft Hydraulic Laboratory, Publication No. 334, Feb. 1985.

[20] van Rijn, L.C. 1984: *Sediment transport. Part II*:suspended-load transport. J. Hydr. Engrg., ASCE, Vo. 110, No. 11, Nov.

[21] Velikanov, M.A. 1995: *Dynamics of alluvial streams*. State Publishing House for Physico-Mathematical Literature, Moscow.

[22] Yalin, M.S.. 1992: *River mechanics*. Pergamon Press, Oxford.

[23] Yalin, M.S., Karahan, *E.1979: Inception of sediment transport*. J. Hydr. Div., ASCE, Vol. 105, No. HY11, Nov.

[24] Yalin, M.S. 1977: *Mechanics of sediment transport.* Pergamon Press, Oxford.

[25] Yalin, M.S. 1971: *Theory of hydraulic models.* MacMillan, London.

[26] Yalin, M.S. 1965: *Similarity in sediment transport by currents*. Hydraulics Research Station, London.

第 2 章　床面形态与水流阻力

对于床面形态（Bed Form）的研究，并非是由单纯的学术兴趣所激发：床面形态的尺度和几何形态决定了某些具有实用价值的量，比如动床的有效粗糙度和阻力系数。本书讨论的是具有较小弗劳德数 Fr 的宽浅河道；因此，逆行沙垄（Antidune）并不在我们的考虑范畴。受实际意义所限，纵脊（Longitudinal Ridge）也不予考虑。本章中，我们将只研究（沿水流方向 x）呈周期性变化的床面形态，且假定床面形态的发展起始于平整的动床表面：（宽浅）明渠是顺直的。

2.1　床面形态的成因和定义

2.1.1　紊流的猝发现象；沙垄和浅滩

1.7 节 iii）中已表明，如果某均匀流存在沿 x 方向的周期性的“内部非均匀状态”，那么它流经的初始平整床面将转变为不平整床面（被床面形态覆盖）。然而，迄今为止，尚未见任何关于这种内部非均匀状态产生原因的论述，而这正是本节所要讨论的主题。

在大尺度床面形态中，长度与水深 h 成比例的称为沙垄（Dune）；长度与河宽 B 成比例的称为浅滩（Bar）。从平面上看，浅滩具有不同的排列形式，最简单的为单排浅滩（One-Row Bar）或交错浅滩（Alternate Bar）。

实验表明，周期性的床面形态不会出现在层流中（参见文献[54]，[67]或[57]，[58]），因此，只有当水流为紊流时，旨在揭示床面形态成因的假说才有意义。长期以来，众多河流演变领域的学者都确信：大尺度床面形态，即沙垄和浅滩，是由大尺度紊动引起的（参见文献[34]，[58]，[29]，[11]等）。但是，在猝发过程（Bursting Processes）发现之前，这一观点还不能被完全证实。猝发过程是紊流中可被“追踪”和确定的部分，我们将其简要描述如下（紊流中始终存在的强烈的“随机成分”引起的偏离和扭曲在描述过程中均被忽略）。

i）猝发过程，或简单地说，猝发，表征了大尺度紊动涡旋的演进。在剪切应力较大的区域，即水流边界附近，过大的脉动剪切应力会导致水流“翻滚”而形成涡旋。在随水流向下游移动的过程中，这些涡旋会逐渐脱离水流边界，同时不断扩散和凝聚；因此，它们的尺寸不断增大而数量逐渐减少。其中一些涡旋，即“猝发形成的涡旋”，其尺寸可以达到水流的外缘尺寸（水深 h 或河宽 B ）。这些猝发形成的涡旋，若产生于床面（e_V），则它们在垂向平面（x; z）内翻滚，并构成（大尺度的）垂向紊动：其尺寸可以达到 $\approx h$［如图 2.1（a）中的涡旋 E_V］；若产生于边壁（e_H），则它们在水平面（x; y）内翻滚，并构成（大尺度的）水平向紊动：其尺寸可以达到 $\approx B$［如图 2.1（b）中的涡旋 E_H］（参见文献[71]，[61]）。

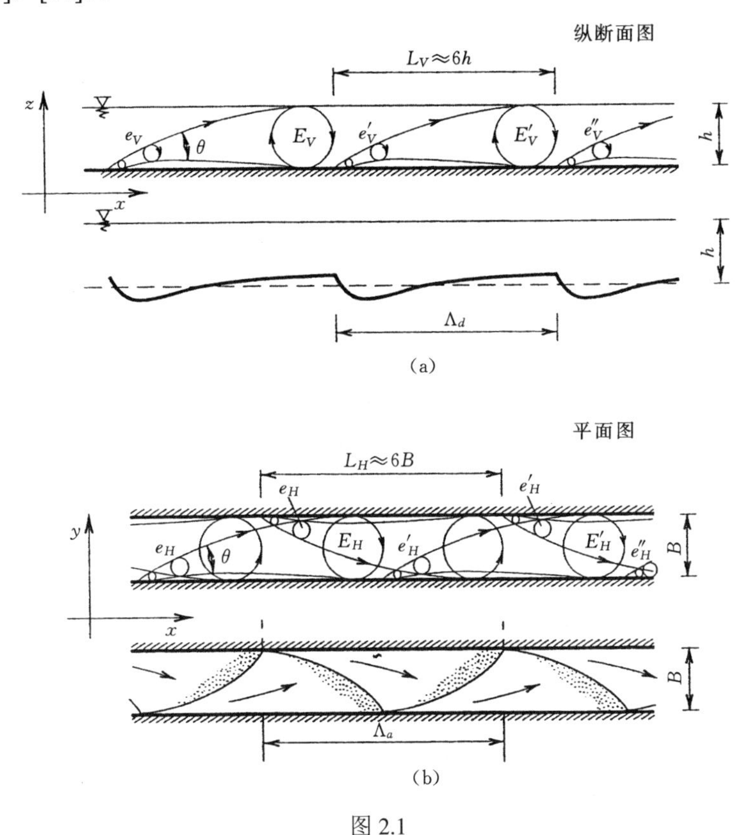

图 2.1

在向下游移动的过程中，涡旋 e_V 和 e_H 以同样的角度增大，即

$$\tan\theta \approx 1/6 \quad (2.1)$$

当涡旋 e_V 和 e_H 的尺寸达到 h 或 B 时，就与水流边界发生碰撞而溃散（“破碎”阶段）。这就导致了“新的”涡旋 e'_V 和 e'_H 的产生，经过同样的循环，又产生 e''_V 和 e''_H …，如此反复［见图 2.1（a）、图 2.1（b）］。一个涡旋的溃散与下一个涡旋的产生（在时间 t 和空间 x 上）是同步的，这意味着沿 x 方向存在一系列猝发。

涡旋 e_V 和 e_H 从产生到溃散整个过程中运动的距离 L_V 和 L_H 分别称为垂向

猝发长度和水平向猝发长度。由于涡旋 e_V 和 e_H 是以水流的平均流速 u_m 向下游移动的，故它们的“寿命”可表示为 $T_V = L_V / u_m$ 和 $T_H = L_H / u_m$（猝发周期）。通过对紊流的观测，我们发现（参见文献[26]，[27]，[28]，[18]，[71]，[7]，[11]）

$$L_V \approx 6h \text{ 和 } L_H \approx 6B \tag{2.2}$$

ii）目前，猝发过程尚未被完全探明。对于（研究得相对透彻的）垂向猝发，我们也只能给出如下少量信息。

通常，垂向猝发形成的涡旋 e_V 是三维的。在横断面（z；y）内，这些涡旋的演进过程如图 2.2 中的 1、2、3、4 所示。涡旋 e_V 能达到的最大横向宽度约为 $2h$，我们称之为“猝发宽度（Burst Width）”（参见文献[36]，[22]，[61]，[18]，[25]等）❶。因此，一系列垂向猝发就局限在宽度约为 $2h$（且高度为 h）的“猝发通道（Burst Corridor）”内。

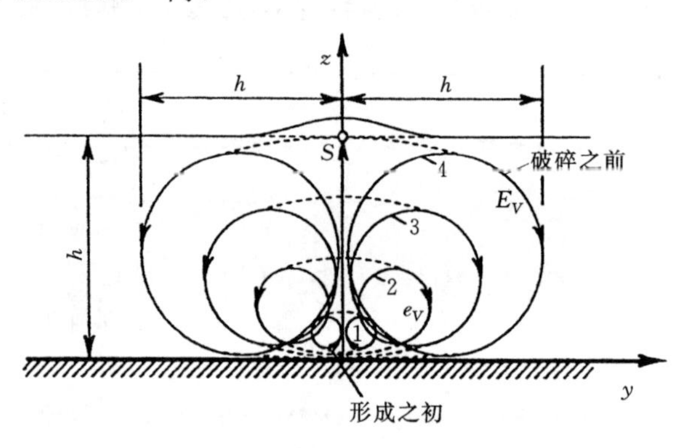

图 2.2

涡旋 e_V 的平移和旋转会诱发其周围水体的运动，因此，e_V 向下游移动的过程，如图 2.3（a）中的 1、2、3、4 所示，可以视为某种“凝聚结构”（由运动着的 e_V 和它周围的水体构成）的演进过程。在时段 $0 < t < T_V$ 内，涡旋 e_V 的位置和尺寸是变化的，因此，凝聚结构的形态也是变化的。图 2.3（b）（摘自文献[27]）所示的高速摄影照片显示的是，某明渠纵断面（x；z）内（刚性河床，相机速度为 u_m）某一瞬时的一系列凝聚结构［“猝发排（Burst-Row）”］。从图中可以看出，在原始水流的基础上叠加的这一系列凝聚结构，将使（顺直且平行的）流线变为周期性波动的流线。这种周期性既体现在时间 t 上，又体现在空间 x 上：时间 t 上以 T_V 为周期，空间 x 上以 L_V 为周期。

---

❶ 这里所说的 $(z;y)$ 平面内逐渐增长的反对称旋转的涡旋与时下用以描述紊流猝发过程的概念性（“马蹄形”或“发夹形”）模型相吻合。20 世纪 40 年代中期，G.H. Matthes 已经证实了天然（紊流）河流中系统性横断面涡旋的存在（参见文献[34]，另外参见 S. Leliavsky [30]）。Nezu 和 Nakagawa 在其 1993 年的著作（文献[36]）中回顾了近些年来紊流猝发，或更广泛地讲，紊流的理论和实验研究成果，值得参考。

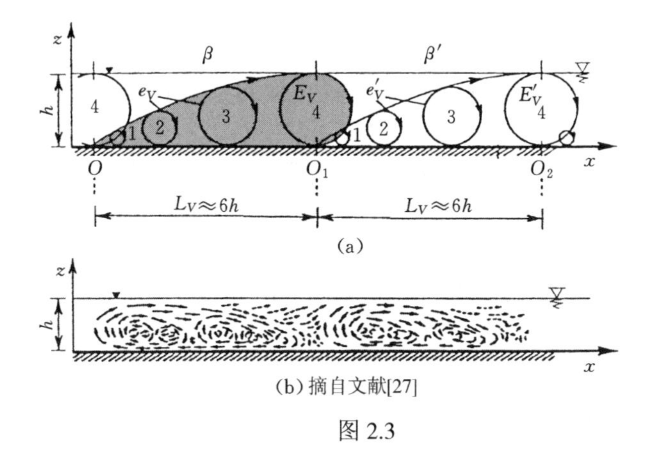

（b）摘自文献[27]

图 2.3

现在，考虑时均流线——在足够长的时间范围内平均得到。这些流线 s 只沿 x 方向呈周期性变化，如图 1.13（a）所示。这些波状流线使河床表面发生变形［如 1.7 节 iii）中所解释的］而形成一系列床面形态，即沙垄，其长度 Λ_d 等于 L_V［见图 2.1（a）］

$$\Lambda_d = L_V \approx 6h \tag{2.3}$$

类似地，交错浅滩的长度 Λ_d 等于单排水平向猝发的长度 L_H［见图 2.1（b）］

$$\Lambda_a = L_H \approx 6B \tag{2.4}$$

根据泥沙输移的相关研究（参见文献[61]，[67]，[15]，[69]，[14]，[21]，[16]），我们知道，充分发展的明渠紊流中形成的沙垄和交错浅滩的长度确实是 $\approx 6h$ 和 $\approx 6B$。（有关沙垄和浅滩形成的更多内容可参见文献[61]。）

对于垂向猝发的情况，一般来说，各“猝发通道”（宽度 $\approx 2h$）并不沿 y 方向排列成一线，即它们的端点 O 的连线、O_1 的连线以及 O_2 的连线（见图 2.3）均不与 y 轴平行。因此，一般来说，各波状流线 s 也均不沿 y 方向排列成一线。然而，这种排列方式对于沙垄（延展于河宽 B）的形成是必要的：它通常由一种“当地不连续性（Local Discontinuity）”保证［参见文献[61]中的 3.2.1（i）］。这种当地不连续性“促使”涡旋脱离它所在的断面，因而（不同猝发通道的）端点 O 在该断面出现的几率增加。对于水平向猝发的情况，类似的问题则不会出现；因为只存在一层单排或多排水平向猝发。

iii）上述沙垄的形成过程是用最简单的方式来阐述的，因此，读者可能会理所当然地认为沙垄从一开始就以发展完全的长度 Λ_d 出现。但实际上并非如此。沙垄的初始长度 $(\Lambda_d)_0$（$t=0$，实验刚开始时）通常比之前提到的 Λ_d 小数倍。只有经过一段沙垄演变历时 $(T_\Delta)_d$ 后，沙垄的长度才能达到 Λ_d。实际上，本节所考虑的长度为 $L_V \approx 6h$ 的猝发（简称“猝发 L_V”）并非水流猝发的唯一形式：它不过是“猝发等级”中最大的一种：

$$(L_V)_0 < (L_V)_1 < \cdots < L_V \approx 6h$$

猝发$(L_V)_k$越小，其周期$(T_V)_k$就越短，相应的床面形态$(\Lambda_d)_k$形成得就越快。因此，刚过$t=0$时刻，床面首先只被“最小猝发$(L_V)_0$”引起的“最小沙垄$(\Lambda_d)_0$”覆盖。随着时间的推移，较大的猝发$(L_V)_k$开始“参与”床面形态的形成。床面形态$(\Lambda_d)_k$的出现伴随着前一个床面形态$(\Lambda_d)_{k-1}$的消失；而床面形态$(\Lambda_d)_{k-1}$到床面形态$(\Lambda_d)_k$的转换，众所周知，这是一个合并的过程。当最大的床面形态，即（最大的垂向猝发$L_V \approx 6h$引起的）充分发展的沙垄Λ_d形成时，床面形态将不再增长[$t=(T_\Delta)_d$时]。

类似地，只有经过一段交错浅滩演变历时$(T_\Delta)_d$后，（最大的水平向猝发$L_H \approx 6B$引起的）充分发展的交错浅滩Λ_a才能形成。

iv）目前的实验均表明，床面附近水流的黏滞性ν和床面粗糙度k_s并不会对垂向猝发长度$L_V \approx 6h$的确定造成系统性的影响：野外和室内实验的数据点均匀分布在$L_V/h=6$的两侧（见图2.4）。但是，这并不表明它们对垂向猝发引起的沙垄的长度$\Lambda_d \approx 6h$也是如此：对于相同的猝发作用，具有不同$(\nu;k_s)$条件的动床会产生不同的床面形态。众所周知，$\Lambda_d \approx 6h$只有在初始水流位于紊流粗糙区（$v_* k_s/\nu \approx 2X >\approx 70$）的情况下才成立（参见文献[61]，[67]）。如果形成沙垄的水流不位于紊流粗糙区，那么Λ_d/h的值将不再≈ 6[见2.2.2节i）]。

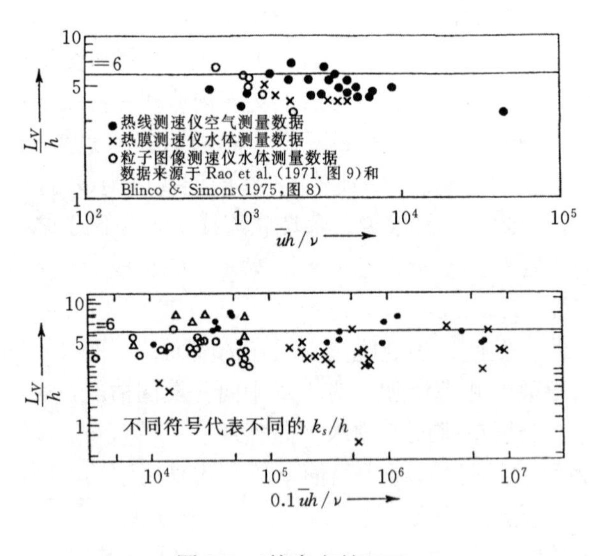

图2.4 （摘自文献[18]）

关于水平向猝发的研究甚少，且水平向猝发长度$L_H \approx 6B$很有可能与$(\nu;k_s)$条件无关。该结论同样适用于交错浅滩长度$\Lambda_a \approx 6B$。

2.1.2　沙纹

沙纹（Ripple）的纵剖面与沙垄相似，且它同样不会出现在层流中。当紊流在床面附近具有明显的黏滞性，即位于水力光滑区（$v_* k_s / \nu \approx 2X <\approx 5$）时，床面上形成的沙纹会很显著。通常定义沙纹是一种长度 Λ_r 与水流外缘尺寸（h 或 B）无关的床面形态。因此，沙纹绝不可能是由长度与 h 或 B 成比例的猝发所引起的。{显然，床面附近水流的黏滞性[或俗称“黏滞底层（Viscous Sublayer）”]使初始床面不受猝发作用的影响。}

实验表明，垂向紊动会扰乱床面附近的黏性水流，而在床面附近某一高程 z 的 $(x;y)$ 平面内产生一系列相邻的高速区和低速区[简称“黏性水流结构（Viscous Flow Structure）”]，并随时间的推移（缓慢地）变化（参见文献[20]，[32]，[41]，[52]）。图 2.5 所示为上述（沿 x 和沿 y 的）准周期区域的一个案例。图中，这些区域用三个连续瞬时的等流速线来描绘（在 $z=15\nu/v_*$ 的水平面内）；其中，x^+ 和 y^+ 分别表示 xv_*/ν 和 yv_*/ν。按照文献[6]，[2]，[4]，[3]所述，每个区域在 x 方向上的平均长度约为 $1000\nu/v_*$，因而纵向平均“波长” λ_x 可由下式给出

$$\frac{v_* \lambda_x}{\nu} \approx 2000 \tag{2.5}$$

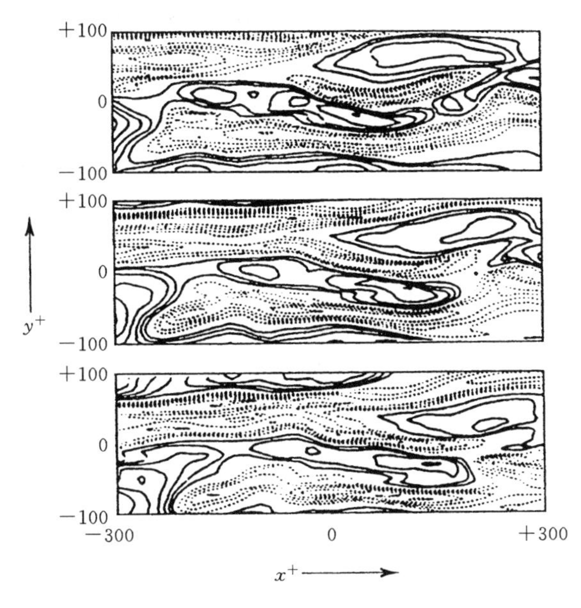

图 2.5　（摘自文献[20]）

在位于水力光滑区的水流的垂向紊动结构中，λ_x 是床面附近唯一的特征长

度。因此，我们假定（正如文献[61]所述）Λ_r 与上述黏性水流结构的长度 λ_x 相等。注意到，图 2.6 中当 η_* 接近于 1 时，即二相流的条件接近于清水时（对于清水，我们可以确定 $v_*\lambda_x/\nu$ 的值约为 2000），相应于不同 Ξ 的 $v_*\Lambda_r/\nu$ 值趋近于 2400（注意到，该值与 2000 量级相当）。

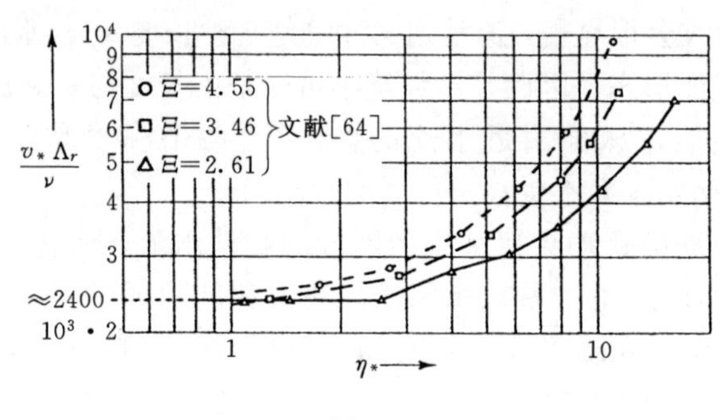

图 2.6

沙纹演变历时 $(T_\Delta)_r$ 完全取决于沙纹陡度的发展：沙纹的长度 Λ_r 在 $(T_\Delta)_r$ 内几乎不变（λ_x 不分“等级”）。此外，床面上的“当地不连续性”尽管有助于沙纹的形成，但并不是其出现的必要条件——沙纹可以自发地出现（见文献 Schmid，A. 1985: *Wandnahe turbulence Bewegungsabläufe und ihre Bedeutung für die Riffelbildung*，R 22-85，Institut für Hydromechanik und Wasserwirtschaft，ETH Zurich）。

2.1.3 “均匀流”概念的澄清

从前面小节的内容中，我们可以清楚地知道，表面上看处于均匀状态的水流，在一定条件下，可能具有沿 x 方向的周期性的“内部非均匀状态”[由一系列垂向或水平向猝发（见 2.1.1 节）引起，或由一系列黏性水流结构（见 2.1.2 节）引起等]。这就意味着，流经初始平整动床（$t=0$ 时刻）的二维均匀流，尽管它的外部特征参量 u_m、h 和 S 不沿 x 方向变化，实际上也并非真正意义上的均匀流。本书中，按照惯例，仍然称这种水流为“均匀流”，然而，始终默认它的每一个内部特征参量（如 a）均取其关于 (t,x) 的平均值（关于时间和空间的平均值），而不只是取其关于时间的平均值。这种周期性也可体现在 y 方向上（多排猝发，黏性水流结构）。在这种情况下，任意 a 均取其关于 (t,x,y) 的平均值。

考虑某水流流经沿 x 方向呈周期性变化的二维床面形态（长度为 Λ），如果它的 Λ 范围内的非均匀状态不沿 x 方向变化，那么它也可视为“均匀流”。按照文献[67]，我们称这种水流为“准均匀流（Quasi-Uniform Flow）”。在这种流动中，u_m 是唯一不沿 x 方向变化的外部特征参量。

2.2 垂向紊动引起的床面形态的几何特征和存在区域

2.2.1 概述

i）一个顺直的恒定且均匀[1]的二维二相流可由三个无量纲变量确定（见 1.3 节）

$$X,Y,Z \text{ 或 } \Xi,\eta_*,Z;\cdots \tag{2.6}$$

在真实的冲积河道中，河宽 B 是有限的，且 B/h 是一个附加变量。因此，式（2.6）扩展为

$$X,Y,Z,B/h \text{ 或 } \Xi,\eta_*,Z,B/h;\cdots \tag{2.7}$$

构成这些无量纲变量的参量需用其在某些特定位置的数值来计算，或通常用它们的断面平均值来计算。在任意具有特定断面形状的冲积河道中，上述四个相互独立的无量纲变量，对于任意无量纲特征参量的表示来说，是充分且必要的。但是，这并不意味着这些变量中的每一个都必须出现在某一特征参量的表达式中（参见文献[46]，[68]，[67]等）。例如，实验表明，在宽深比 B/h 足够大（如大于 5～7）的河道中，垂向紊动引起的床面形态（即沙垄或沙纹）的几何参量并不受 B/h 的影响。这就意味着这些参量可由式（2.6）中的三个变量确定；即好像这些床面形态是由二维水流引起的。与此相反，水平向紊动所引起的床面形态（即浅滩）的几何参量主要由 B/h 来确定。

ii）这一阶段可能提到，某一特例（例如，实验室水槽中实施的某一特定实验）是用某些特征参量的特定的值来定义的：这些参量在这一过程（实验过程）中不应该发生变化。然而，对于实验室水槽中实施的实验，其流量 Q 和底坡 S 通常恒定。在这种情况下，床面形态的变化（起始于初始的平整河床）将引起床面阻力的增加，继而引起水深 h 的增大。如果特征参量是 Q 和 S（而不是 h），这完全可以接受。但是，目前选取的特征参量是 h 和 $v_* = \sqrt{ghS}$ （而不是 Q），且因此 h 和 S （即 h 和 v_* ）在整个实验过程中都必须保持不变。床面形态的增长引起的床面阻力的增加，是通过 Q 的不断调整（减小）来适应的。由于 Q 并不作为特征参量，故它的变化是允许的（更多内容见 2.5.4 节）。

iii）本书中，类型为 i 的发展完全的床面形态的高度用 Δ_i 表示，比值 $\Delta_i/\Lambda_i = \delta_i$ 将被称为床面形态 i 的“陡度（Steepness）”。

在床面形态 i 的发展过程 $(T_\Delta)_i$ 中，动床“围绕”初始平整床面发生变形（以连续的冲刷－淤积的方式，如图 2.7 所示）；因此，对于任意 $t \in [0,(T_\Delta)_i]$ 时刻，变形后的床面经平均后与初始平整床面相同。此时，不平整动床的水深 h 应以

[1] 这里以及本书接下来的部分，所谓“均匀流”均如 2.1.3 节所述。

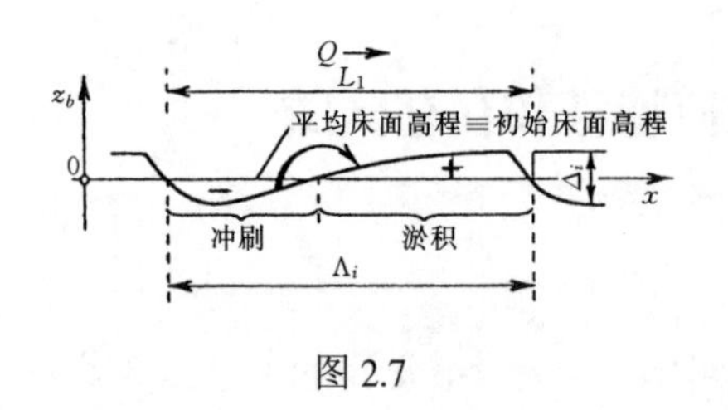

图 2.7

初始平整床面为基准量测得到。

2.2.2 沙垄的几何特征

i）沙垄长度。

考虑前述内容，我们忽略B/h，并采用式（2.6）进行分析。此外，我们还认为Λ_d与Y无关（参见文献[67]，[61]等）。因此

$$\frac{\Lambda_d}{D}=\phi'_{\Lambda_d}(X,Z) \tag{2.8}$$

由于Λ_d与h成比例[见 2.1.1 节 ii）]，故上式还可以更贴切地表示为

$$\frac{\Lambda_d}{D}=\phi_{\Lambda_d}(X,Z)\cdot 6Z$$

即

$$\Lambda_d=\phi_{\Lambda_d}(X,Z)\cdot 6h \tag{2.9}$$

其中

$$\text{当}\,X>\approx 35\text{时},\ \phi_{\Lambda_d}(X,Z)\approx 1 \tag{2.10}$$

图 2.8 中的曲线族为函数（2.9）的图像。该曲线族（由文献[67]提供的大量数据确定）可用式（2.11）拟合函数来表示

$$\frac{\Lambda_d}{D}=6Z\cdot\left[1+0.01\frac{(Z-40)(Z-400)}{Z}\mathrm{e}^{-m_\Lambda}\right] \tag{2.11}$$

其中 $m_\Lambda=0.055\sqrt{Z}+0.04X$

方括号中为函数$\phi_{\Lambda_d}(X,Z)$的表达式。

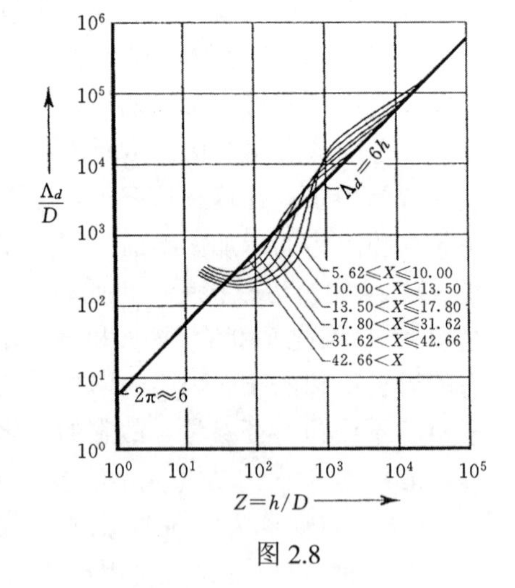

图 2.8

ii）沙垄陡度。

通常，垂向紊动引起的床面形态可视为二维的，故沙垄陡度$\Delta_d/\Lambda_d=\delta_d$可通过式（2.6）中的无量纲变量确定，即

$$\delta_d=\phi''_{\delta_d}(X,Y,Z)=\phi'_{\delta_d}(X,\eta_*,Z) \tag{2.12}$$

1. 我们首先考虑流经初始平整河床的粗糙紊流（$X>\approx 35$）的情况。在这种情况下，沙粒雷诺数X将不再是一个影响变量，且式（2.12）简化为

$$\delta_d=\phi_{\delta_d}(\eta_*,Z) \tag{2.13}$$

该式可用一曲线族来表示：横坐标为η_*，纵坐标为δ_d，曲线分类参数为Z。我们知道，当$\eta_*=1$时，$\delta_d=0$（δ_d与某一指定的$Z=\mathrm{const}$相对应）；接着，随着η_*的增大，δ_d首先增大，并达到其最大值（当$\eta_*=\hat{\eta}_{*d}$时，$\delta_d=(\delta_d)_{\max}$）；然后，$\delta_d$逐渐减小，直到河床再一次恢复平整（$\delta_d\to 0$）。图 2.9 中的实验曲线清楚地表明了$\delta_d$的这种变化趋势。从

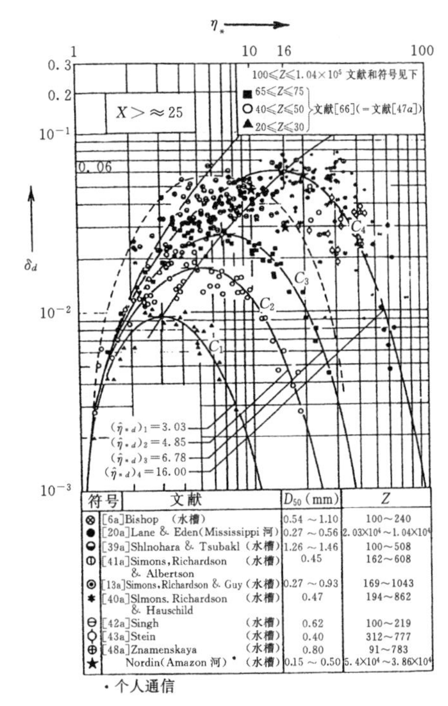

图 2.9　（摘自文献[66]）

图中我们还可以总结出如下规律：随着 Z 的增大，相应于不同 $Z=(\text{const})_i$ 值的曲线 δ_d 逐渐逼近“限定曲线”（即图 2.9 中的曲线 C_4）——该曲线拥有最大的 $(\delta_d)_{\max}$ 和 $\hat{\eta}_{*d}$ 值（分别为 ≈ 0.06 和 16）。然而，近期研究表明，该规律并不符合实际情况，因为图 2.9 中的大部分数据均通过实验测得——只有很少一部分来源于具有较大 Z 值的真实河道（参见文献[72]，[50]）。最近，本书作者额外获得了一些具有较大 Z 值的河道的数据，这使得我们能够对图 2.9 中的曲线沿 Z 方向作进一步的扩展。因此，我们绘制出了图 2.10（a）、（b）中的曲线❶。这些曲线表明：$(\delta_d)_{\max}$ 的最大值仍旧 ≈ 0.06；然而，曲线 C_4 不再是一条限定曲线，$\hat{\eta}_{*d}=16$ 也不再是所有 $\hat{\eta}_{*d}$ 中的最大值。图 2.10（a）、（b）（其中包含大型天然河流的数据）表明，当 Z 超过 1000 后，曲线 δ_d 的趋势发生改变，这使得 $(\delta_d)_{\max}$ 的值小于 0.06，而 $\hat{\eta}_{*d}$ 的值大于 16。

实验测得的表示 $(\delta_d)_{\max}$ 和 $\hat{\eta}_{*d}$ 随 Z 值变化情况的曲线如图 2.11 所示。这两条曲线可用如下拟合函数（$10 < Z < 10^5$）来表示

$$(\delta_d)_{\max} = 0.00047Z^{1.2}\mathrm{e}^{-0.17Z^{0.47}} + 0.041(1-\mathrm{e}^{-0.002Z}) \tag{2.14}$$

和

$$\hat{\eta}_{*d} = 35(1-\mathrm{e}^{-0.074Z^{0.4}}) - 5 \tag{2.15}$$

图 2.11 中 $(\delta_d)_{\max}$ 曲线上的“实心圆点”代表相应于不同 Z 值的 δ_d 曲线顶点附近数据的 δ_d 的平均值；类似地，$\hat{\eta}_{*d}$ 曲线上的“空心圆点”代表顶点附近数据的 η_* 的平均值。

延展后的 δ_d 曲线族如图 2.12 所示．该曲线族可用如下拟合函数近似表示

$$\delta_d = (\delta_d)_{\max}(\zeta_d \mathrm{e}^{1-\zeta_d})^{m_\delta} (= \phi_{\delta_d}(\eta_*, Z)) \tag{2.16}$$

---

❶ 图 2.10（a）、（b）中数据点的来源在“参考文献 A”中列出。这些来源包括：

室内实验数据：[3a]，[6a]，[7a]，[9a]，[11a]，[12a]，[13a]，[15a]，[16a]，[18a]，[26a]，[28a]，[30a]，[33a]，[35a]，[36a]，[38a]，[40a]，[41a]，[42a]，[43a]，[46a]，[47a]，[48a]；

野外观测数据：[1a]，[8a]，[19a]，[20a]，[25a]，[27a]，[31a]，[34a]，[37a]，[39a]，[44a]，[45a]。

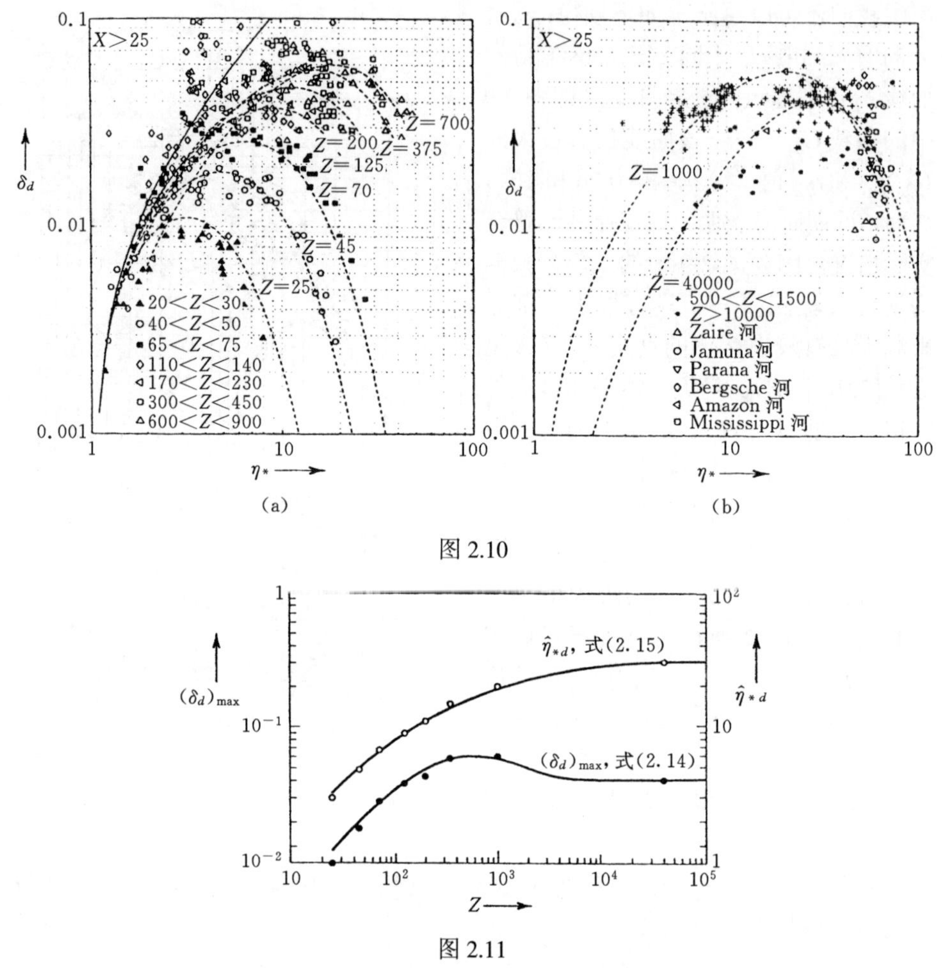

图 2.10

图 2.11

其中

$$\zeta_d = \frac{\eta_* - 1}{\hat{\eta}_{*d} - 1} \tag{2.17}$$

这里，$(\delta_d)_{\max}$ 和 $\hat{\eta}_{*d}$ 分别由式（2.14）和式（2.15）确定，m_δ 的值由下式给出

$$m_\delta = 1 + 0.6\mathrm{e}^{-0.1(5-\lg Z)^{3.6}} \tag{2.18}$$

上述各拟合函数均是用相应于不同 Z 值的实验点拟合出来的。

2. 到目前为止，假定水流始终位于紊流粗糙区（$X >\approx 35$）。然而，如果形成沙垄的水流位于紊流过渡区（$\approx 2.5 < X <\approx 35$），那么沙垄的真实陡度较以上各式计算出的结果偏小。实际上，若其他条件相同，δ_d 在区间 $\approx 2.5 < X <\approx 35$ 内随 X 的减小而逐渐减小；当 $X <\approx 2.5$（即水流位于水力光滑区）时，$\delta_d \equiv 0$。这一现象可用一适当的函数 $\psi_d(X)$ 与 $(\delta_d)_{\max}$ 的表达式（2.14）的乘积来表示，

这样，式（2.16）计算出的δ_d值就会自动减小。$\psi_d(X)$可用式（2.19）来表示

$$\psi_d(X) = 1 - \mathrm{e}^{-(X/10)^2} \tag{2.19}$$

图 2.13 显示了沙垄的$\psi_d(X)$与沙纹的$\psi_r(X)$（即将谈到）的关系曲线。

在 1.中，用函数$\delta_d = \phi_{\delta_d}(\eta_*, Z)$来表示沙垄的陡度$\delta_d$［见式（2.13）］；同时在 2.中，引进了因子$\psi_d(X)$。因此，总的来说，$\delta_d$表示为如下形式

$$\zeta_d = \psi_d(X) \cdot \phi_{\delta_d}(\eta_*, Z) \tag{2.20}$$

这与式（2.12）是一致的。

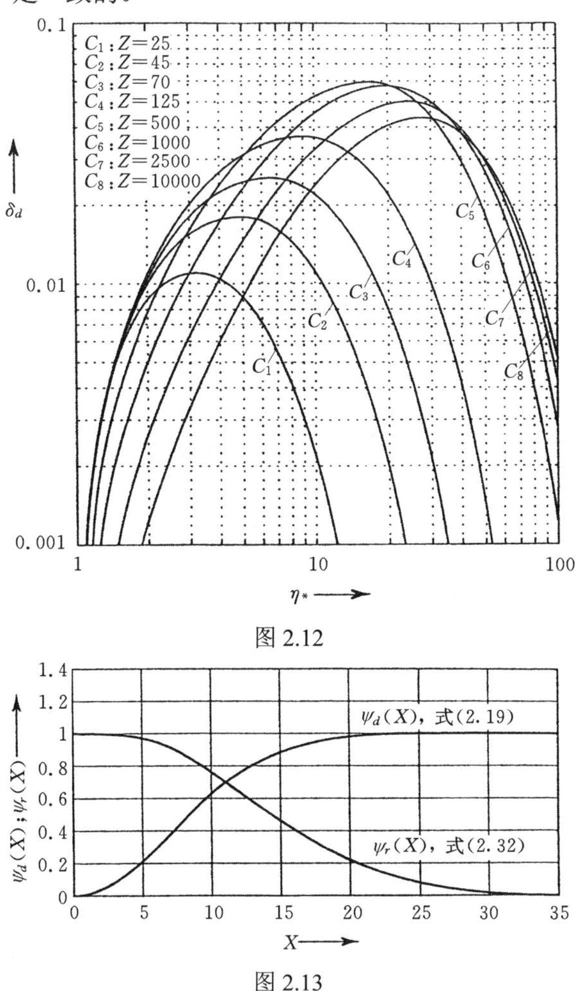

图 2.12

图 2.13

2.2.3　沙纹的几何特征

i）沙纹长度。

由于宽浅河道河床上沙纹的形成（按定义）与h和B无关，故有沙纹长度Λ_r

（基于式（2.6））

$$\frac{\Lambda_r}{D}=\phi''_{\Lambda_r}(X,Y)=\phi'_{\Lambda_r}(X,\Xi)=\phi_{\Lambda_r}(\eta_*,\Xi) \tag{2.21}$$

实验得到的$\phi'_{\Lambda_r}(X,\Xi)$曲线族如图 2.14 所示。注意到，出现频率最高的Λ_r/D值约为 1000 左右；因此，本书作者在早期著作中提出了如下近似关系式（参见文献[69]，[67]）

$$\Lambda_r \approx 1000D \tag{2.22}$$

通过对文献[61]中的数据进行分析，图 2.14 中曲线最低点的纵坐$(\Lambda_r)_{\min}/D$只是Ξ的函数，且该函数可表示为

$$\frac{(\Lambda_r)_{\min}}{D}=\frac{2650}{\Xi^{0.88}} \tag{2.23}$$

此外，数据还表明，当η_*达到$\eta_*\approx 21$时，沙纹消失（其长度Λ_r无限增长）——对于所有材料都是如此。

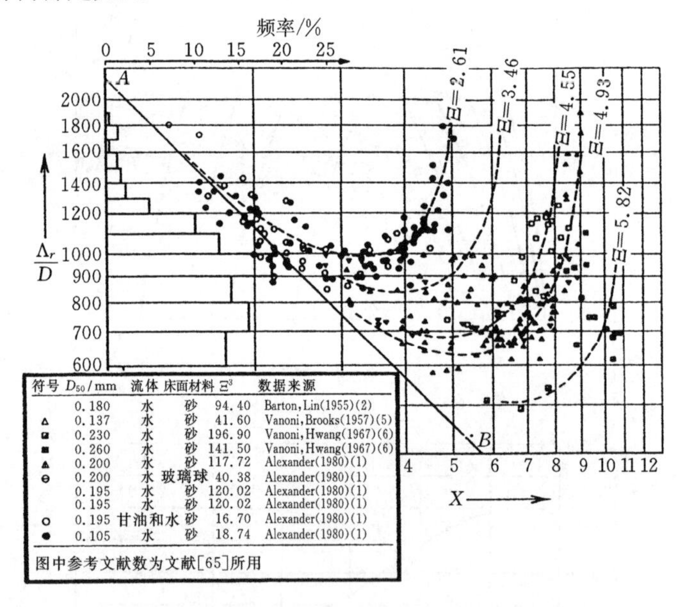

图 2.14 （摘自文献[65]，[61]）

由文献[61]和[49]可知，借助如下关系，图 2.14 中的曲线族可以合并为一条曲线

$$\frac{\Lambda_r}{(\Lambda_r)_{\min}}=[4H(1-H)]^{-1} \tag{2.24}$$

其中

$$H=\sqrt{\frac{\eta_*}{\eta_{*\max}}}=\sqrt{\frac{\eta_*}{21}} \tag{2.25}$$

式（2.24）及相应的数据点[1]如图 2.15 所示。将式（2.23）和式（2.25）代入式（2.24），得到

$$\frac{\Lambda_r}{D}\approx\frac{3000}{\Xi^{0.88}\sqrt{\eta_*}(1-0.22\sqrt{\eta_*})}(=\phi_{\Lambda_r}(\eta_*,\Xi))\qquad(2.26)$$

该式可用于 Λ_r 的计算。

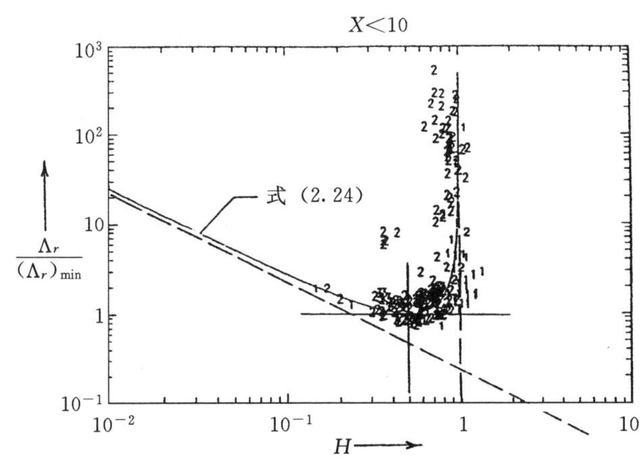

图 2.15 （摘自文献[61]）

ii）沙纹陡度。

对于同样与 Z 无关的沙纹陡度 $\delta_r=\Delta_r/\Lambda_r$，得到

$$\delta_r=\phi'''_{\delta_r}(X,Y)=\phi''_{\delta_r}(X,\eta_*)=\phi'_{\delta_r}(\Xi,\eta_*)\qquad(2.27)$$

1. 首先，假定（初始）水流在床面附近具有明显的黏滞性（$X<\approx2.5$），因此，δ_r 能够得到充分发展而不受阻碍。

考虑在具有较小 X 值的水流中测得的 δ_r 的分布情况（见图 2.16）。注意到，当 $\eta_*=(\eta_*)_{max}\approx21$ 时，沙纹消失，即 $\delta_r=0$（前已述及）；当 $\eta_*=\hat{\eta}_{*r}\approx11$ 时，沙纹陡度达到其最大值，即 $(\delta_r)_{max}=0.14$。这些数值不受 Ξ 或 X 的影响，因此，“不受阻碍”的沙纹陡度 δ_r 可视为仅与 η_* 有关的函数，且我们可以用类似于式（2.16）的表达式来表示该函数 $\phi_{\delta_r}(\eta_*)$

$$\delta_r=(\delta_r)_{max}r\zeta_r e^{1-\zeta_r}[=\phi_{\delta_r}(\eta_*)]\qquad(2.28)$$

在该表达式（文献[61]中已经提及）中

---

[1] 图 2.15、图 2.16 中数据点的来源在“参考文献 A”中列出：

标号 1（0.02mm≤D_{50}≤0.04mm）：[14a]，[23a]，[24a]；

标号 2（0.10mm≤D_{50}≤0.30mm）：[2a]，[4a]，[5a]，[10a]，[14a]，[17a]，[18a]，[21a]，[22a]，[23a]，[29a]，[30a]，[32a]，[36a]；

标号 3（0.32mm≤D_{50}≤0.47mm）：[12a]，[14a]，[26a]，[29a]，[30a]。

$$\zeta_r = \frac{\eta_* - 1}{\hat{\eta}_{*r} - 1} \tag{2.29}$$

且

当$\zeta_r \leqslant 1$时， $r=1$

当$1<\zeta_r \leqslant 2$时 $$r = \zeta_r(2-\zeta_r) \tag{2.30}$$

由于$(\delta_r)_{\max} \approx 0.14$和$\hat{\eta}_{*r} \approx 11$［这使得$\zeta_r = 0.1(\eta_* - 1)$］，故式（2.28）可表示为

$$\delta_r = 0.014r(\eta_* - 1)\mathrm{e}^{(1.1-0.1\eta_*)}[=\phi_{\delta_r}(\eta_*)] \tag{2.31}$$

式（2.31）对于$\eta_* \in [1,21]$成立，其图像如图2.16中的实线所示。

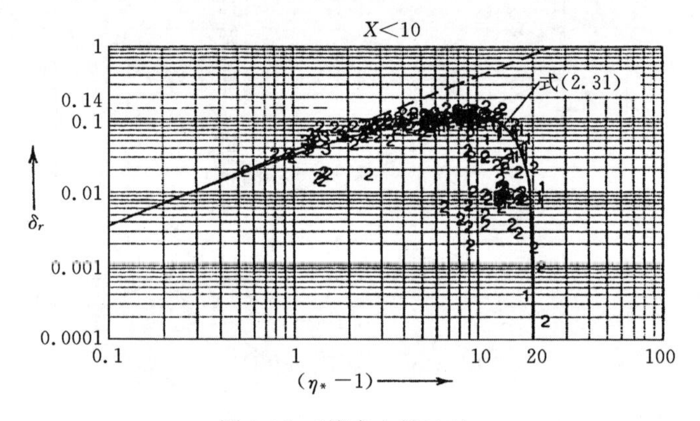

图2.16 （摘自文献[61]）

2．随着X从≈2.5逐渐增大，床面附近水流黏滞性的影响逐渐减小，δ_r也逐渐减小（当$X \approx 35$时，δ_r归于零）。这一现象可用一（不大于1）的函数$\psi_r(X)$与$(\delta_r)_{\max} \approx 0.14$的乘积来表示（正如推导沙垄陡度的表达式时所做的）

$$\psi_r(X) = \begin{cases} \mathrm{e}^{-[(X-2.5)/14]^2}, & X > 2.5 \\ 1, & X \leqslant 2.5 \end{cases} \tag{2.32}$$

$\psi_r(X)$［与沙垄的$\psi_d(X)$］的图像如图2.13所示。

因此，总的来说，对于沙纹陡度，我们有

$$\delta_r = \psi_r(X) \cdot \phi_{\delta_r}(\eta_*) \tag{2.33}$$

式（2.33）与式（2.27）中的$\phi''_{\delta_r}(X,\eta_*)$是一致的。

2.2.4 沙纹和沙垄的存在区域

只有陡度不为零时，床面形态才“存在”。因此，陡度为$\delta_d = \phi'_{\delta_d}(X,\eta_*,Z)$［见式（2.12）］的沙垄的存在区域（Existence Region）$\mathcal{D}$，是使$\delta_d > 0$的X、η_*、Z的集合。类似地，陡度为$\delta_r = \phi''_{\delta_r}(X,\eta_*)$［见式（2.27）］的沙纹的存在区域（$\mathcal{R}$）是使$\delta_r > 0$的$X$、$\eta_*$的集合。由于$X$和$\eta_*$对沙垄和沙纹的陡度都有影响，故在

同一个（X；η_*）平面内考虑$\mathcal{R}$和$\mathcal{D}$是合适的，此时需视Z为参变量。图 2.17 显示了根据 2.2.2 节和 2.2.3 节所包含的信息描绘出的$\mathcal{R}$和$\mathcal{D}$。

区域$\mathcal{R}$的下边界为$\eta_*=1$，上边界为$\eta_*=21$。区域$\mathcal{D}$限制在虚线范围内，并随Z的变化而变化。$\mathcal{D}$的下边界与$\mathcal{R}$相同，即$\eta_*=1$；$\mathcal{D}$的上边界为Z的递增函数。这些上边界处的η_*值，即$\eta_*\approx 12$，30，60，…，相当于沙垄陡度为$\delta_d=10^{-3}$时的η_*值（即图 2.10 中$\delta_d=10^{-3}$时的η_*的横坐标）。沙纹陡度δ_r从$X\approx 2.5$开始随X的增大而逐渐减小，直到$X\approx 35$时归于零——$X\approx 35$即为$\mathcal{R}$的右边界。

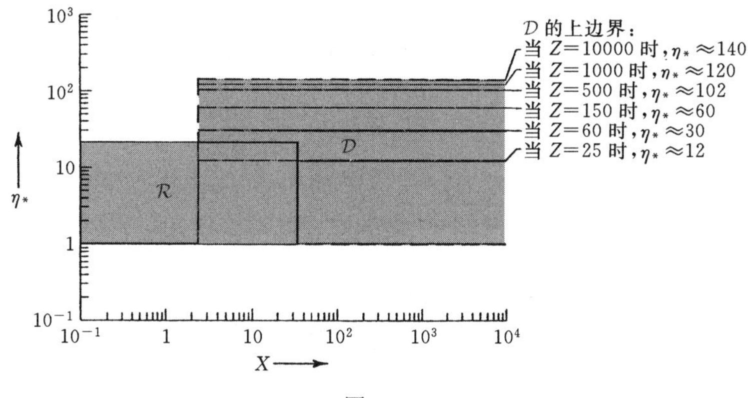

图 2.17

沙垄陡度δ_d从$X\approx 35$开始随X的减小而逐渐减小，直到$X\approx 2.5$时归于零——$X\approx 2.5$即为$\mathcal{D}$的左边界。在区间$\approx 2.5<X<\approx 35$内，沙纹和沙垄可以同时存在（沙纹叠加于沙垄上）。显然，只有在Λ_d数倍于Λ_r的情况下，这种叠加才能被观测到。令这个“倍数”为 3 或更大，可以粗略地写出

$$\frac{\Lambda_d}{\Lambda_r}\approx\frac{6h}{1000D}=0.006Z\geqslant 3 \tag{2.34}$$

即$Z\geqslant 500$，该式可视为沙纹和沙垄同时出现的附加条件（$\approx 2.5<X<\approx 35$）。

2.3　水平向紊动引起的床面形态的几何特征和存在区域

2.3.1　交错浅滩的长度

2.1.1 节 iv）中已经提到，床面的粗糙程度和床面附近水流的黏滞性都不会对交错浅滩的长度Λ_a产生影响。实际上，所有Λ_a图中数据点的散布都具有偶然性：到目前为止，尚未发现数据点的分布与k_s/h或X有关（参见文献[21]，[14]，[16]，[61]中Λ_a与B的关系图）。因此，除式（2.35）外，目前没有更好的表达式用于计算交错浅滩的长度：

$$\Lambda_a\approx 6B(=\Lambda_1) \tag{2.35}$$

2.3.2 复式浅滩；排列和长度

i）令u为顺直明渠水流中某点处的时均流速。流速u是z的递增函数，且它在每一个$z=\text{const}$的水平面内都存在一个特定的分布（沿y方向变化）。显然，$\partial u/\partial y$的最大值，也即τ_{xy}的最大值，出现在边壁（河岸）附近的自由水面处。因此，水平向猝发引起的涡旋e_H主要产生于过水断面靠近上部的角落处[见图 2.18（a）]。“圆盘”状（参见文献[71]）水平涡旋e_H的尺寸，在其脱离河岸并随水流向下游移动的过程中逐渐增大。最终，涡旋e_H的尺寸，即“圆盘”的直径，达到其最大值B（即E_H的直径）。此时，涡旋碰触河岸并破碎（参见文献[61]）。

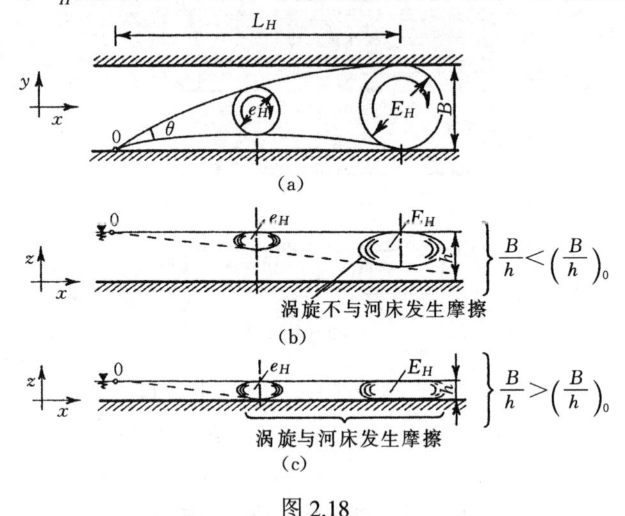

图 2.18

ii）考虑宽深比B/h对涡旋e_H增长过程的影响。如果B/h较小，即小于某一特定值$(B/h)_0$，那么e_H可在不与河床发生摩擦的情况下达到其最大尺寸B［见图 2.18（b）］。在这种情况下，显然，e_H不会引起任何床面形态。然而，如果$B/h>(B/h)_0$，那么e_H将与河床发生摩擦，且因此形成相应的床面形态，即浅滩。

如果B/h大于$(B/h)_0$，但小于某一特定值$(B/h)_1$，那么产生于河道两岸的涡旋e_H将引起单排水平向猝发，并形成单排浅滩或交错浅滩［见图 2.1（b）］。现在，我们假定$B/h>(B/h)_1$。在这种情况下，相对河宽将会很大，以至于涡旋e_H在其尺寸达到B*之前*就受河床摩阻影响而破坏。此时，产生于河道两岸的涡旋e_H将在河道中央相遇；且将有双排水平向猝发来替代单排水平向猝发，并形成双排浅滩[见图 2.19（a）]。随着B/h逐步增大，将会引起三排，…，n排水平向猝发[图 2.19（b）、（c）]，并形成三排，…，n排浅滩或复式浅滩（Multiple Bar）。n排水平向猝发及浅滩的长度［$(L_H)_n$和Λ_n］由下式给出（参见文献[9]，[17]，[16]，[61]）

$$(L_H)_n = \Lambda_n = \frac{6B}{n}$$

其中

$$\Lambda_1 = \Lambda_a \tag{2.36}$$

大尺度紊动的结构并不依赖于运动黏滞系数ν。因此，宽浅梯形明渠（具有平整的刚性河床，且沙粒粗糙度$k_s \approx 2D$）中水流大尺度水平向紊动的结构仅由以下比值确定（参见文献[68]，[67]，[44]，[46]）

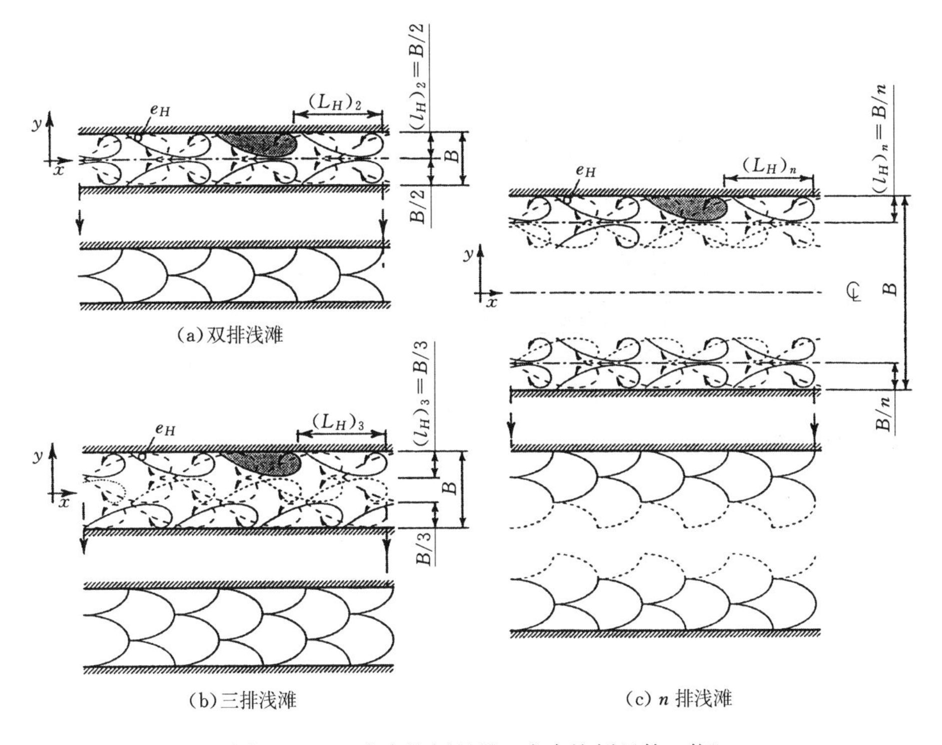

(a) 双排浅滩　(b) 三排浅滩　(c) n 排浅滩

图 2.19　（y 方向比例尺是 x 方向比例尺的 2 倍）

$$\frac{B}{h}和\frac{h}{k_s}(或\frac{h}{D}=Z) \tag{2.37}$$

显然，这两个变量同样适用于动床的情况——只要床面平整，且不存在过多的悬移质泥沙。由于水平向猝发的排数n反映了流经初始床面的水流的结构，故n一定是式（2.37）中变量的函数（虽然到目前为止尚未被探究）。

$$n = \phi_n\left(\frac{B}{h}, Z\right) \tag{2.38}$$

需要注意的是，浅滩的出现只使水流猝发的结构变得规则和稳定——并不使它发生实质性变化（参见文献[28]，[61]）。

2.3.3 浅滩的存在区域；浅滩陡度

i）由于浅滩的平面排列形式由初始水流水平向猝发的结构确定，而这种猝发结构又由B/h和Z确定，故浅滩的几何特性也由这两个参量确定（在过去旨在揭示床面形态存在区域的研究中已经使用过，参见文献[39]，[35]，[53]，[73]，[13]，[24]）。

图 2.20 将所有可用的野外和室内实验测量的浅滩数据绘于（B/h；Z）平面内[1]。尽管数据分散，我们还是可以分辨出交错浅滩和复式浅滩的存在区域。例如，可以看到，交错浅滩存在区域的上边界可用折线$\mathcal{L}$来表示；

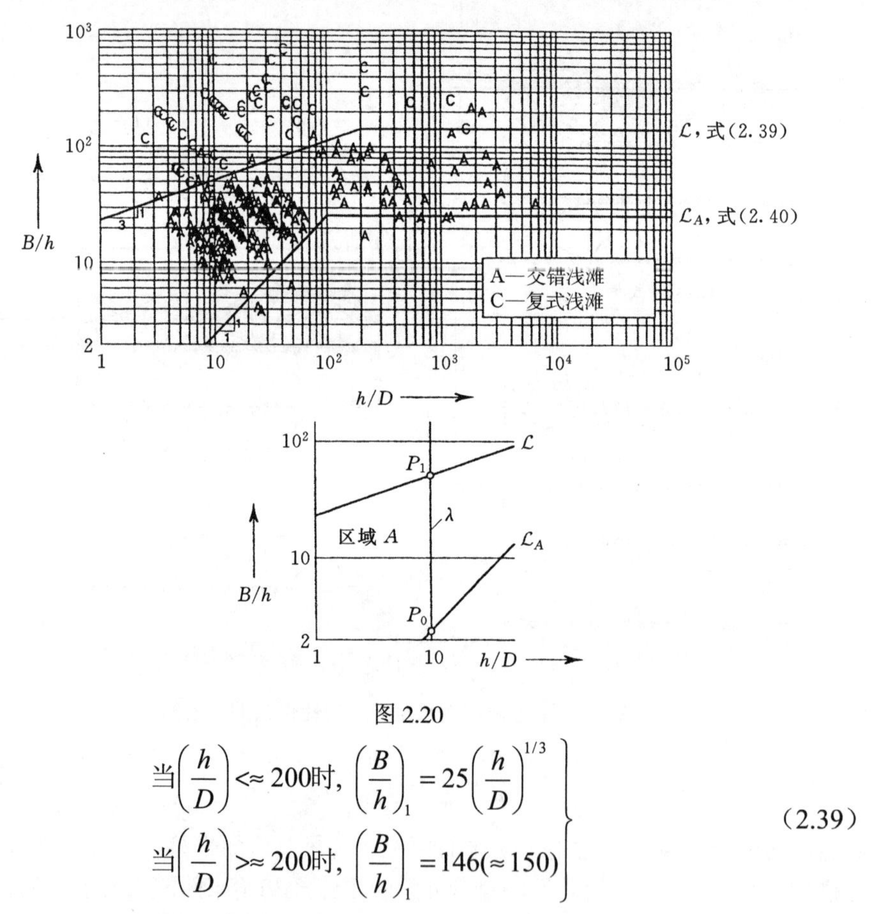

图 2.20

$$
\left.\begin{array}{l}
当\left(\dfrac{h}{D}\right)<\approx 200时,\ \left(\dfrac{B}{h}\right)_1=25\left(\dfrac{h}{D}\right)^{1/3} \\
当\left(\dfrac{h}{D}\right)>\approx 200时,\ \left(\dfrac{B}{h}\right)_1=146(\approx 150)
\end{array}\right\} \tag{2.39}
$$

式中：$(B/h)_1$是$\mathcal{L}$的纵坐标。

---

[1] 图 2.20 中数据点的来源在本章“参考文献 B”中列出：

标号 A：[1b]，[2b]，[3b]，[4b]，[5b]，[6b]，[7b]，[8b]，[9b]，[10b]，[11b]，[12b]，[13b]。

标号 C：[5b]，[9b]，[11b]，[12b]。

图中还包含若干日本河流的数据——由 S. Ikeda 博士［东京工业大学（Tokyo Institute of Technology）］提供。

类似地，该区域的下边界$\mathcal{L}_A$可用下式（参见文献[51]，[61]，[62]）表示。

$$\left.\begin{aligned}&当\left(\frac{h}{D}\right)<\approx 100时，\left(\frac{B}{h}\right)_0=0.25\frac{h}{D}\\&当\left(\frac{h}{D}\right)>\approx 100时，\left(\frac{B}{h}\right)_0=25\end{aligned}\right\} \tag{2.40}$$

式中：$(B/h)_0$为$\mathcal{L}_A$的纵坐标❶。

本书作者尚不能提供有关“复式浅滩”的更多信息；因此，无法给出划分区域$(B/h)_2$，$(B/h)_3$，…的边界。

ii）如果$\eta_*<1$或η_*足够大（如$\eta_*>(\eta_*)_{\max}$），那么床面形态将不会存在，即陡度为零。既然如此，如果$\eta_*\in[1,(\eta_*)_{\max}]$，那么随$\eta_*$的增大，陡度$\delta_n$一定先增大而后减小。因此，对于任意$n$值，$\delta_n$一定与$\eta_*$有关，当然，也与$B/h$和$Z$有关：

$$\delta_n=\phi_{\delta_n}\left(\frac{B}{h},Z,\eta_*\right) \tag{2.41}$$

然而，出乎意料的是，用于量化$\delta_1=\delta_a=\Delta_a/\Lambda_a$的大部分表达式都只是$B/h$和$Z$的函数。而且，其中一些甚至是相互矛盾的。例如，我们考虑 S. Ikeda（文献[16]）和 M. Jaeggi（文献[19]）提出的δ_a的表达式，分别为

$$\delta_a=0.0073\left(\frac{B}{h}\right)^{0.45}Z^{-0.45} \tag{2.42}$$

和

$$\delta_a=0.0365\left(\frac{B}{h}\right)^{-0.15}Z^{-0.15} \tag{2.43}$$

按照式（2.42），δ_a随B/h的增大而增大；而按照式（2.43），δ_a随B/h的增大而减小。造成这种现象的原因在于，他们试图将δ_a表示为B/h和Z的幂的乘积的形式。幂的乘积$(B/h)^k\cdot Z^l$（式中，k和l均为常数）为单调函数：随其变量的增大，它只能增大，或只能减小。然而，这种变化形式并不适用于δ_a。实际上，假想有一条垂线λ穿过交错浅滩的存在区域（简称为“区域A”）。这条直线单独绘于图 2.20 的附图中，同时，为了显示得更清楚，图中的数据点全部移除。直线λ与该区域的边界线$\mathcal{L}_A$和$\mathcal{L}$分别交于点P_0和P_1。δ_a的最大值出现在线段$\overline{P_0P_1}$的中间；在位于区域A“边界”上的点P_0和P_1处，δ_a的值（刚好）为零. 这就意味着，如果某点沿线段$\overline{P_0P_1}$从P_0“运动”到P_1，那么（相应于某一$Z=\text{const}$的）δ_a首先增大（从零开始），然后达到其最大值，最后逐渐减小（再次归于零）。因此，δ_a不是B/h的单调函数。似乎式（2.42）主要是用区域A中“靠近$\mathcal{L}_A$”的数据点来

---

❶ 式（2.39）用以替换文献[61]中的式（3.45）。$\mathcal{L}$和$\mathcal{L}_A$本应是曲线，但这里我们用折线将其简化。到目前为止，本书作者还不能解释为什么随着h/D的增大，这两条边界曲线逐渐趋于平缓。

确定的，而式（2.43）则主要是用“靠近$\mathcal{L}$”的数据点来确定的。从图 2.20 我们还可以推断，对于A中的大部分区域，δ_a也不随h/D单调变化。

上述内容表明，浅滩陡度的确定仍是一个值得进一步研究的课题。幸运的是，δ_a的数值通常不会超过 0.015（参见文献[61]中的图 3.30、图 3.31 和图 3.32）。因此，浅滩对水流阻力系数的贡献可以忽略。

2.4 附加说明

i）目前，对沙垄和沙纹所下的定义并没有单独限定于明渠水流。因此，按照现有的定义，对于任意形式的具有垂向猝发或黏性结构的紊流，只要床面允许变形，沙垄或沙纹均可出现。实际上，沙垄或沙纹也可出现在封闭的管道或沙漠中。在沙漠中，猝发长度$L_V \approx 6\delta$（且因此$\Lambda_d \approx 6\delta$），其中，$\delta$是主方向气流（主方向风）的边界层的厚度。

沙漠中不存在边壁，因此，不存在（沿x方向的）周期性的水平向猝发，也因此不存在周期性的“沙漠浅滩”。

ii）令Λ_i和Λ_j分别为床面形态i和j的长度。如果Λ_i和Λ_j量级相当，那么床面形态i和j将互相排斥，且只有“较强”的床面形态能够形成。然而，如果Λ_i和Λ_j量级不等（比如$\Lambda_i \ll \Lambda_j$），那么床面形态i和j可以共存——2.2.4 节中提到过沙纹叠加于沙垄上的情况。现在，考虑沙垄叠加于交错浅滩上的可能性。出现这种情况的一个必要（但不充分）条件是河道的宽深比B/h较大，因为$\Lambda_d \ll \Lambda_a$意味着$h \ll B$。而且，如果$\Lambda_r \ll \Lambda_d \ll \Lambda_a$，那么我们将得到沙纹叠加于沙垄上、而沙垄叠在交错浅滩上的情况。

iii）由于大尺度的水平向紊动是从河岸向河道中心线“扩散”的，故当它与河岸的相对距离（y/h）增加时，它的强度逐渐减弱。这就意味着，随着y/h的增加，水平向紊动引起的复式浅滩一定越来越不明显。因此，在宽深比B/h“非常大”的河道中间，不存在大尺度的水平向紊动（且因此不存在浅滩）：理应只存在大尺度的垂向紊动（且因此只有沙纹或沙垄）。

iv）对于给定的输沙率，二维床面形态i的演变历时$(T_\Delta)_i$与面积$\Lambda_i \Delta_i \sim \Lambda_i^2$成比例［参见文献[61]中的式（3.22）］；这意味着，对于陡度相当的床面形态i和j，我们有$(T_\Delta)_i/(T_\Delta)_j \approx (\Lambda_i/\Lambda_j)^2$。例如，如果$\Lambda_i \approx 20\text{cm}$，$\Lambda_j \approx 100\text{m}$（这二者是沙漠中的沙纹和沙垄常有的数值），且床面形态的陡度相当，那么$(T_\Delta)_i/(T_\Delta)_j \approx 4\times10^{-6}$——这就解释了为什么沙垄（在主方向风的作用下历时数月形成）与沙纹（在每天改变方向的风的作用下仅用几个小时形成）的方向始终不能保持一致. 在接下来的内容中，每提到床面形态演变历时T_Δ，都是指所有$(T_\Delta)_i$中的最大值。

v）为什么空气形成的沙漠中的沙纹是规则的（二维的），而水流形成的沙纹通常是不规则的（三维的）——这是一个未知且值得探究的问题。

2.5　水流流经不平整床面时的阻力系数 *c*

2.5.1　概述

考虑可视为二维的（宽浅明渠中的）二相均匀流：假定河床被床面形态覆盖．床面形态的存在意味着河床有效粗糙度的增大，且因此，这种（一般）情况下的阻力系数 c 一定比平整河床这种（特殊）情况下的 c_f 小。显然，c 和 c_f 之间的差别仅可归因于床面形态的“几何特征”。我们首先假定只存在一种床面形态（例如，只有沙纹，或只有沙垄等，见图 2.21），且它是二维的——它的纵剖面 ABA' 不沿“第三个维度” y 发生变化。

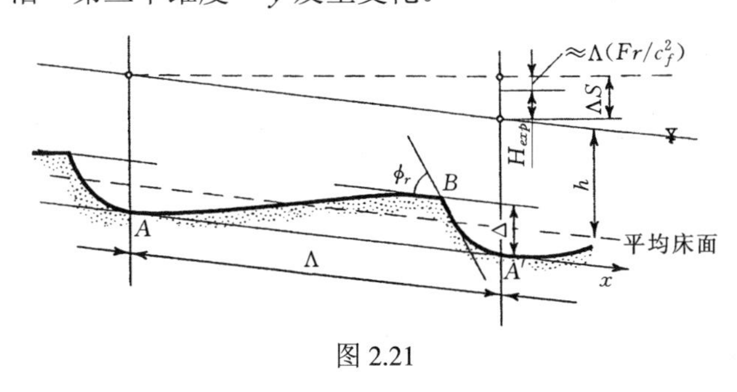

图 2.21

2.5.2　阻力系数 *c* 的计算公式

i）公式推导。

由于沿同一方向作用的力可以代数相加，故作用在不平整床面上的总的剪切应力 $\tau_0=\gamma hS$ 通常可表示为

$$\tau_0=(\tau_0)_f+(\tau_0)_\Delta \tag{2.44}$$

式中：$(\tau_0)_f$ 为由水流与床面之间的纯摩擦（“表面摩擦”）引起的［假定沙粒粗糙度（表面粗糙度）$k_s\approx 2D$］；$(\tau_0)_\Delta$ 为由作用在（假定无摩擦的）床面形态上的拖曳力所引起的。

式（2.44）的两边同时除以 $\rho\bar{u}^2$，得到

$$\frac{\tau_0}{\rho\bar{u}^2}=\frac{(\tau_0)_f}{\rho\bar{u}^2}+\frac{(\tau_0)_\Delta}{\rho\bar{u}^2} \tag{2.45}$$

上式也可表示为如下形式

$$\frac{1}{c^2}=\frac{1}{c_f^2}+\frac{1}{c_\Delta^2} \tag{2.46}$$

式中：c 为不平整河床的总阻力系数（Total Resistance Factor）；c_f 为不平整河床的

摩擦系数（Friction Factor）；c_Δ 为床面形态阻力系数（Bed-Form Eesistance Factor）。

由于床面形态的陡度和曲率不会过大，故习惯上采用（平整河床的）摩擦系数的表达式式（1.14）来计算（不平整河床的）c_f：

$$c_f = \frac{1}{\kappa}\ln\left(0.368\frac{h}{k_s}\right) + B_s \tag{2.47}$$

考虑阻力系数 c_Δ。由于休止角 ϕ_r（图 2.21 中点 B 处）不随颗粒材料种类的变化而显著变化，且床面形态的迎水面（曲线 AB）在点 A 和点 B 处的切线与 x 轴平行，故可认为床面形态 ABA' 的几何特性仅由 $\Delta/\Lambda(=\delta)$ 和 Δ/h 两个比值确定．因此，相应于这种几何特性的 c_Δ 可表示为

$$\frac{1}{c_\Delta^2} = \phi_\Delta\left(\delta, \frac{\Lambda}{h}\right) \tag{2.48}$$

其中

$$\phi_\Delta(0, \Lambda/h) = 0$$

为了确定函数 ϕ_Δ 的形式，我们考虑图 2.21，需要记住的是床面形态仍旧十分“平整”——Δ/Λ 的最大值仅为 ≈ 0.14（见 2.2.3 节 ii））。水流在床面形态长度 Λ 范围内（断面 A 与 A' 之间）的水头损失 $\Lambda S = \Lambda(Fr/c^2)$ 为摩擦损失 $\approx \Lambda(Fr/c_f^2)$ 与点 B 处水流断面突然扩大引起的局部损失 $H_{\exp}$ 之和（见图 2.21）——水流沿 AB 段“逐渐收缩”引起的能量损失忽略不计，即

$$\Lambda\frac{Fr}{c^2} = \Lambda\frac{Fr}{c_f^2} + H_{\exp} \tag{2.49}$$

或

$$\frac{1}{c^2} = \frac{1}{c_f^2} + \frac{H_{\exp}}{\Lambda Fr} \tag{2.50}$$

综合考虑式（2.46）、式（2.48）和式（2.50），我们得到

$$\phi_\Delta\left(\delta, \frac{\Lambda}{h}\right) = \frac{H_{\exp}}{\Lambda Fr} \tag{2.51}$$

众所周知，断面突然扩大引起的能量损失 $H_{\exp}$ 可通过 Borda 定律求得

$$H_{\exp} = \frac{(\bar{u}_{A'} - \bar{u}_B)^2}{2g} = \frac{\bar{u}^2}{2g}\left(\frac{1}{1-\dfrac{\Delta}{2h}} - \frac{1}{1+\dfrac{\Delta}{2h}}\right)^2 = \frac{\bar{u}^2}{2g} \cdot \frac{(\Delta/h)^2}{\left[1-\dfrac{1}{4}(\Delta/h)^2\right]^2}$$

$$\approx \frac{\bar{u}^2}{2g}\left(\frac{\Delta}{h}\right)^2 \tag{2.52}$$

即使 Δ/h 达到 $\approx 1/3$，$[1-(1/4)\cdot(\Delta/h)^2]^2$ 也不小于 0.95，接近于 1；这是式（2.52）中的最后一步推导的依据。将式（2.52）代入式（2.51），消去 $H_{\exp}$，并用（=）代替（≈），我们得到

$$\phi_{\Delta}\left(\delta,\frac{\Lambda}{h}\right)=\frac{1}{2}\delta^2\frac{\Lambda}{h} \tag{2.53}$$

结合式（2.46），得到

$$\frac{1}{c^2}=\frac{1}{c_f^2}+\frac{1}{2}\delta^2\frac{\Lambda}{h} \tag{2.54}$$

（注意到，当 $\delta=0$ 时，$c=c_f$；当 $\delta\neq 0$ 时，$c<c_f$）。

式（2.54）最早分别在文献[70]和文献[8]中独立提出，且它（借由简单的损失相加，即 $1/c^2$ 相加）可推广至两种床面形态同时存在的情况，即沙纹（r）叠加于沙垄（d）上的情况。

$$\frac{1}{c^2}=\frac{1}{c_f^2}+\frac{1}{2h}(\delta_d^2\Lambda_d+\delta_r^2\Lambda_r) \tag{2.55}$$

尽管第三种床面形态，即浅滩（如交错浅滩）也可能存在，但它对 c 的贡献可忽略不计（因为通常它的陡度 $\delta_a <\approx 0.015$，这使得 $\delta_a^2\Lambda_a$ 较 $\delta_d^2\Lambda_d$ 或 $\delta_r^2\Lambda_r$ 大致上小一个数量级）。

ii）数据对比。

包含 c_f、δ_i 和 Λ_i［式（2.55）］的阻力系数 c 可视为三个无量纲变量，例如，X、Y、Z 或 Ξ、η_*、Z 的函数。在本小节中，我们使用

$$c=\phi_c(\Xi,\eta_*,Z) \tag{2.56}$$

式（2.56）所表示的曲线族通过指定 Ξ 和 Z 计算得到。例如，对于 $\Xi=7.6$，12.6，35.4（$D=0.3\text{mm}$，0.5mm，1.40mm），计算得到的三族曲线分别如图 2.22、图 2.23 和图 2.24 所示；而这些图中的数据点主要来源于 Brownlie 1983 在文献[2c]中提供的大量数据。曲线对应的 Z 值及数据点所属的 Z 的范围同样在图中给出．如果曲线对应的 Z 值落于数据点所属的 Z 的范围，则该曲线用实线表示。尽管数据点很分散(只有对于天然河流中的泥沙数据，这种分散趋势才很典型)，但其分布趋势仍旧与计算得到的 c 曲线相吻合。

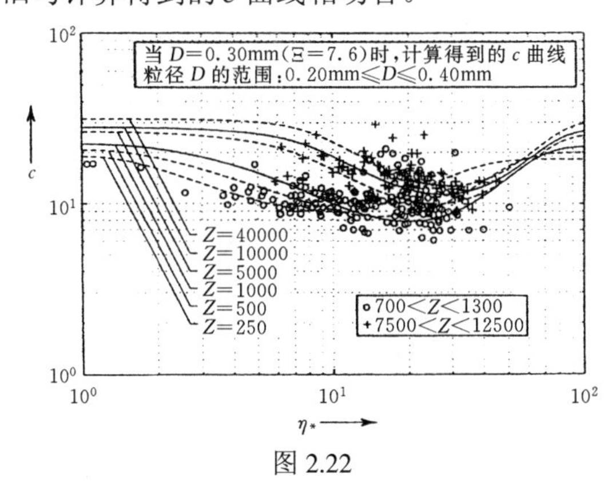

图 2.22

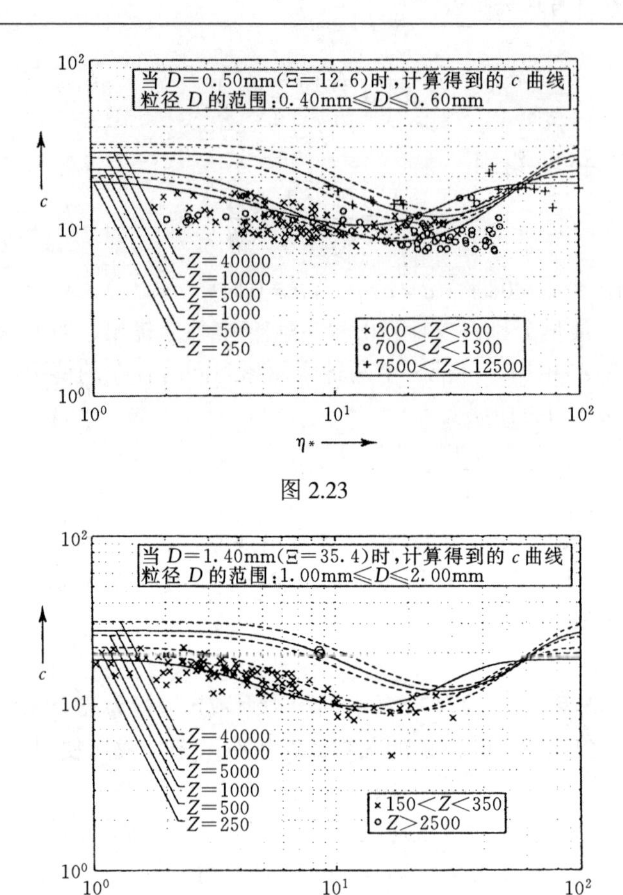

图 2.23

图 2.24

若已知h，S和D，则利用现有的知识，我们可以确定出计算c所需要的参数Ξ，η_*和Z，即$c=\phi_c$（Ξ，η_*，Z）可表示为$c=\psi_c(h,S,D)$。将该式代入阻力方程$Q=Bhc\sqrt{gSh}$，得到$Q=Bh\psi_c(h,S,D)\sqrt{gSh}$［这表明$h=f_h(Q,B,S,D)$］。图 2.25 显示了通过$Q=Bh\psi_c(h,S,D)\sqrt{gSh}$（借助当前的$c$的确定方法）计算得到的$h$值与实测值的对比情况[1]。

接下来，我们将用一个数值算例来阐明如何利用现有的方法确定阻力系数c。

[1] 图 2.25（及图 2.26、图 2.27）中数据点的来源在“参考文献 A”和“参考文献 C”中列出。这些来源包括：室内实验数据：[3a]，[6a]，[7a]，[9a]，[12a]，[13a]，[28a]，[35a]，[1c]，[3c]，[5c]，[6c]，[7c]，[9c]，[11c]，[12c]，[14c]，[15c]；

野外观测数据：[8a]，[27a]，[31a]，[37a]，[39a]，[4c]，[8c]，[10c]，[13c]。

图中所有数据点都满足$X>25$，即沙垄。

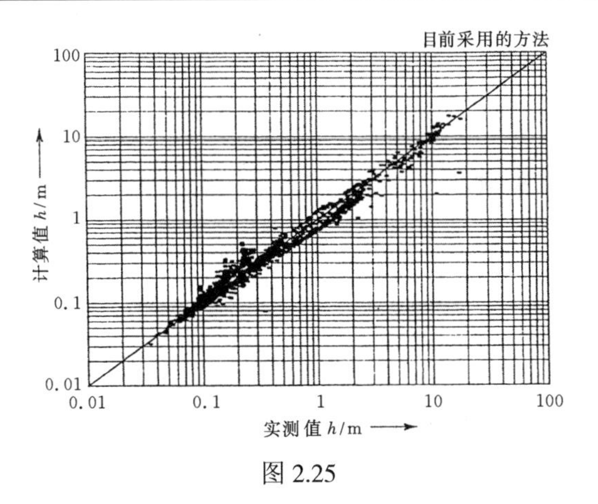

图 2.25

iii）数值算例。

考虑某二维二相渐变流，其特征参量如下

河道：	水流：	河床材料：
$h=1.25\text{m}$	$\rho=1000\text{kg/m}^3$	$\gamma_s=16186.5\text{N/m}^3$
$S=0.0002$	$\nu=10^{-6}\text{m}^2/\text{s}$	$D=D_{50}=0.33\text{mm}$

1．已知以上数据，可得到

$$v_*=\sqrt{gSh}=0.0495\text{m/s} \tag{2.57}$$

且计算出

$$X=\frac{v_*D}{\nu}=16.3, Y=\frac{\rho v_*^2}{\gamma_s D}=0.459, Z=\frac{h}{D}=3788 \tag{2.58}$$

因此，

$$\Xi=\left(\frac{X^2}{Y}\right)^{1/3}=8.3 \tag{2.59}$$

2．已知Ξ值，根据式（1.34），得到

$$Y_{cr}=0.039 \tag{2.60}$$

因此，

$$\eta_*=\frac{Y}{Y_{cr}}=\frac{0.459}{0.039}=11.7 \tag{2.61}$$

3．已知Ξ，η_*和Z值，得到

$$\left.\begin{array}{ll}\text{根据式(2.11)}: & \Lambda_d=11.9\text{m}\\ \text{根据式(2.14)}\sim\text{式(2.20)}: & \delta_d=0.027\\ \text{根据式(2.26)}: & \Lambda_r=0.18\text{m}\\ \text{根据式(2.31)}\sim\text{式(2.33)}: & \delta_{\text{r}}=0.052\end{array}\right\} \tag{2.62}$$

4．采用$Re_*=2X=32.6$，根据式（1.10），得到$B_s=9.06$。结合$Z=3788$，

并借助式（1.11），得到

$$c_f = \frac{1}{0.4}\ln\left(0.368\frac{Z}{2}\right) + B_s = 25.4 \tag{2.63}$$

5．将式（2.62）和式（2.63）代入式（2.55），得到

$$\frac{1}{c^2} = \frac{1}{c_f^2} + \frac{1}{2h}(\delta_d^2\Lambda_d + \delta_r^2\Lambda_r) = 0.00533 \tag{2.64}$$

因此，

$$c = 13.7 \tag{2.65}$$

2.5.3 确定阻力系数 c 的其他方法

确定 c 的方法有很多（参见文献[10]，[40]，[43]，[1]，[59]，[37]，[23]，[5]，[56]等），这里只介绍其中的两种。

i）*White，Paris and Bettess 1979* [59]。

这种确定 c 的方法，建立在大量野外和室内实验数据的基础上。在该方法中，c 被认为是无量纲变量 Ξ，Y，Z 的函数，具体计算步骤如下：

考虑如下两个关系式

$$F_{gr} = \left(\frac{\sqrt{32}\lg(10Z)}{c}\right)^{n-1}\sqrt{Y} \tag{2.66}$$

和

$$\frac{F_{gr} - A}{\sqrt{Y} - A} = \phi(\Xi) \tag{2.67}$$

对于式（2.67）中的函数 $\phi(\Xi)$，文献[59]给出了如下计算方法

$$\phi(\Xi) = \begin{cases} 1 - 0.76(1 - \mathrm{e}^{-(\lg\Xi)^{1.7}}), & D = D_{35}\ (\text{床面材料}) \\ 1 - 0.70(1 - \mathrm{e}^{-1.4(\lg\Xi)^{2.65}}), & D = D_{65}\ (\text{表面材料}) \end{cases} \tag{2.68}$$

而对于 n 和 A，建议采用如下关系式

当 $1 \leqslant \Xi < 60$ 时，

$$n = 1 - 0.56\lg\Xi,\ A = \frac{0.23}{\sqrt{\Xi}} + 0.14 \tag{2.69}$$

当 $\Xi \geqslant 60$ 时，

$$n = 0,\ A = 0.17 \tag{2.70}$$

因此：

1．根据已知的特征参量值，确定 Ξ，Y 和 Z。

2．根据式（2.68），式（2.69）和式（2.70），确定 $\phi(\Xi)$，n 和 A。

3．根据式（2.67），确定 F_{gr}。

4．将 F_{gr} 代入式（2.66），确定 c 。

ii）*van Rijn 1984* [56]。

在这种方法中，覆盖有床面形态的动床上的总阻力可通过床面的“当量粗糙度（Equivalent Bed-Roughness）” K_s 来反映。K_s 与阻力系数 c 的关系可用对数公式来表示。

$$c = 2.5\ln\left(11\frac{\mathcal{R}}{K_s}\right) \tag{2.71}$$

通过对 $B/h>5$ 和 $h/K_s>10$ 的水槽实验和野外观测的数据进行回归分析，文献[56]提出了如下 K_s 的表达式。

$$K_s = 3D + 1.1\Delta(1-\mathrm{e}^{-25\delta}) \quad (0.01 \leqslant \delta \leqslant 0.2) \tag{2.72}$$

式（2.72）仅可用于只存在沙垄的情况（$\Delta = \Delta_d$，$\delta = \delta_d$）；同时，文献[56]建议使用如下关系式：

$$\frac{\Delta_d}{h} = 0.11 Z^{-0.3}(1-\mathrm{e}^{-0.5T})(25-T) \tag{2.73}$$

和

$$\delta_d = 0.015 Z^{-0.3}(1-\mathrm{e}^{-0.5T})(25-T) \tag{2.74}$$

其中

$$T = \frac{(\overline{u}/c_f)^2 - v_{*cr}^2}{v_{*cr}^2} \tag{2.75}$$

iii）数据对比。

图 2.26 显示了基于 White et al.方法［见本节 i）］计算得到的 h 值与实验数据的对比情况；图 2.27 显示了基于 van Rijn 方法［见本节 ii）］计算得到的 h 值与实验数据的对比情况。正如 46 页脚注 1 中所提到的，图 2.26 和图 2.27 中的数据与图 2.25 中的数据是相同的。由于这些数据对应于沙垄，故可用来验证 van Rijn 方法（只适用于沙垄）的正确性。

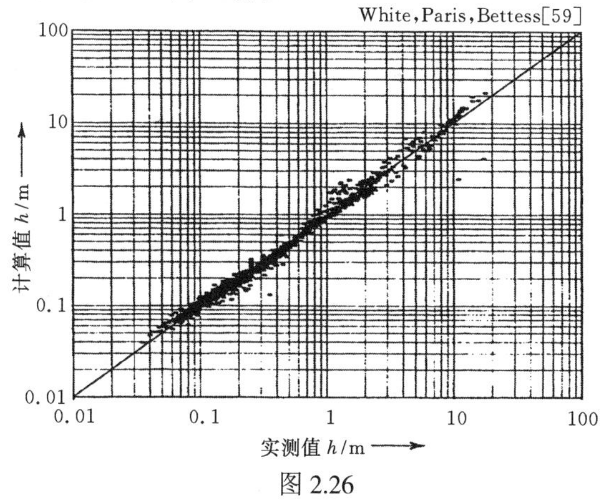

图 2.26

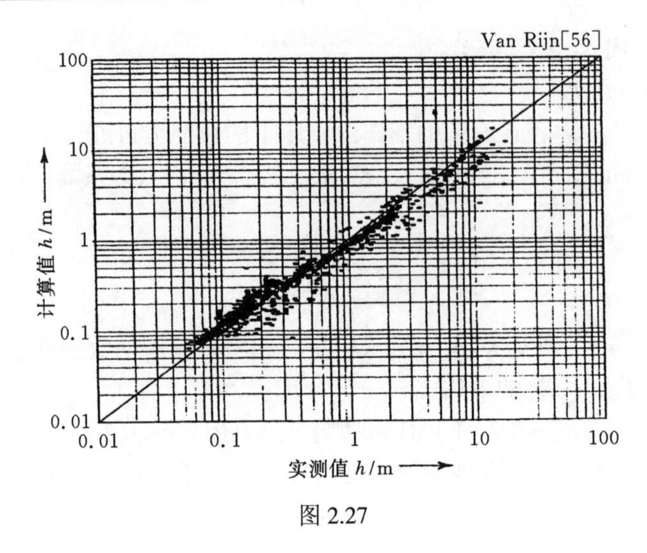

图 2.27

2.5.4 流量 Q 作为确定阻力系数 c 的参量

在 2.5.2 节介绍的数值算例中，水深 h 被选为用来确定水流条件的一个参量，且 c 被视为如下三个无量纲变量的函数［与式（1.23）相符］。

$$c = \phi_c(X, Y, Z) \tag{2.76}$$

式中，h 的影响通过 Z 来反映。然而，在某些情况下，我们选用流量 Q，而不是 h，来描述水流状况（如稳定河道、弯曲河道等）。在这种情况下，我们必须对式（2.76）进行适当的调整，以获得其用流量 Q 表达的等价形式。

考虑阻力方程式（1.16）

$$Q = Bhc\sqrt{gSh}\ (= Bhcv_*) \tag{2.77}$$

式（2.77）的两边同时除以 BDv_{*cr}，得到

$$N = Zc\sqrt{\eta_*} \tag{2.78}$$

即

$$Z = \frac{N}{c\sqrt{\eta_*}}$$

其中

$$N = \frac{Q}{BDv_{*cr}} \tag{2.79}$$

将式（2.78）给出的 Z 代入式（2.76），得到

$$c = \phi_c\left(X, Y, \frac{N}{c\sqrt{\eta_*}}\right) \tag{2.80}$$

且因此，

$$c = \phi_c'\left(\Xi, \eta_*, \frac{N}{c\sqrt{\eta_*}}\right) \tag{2.81}$$

这是一个关于 c 的超越方程，因而我们不能用代数方法求解，并将 c 表示为如下形式

$$c=\phi_c(\Xi,\eta_*,N) \tag{2.82}$$

尽管如此，c 值还是可以通过数值计算得到，且因此式（2.81）可以形式地表达为式（2.82）——式中，$N\sim Q/B$ 替代了 $Z\sim h$。在实际应用中，我们没有必要使用式（2.81）。可以简单地考虑不同的水深 h，并采用 2.52 节 iii）中的方法求出相应的 c；满足式（2.77）的（h；c）即为我们所寻求的问题的解答。

2.5.5 弗劳德数 *Fr* 和阻力系数 *c* 的内在联系

考虑 $\eta_*=gSh/v_{*cr}^2$，并利用式（2.78），我们可将 S 表示为如下形式

$$S=\eta_*\frac{v_{*cr}^2}{gh}=\eta_*\frac{\alpha}{Z}=\eta_*\alpha\frac{c\sqrt{\eta_*}}{N} \tag{2.83}$$

其中

$$\alpha=\frac{v_{*cr}^2}{gD}=\frac{\gamma_s}{\gamma}Y_{cr}=\frac{\gamma_s}{\gamma}\Psi(\Xi) \tag{2.84}$$

将式（2.83）代入到弗劳德数的表达式（1.17）中，即

$$Fr=c^2S \tag{2.85}$$

得到

$$Fr=\frac{\alpha}{N}(c^2\eta_*)^{3/2} \tag{2.86}$$

通过式（2.86）和式（2.82），（形式地）消去 c，对于给定的 γ_s/γ 得到

$$Fr=\phi_{Fr}(\Xi,\eta_*,N) \tag{2.87}$$

式（2.87）与式（2.82）中的变量完全相同。因此，我们完全可以通过确定 c 的方法（即 2.5.4 节结尾所述）来确定 Fr［见 3.4.4 节 ii）］。

2.6 水流流经不平整床面时的输沙率 q_s

按照惯例，我们假定床面形态不改变泥沙输移方程的数学形式（参见文献[55]，[42]等）；床面形态对输沙率的影响可通过适当修正（方程所涉及的）流速和剪切应力来考量。

i）τ_0 的修正。

1.4 节介绍的输沙率公式，即式（1.39）和式（1.45），只适用于平整河床的情况——在这种情况下，床面只存在表面摩擦［即 $(\tau_0)_\Delta=0$，$\tau_0=(\tau_0)_f$］。然而，如果河床是不平整的，那么只有床面总剪切应力 τ_0 中的 $(\tau_0)_f$ 对泥沙颗粒的运动

有贡献。因此，对于不平整河床的情况，式（1.39）和式（1.45）中的τ_0必须用（更小的）下式替代

$$(\tau_0)_f=\tau_0\left(\frac{c}{c_f}\right)^2=\tau_0\lambda_c^2 \tag{2.88}$$

式中，c和c_f分别由式（2.54）和式（2.47）确定。

ii）$\bar{u}$的修正。

想象两类不同的挟沙水流，它们之间的唯一区别是：一类流经平整河床，而另一类流经不平整河床。用下标“f”标示前一类水流的特征参量，得到

$$\bar{u}_f=c_f\sqrt{\tau_0/\rho}\ ,\ \bar{u}=c\sqrt{\tau_0/\rho} \tag{2.89}$$

且因此，

$$\frac{\bar{u}}{\bar{u}_f}=\frac{c}{c_f}=\lambda_c(<1) \tag{2.90}$$

此式指出了，式（1.45）中的$\bar{u}$——按照前述下标记法即为$\bar{u}_f$，应进行相应的修正（减小）。

iii）q_{sb}的修正。

原始的平整河床情况下的Bagnold公式（1.45），按照前述下标记法可表示为

$$(q_{sb})_f=\beta'\bar{u}_f(\tau_0-(\tau_0)_{cr})/\gamma_s \tag{2.91}$$

式（2.88）和式（2.90）表明，对于不平整河床的情况，Bagnold公式应表示为

$$q_{sb}=\beta'\lambda_c\bar{u}_f[\lambda_c^2\tau_0-(\tau_0)_{cr}]/\gamma_s=\beta'\bar{u}[\lambda_c^2\tau_0-(\tau_0)_{cr}]/\gamma_S \tag{2.92}$$

这个关系式表明，平整河床情况下的$\psi_q=q_s/\left(h\bar{U}\right)$［见式（1.77）］的表达式（1.78）应表示为

$$\psi_q=\beta'\left(\frac{\lambda_c^2\tau_0-(\tau_0)_{cr}}{\gamma_s h}\right)+\alpha_c\bar{C} \tag{2.93}$$

式（2.91）除以式（2.92），得到

$$\frac{q_{sb}}{(q_{sb})_f}=\lambda_c\frac{\eta_*\lambda_c^2-1}{\eta_*-1} \tag{2.94}$$

从式（1.46）可知，比值β/β'并非常数，因此，严格来讲，$\bar{u}$和u_b之间的比例关系并不恒定——即便是在平整河床的情况下。然而，通常假定（床面形态引起的）$\bar{u}$和u_b的减小，基本上是由相同的因素所致（参见文献[55]，[42]）。基于这个原因，通过式（1.45）推导出的上述关系式也适用于Bagnold公式的另一种形式（1.39）——只需简单地用β、u_b、$(u_b)_f$替代β'、$\bar{u}$、$\bar{u}_f$。

习题

求解下列问题时，令 $\gamma_s = 16186.5\text{N/m}^3$，$\rho = 1000\text{kg/m}^3$，$\nu = 10^{-6}\text{m}^2/\text{s}$（相应于挟沙水流）。

2.1　考虑某河道中的二维水流，其所流经的河床由均值粒径为 $D = 0.3\text{mm}$ 的无黏性沙组成。水深 $h = 3.0\text{m}$，底坡 $S = 0.00005$。试问：床面上出现的沙波是沙纹、沙垄，还是沙纹叠加沙垄上的情况？

2.2　对于 Pembina 河的某一区域，我们有 $D = 0.4\text{mm}$，$h = 5\text{m}$ 和 S=0.00025（见习题 1.10）。

a）床面上是否会出现沙纹、沙垄或沙纹叠加于沙垄上的情况？并确定床面形态的长度和高度。

b）确定阻力系数 c。

c）确定流量 Q（假定河道的平均宽度 $B = 100\text{m}$）。

d）利用 Bagnold 公式确定推移质的单宽体积输沙率 q_{sb}。

e）比较 c）和 d）中求得的水流流经不平整床面时的 Q 和 q_{sb} 与习题 1.10 中求得的 Q 和 q_{sb}（忽略了床面形态的存在）。

2.3　河道中二维水流的水深 $h = 2.3\text{m}$，河床上无黏性沙的特征粒径 D=0.8mm，假定沙波仅以沙垄的形式出现。

a）确定当底坡 S 为何值时，沙垄陡度达到其最大值，并确定此最大值。

b）已知河宽为 70m，利用 Bagnold 公式计算推移质的总体积输沙率 Q_s。

2.4　Nile 河在 Esna Barrage 处（参见文献[47]，[12]，[48]，[63]）的河床由均值粒径为 $D = 0.28\text{mm}$ 的无黏性沙组成。底坡为 $S = 0.000077$。

a）对于水深分别为 $h_1 = 2.70\text{m}$、$h_2 = 4.00\text{m}$ 和 $h_3 = 5.70\text{m}$ 的情况，确定床面形态的类型（沙纹、沙垄或沙纹叠加于沙垄上的情况），并确定床面形态的长度和陡度，以及河床的阻力系数。

b)运用床面形态类型和几何特性方面的相关知识解释阻力系数为什么随流量的增加而减小。

2.5　考虑大通（位于南京和武汉之间）附近的长江河段，平均洪峰下（参见文献[33]，[31]，[63]）的特征参量如下：$D = 0.2\text{mm}$，$S = 0.0000277$，$h = 16.1\text{m}$。

a）确定床面形态是沙纹、沙垄，还是沙纹叠加于沙垄上的情况.

b）确定阻力系数 c。

c）利用 b）中求得的阻力系数 c 来估算 Manning 糙率系数 n。

2.6　考虑 Mississippi 河（Natchez 附近）处于平滩水位的情况（参见文献[60]，[45]，[63]）：$D = 0.4\text{mm}$，$h = 14.63\text{m}$，$S = 0.00007$，$B = 1771\text{m}$。

a）分别采用以下方法，确定阻力系数 c 和流量 Q：①采用 2.5.2 节中介绍的方法；②采用 White，Paris and Bettess 1979 方法；③采用 van Rijn 1984 方法（已知 $\bar{u}=1.39\text{m/s}$）。

b）将计算得到的流量 Q 与实测值 $Q=35963\text{m}^3/\text{s}$ 进行比较。

2.7 考虑 Zaire 河（Ntua Nkulu 附近）的观测数据（参见文献[38]，[63]）：$D=0.75\text{mm}$，$B=500\text{m}$，$S=0.000058$，$Q=12300\text{m}^3/\text{s}$。估算水深 h。

2.8 在加拿大皇后大学海岸工程研究实验室（Queen's University Coastal Engineering Research Laboratory）宽为 0.76m、长为 21m 的水槽中进行不同的实验，其目的为研究浅滩的形成：床面材料为无黏性沙粒，$D=1.1\text{mm}$。所有实验均从初始平整河床开始。（$t=0$ 时刻的）初始水流是均匀的，Q、h 和 S 值如下表所示。

工 况	Q/(L/s)	h/cm	$S(\times10^{-3})$
CS-1	2.11	1.0	8.1
CS-2	2.86	1.2	8.1
CS-3	4.15	1.5	8.1
CS-4	6.12	2.2	8.1
CS-5	9.73	2.5	8.1
CS-6	11.00	4.1	3.0

a）在图 2.20 所示的（B/h；h/D）坐标平面内绘出这些初始水流的数据点。

b）对于每种工况，观察到的浅滩（单排或多排）的平面排列形式各是什么？

2.9 解释为什么对于不同的 h 和 S，水槽实验的数据点集中在（B/h；h/D）平面内斜率为 1 的直线周围[见图 2.20 中的数据点，见习题 2.8（a）]？

2.10 考虑某宽阔的倾斜水槽，其底面由一层粒径为 $D=1.5\text{mm}$ 的沙粒覆盖。该水槽中，现通过流量为 $Q=0.44\text{m}^3/\text{s}$ 的水流，$S=1/600$，$\eta_*=3.5$。在这种情况下，水流能否引起沙垄、沙纹、交错浅滩或复式浅滩的出现？

参考文献

[1] Alam, A.M.Z., Kennedy, J.F. 1969: *Friction factors for flow in sand bed channels.* J.Hydr. Div., ASCE, Vol. 95, No. HY6, Nov.

[2] Blackwelder, R.F. 1983: *Analogies between transitional and turbulent boundary layers.* Phys. Fluids, Vol. 26, Oct.

[3] Blackwelder, R.F., Eckelmann, H. 1979: *Streamwise vortices associated with the bursting phenomenon.* J. Fluid Mech., Vol. 94.

[4] Blackwelder, R.F. 1978: *The bursting process in turbulent boundary layers.* Lehigh Workshop on Coherent Structures in Turbulent Boundary Layers.

[5] Brownlie, W.R. 1983: *Flow depth in sand bed channels.* J. Hydr. Engrg., ASCE, Vol. 109, No. 7, July.

[6] Cantwell, B.J. 1981: *Organised motion in turbulent flow.* Ann. Rev. Fluid Mech., Vol. 13.

[7] Dementiev, M.A. 1962: *Investigation of flow velocity fluctuations and their influences on the flow rate of mountains rivers.* （In Russian） Tech. Report of the State Hydro–Geological Inst. （GGI）, Vol. 98.

[8] Engelund, F. 1966: *Hydraulic resistance of alluvial streams.* J. Hydr. Div., ASCE, Vol. 92, No. HY2, March 1966.

[9] Fujita, Y., Muramoto, Y. 1989: *Multiple bars and stream braiding.* Int. Conf. on River Regime, W.R. White ed., John Wiley and Sons.

[10] Garde, R.J., Ranga Raju, K.G. 1966: *Resistance relationships for alluvial channel flow.* J. Hydr. Div., ASCE, Vol. 92, No. HY4, July.

[11] Grishanin, K.V. 1979: *Dynamics of alluvial streams.* Gidrometeoizdat, Leningrad.

[12] Hartung, F. 1987: *Der Assuan–Hochdamm – Fehlplanung oder unvollendet?.* Wasser und Boden, Heft 9.

[13] Hayashi, T., Ozaki, S. 1980: *Alluvial bed form analysis – formation of alternating bars and braids.* In Apllication of Stochastic Processes in Sediment Transport, H.W. Shen and H. Kikkawa eds., Water Resources Publications, Litleton, Colo.

[14] Hayashi, T. 1971: *Study of the cause of meandering rivers.* Trans. JSCE, Vol. 2, Part 2.

[15] Hino, M. 1969: *Equilibrium spectre of sand waves forming by running water.* J. Fluid Mech., Vol. 34, Part 3.

[16] Ikeda, S. 1984: *Prediction of alternate bar wavelength and height.* J. Hydr. Engrg., ASCE, Vol. 110, No. 4, April.

[17] Ikeda, H. 1983: *Experiments on bed load transport, bed forms and sedimentary structures using fine gravel in the 4–meter–wide flume.* Environmental Research Center Papers, No.2, The University of Tsukuba.

[18] Jackson, R.G. 1976: *Sedimentological and fluid–dynamics implications of the turbulent bursting phenomenon in geophysical flows.* J. Fluid Mech., Vol. 77.

[19] Jaeggi, M. 1984: *Formation and effects of alternate bars.* J. Hydr. Engrg., ASCE, Vol. 110, No. 2, Feb.

[20] Johansson, A.V., Alfredsson, P.H. 1988: *Velocity and pressure fields associated with near–wall turbulences stractures.* Int. Seminar on Near–Wall Turbulence, Dubrovnik, May.

[21] JSCE Task Committee on the Bed Configuration and Hydraulic Resistance of Alluvial Streams 1973: *The bed configuration and roughness of roughness of alluvial streams.* （In Japanese） Proc. JSCE, No. 210, Feb.

[22] Kadota, A., Nezu, I. 1999: *Three–dimensional structure of space–time correlation on coherent vortices generated behind dune crest.* J.Hydr. Res., Vol. 37, No. 1.

[23] Karim, M.F., Kennedy, J.F. 1981: *Computer–based predictors for sediment discharge and friction factor of alluvial streams.* Report No. 242, Iowa Institute of Hydraulic Research, Iowa.

[24] Kinoshita, R. 1980: *Model experiments based on the dynamic similarity of alternate bars.*

Research Report, Ministry of Construction, Aug.

[25] Kishi, T. 1980: *Bed forms and hydraulic relations for alluvial streams.* In *Application of Stochastic Processes in Sediment Transport*, H.W. Shen and H. Kikkawa eds., Water Resources Publications, Litleton, Colo.

[26] Klaven, A.B., Kopaliani, Z.D. 1973: *Laboratory investigations of the kinematic structure of turbulent flow past a very rough bed.* Tech. Report of the State Hydro–Geological Inst. （GGI）, Vol. 209.

[27] Klaven, A.B. 1966: *Investigation of structure of turbulent streams.* Tech. Report of the State Hydro–Geological Inst. （GGI）, Vol. 136.

[28] Kondratiev, N., Popov, I., Snishchenko,B. 1982: *Foundations of hydromorphological theory of fluvial processes.* （In Russian） Gidromenteoizdat, Lenningrad.

[29] Kondrativ, N., Lyapin, A.N., Popov, I.V., Pinikovskii, S.I., Fedorov, N.N., Yakunin, I.I. 1959: *Channel processes.* Gidromenteoizdat, Lenningrad.

[30] Leliavsky, S. 1959: *An introduction to fluvial hydraulics.* Constable and Company Ltd., London.

[31] Lin, B., Li.G. 1986: *The Changjiang and the Huanghe – two leading rivers of China.* IRTCES Series of Publications, Circular No. 1.

[32] Lu, L.J., Smith, C.R. 1991: *Use of flow visualization data to examine spatial–temporal velocity and burst–type characteristics in a boundary layer.* J. Fluid Mech., Vol. 232.

[33] Luo, H., Zhou, X., You, L., Jin, D. 1980: *On the cause of formation of braided river in the minddle and lower reaches of the Yangtze River.* First Int. Symp. on River Sedimentation, Vol. 1, Paper C5, Beijing, March.

[34] Matthes, G.H. 1947: *Macroturbulence in natural stream flow.* Trans. Am. Geophys. Union, Vol. 28, No. 2.

[35] Muramoto, Y., Fujita, Y. 1978: *The configuration of meso–scale river bed configuration and the criteria of its formation.* 2nd Meeting of Hydr. Res. in Japan.

[36] Nezu, I., Nakagawa, H. 1993: *Turbulence in open channel flow.* IAHR Monograph, A.A. Balkema, Rotterdam, The Netherlands.

[37] Paris, E. 1980: *New criteria for predicting the frictional characteristics in alluvial streams: a comparison.* IAHR Symposium on River Engineering and its Interaction with Hydrological and Hydraulic Research, Belgrade, May.

[38] Peters, J.J. 1978: *Discharge and sand transport in the braided zone of the Zaire Estuary.* Netherlands Journal of Sea Research, 12 （3/4）.

[39] Public Works Research Institute, Ministry of Construction of Japan 1982: *Meandering phenomenon and design of river channels.* （In Japanese）.

[40] Ranga Raju, K.G. 1970: *Resistance relation for alluvial streams.* La Houille Blanche, No. 1.

[41] Rashidi, M., Banerjee, S. 1990: *Streak characteristics and behaviour near wall and interface in open channel flows.* J. Fluids Engrg., Vol. 112, June.

[42] Raudkivi, A.J. 1990: *Loose boundary hydraulics.* （3rd edtion） Pergamon Press, Oxford.

[43] Raudkivi, A.J. 1967: *Analysis of resistance in fluvial channels.* J. Hydr. Div., ASCE, Vol. 9, No. HY5, May.

[44] Schlichting, H. 1968: *Boundary layer theory.* McGraw–Hill Books Co. Inc., Verlag G. Braun （6th edition）.

[45] Schumm, S.A. 1977: *The fluvial system.* John Wiley and Sons, New York.

[46] Sedov, L.I. 1960: *Similarity and dimensional methods in mechanics.* Academic Press Inc., New York.

[47] Shalash, S. 1983: *Degradation of the River Nile.* Water Power and Dam Construction, July/August.

[48] Shen, H.W. 1973: *Progress report on Nile–control project.* Cairo, April.

[49] Shizong, L. 1992: *A regime theory based on the minimization of the Froude number.* Ph.D. Thesis, Dept. of Civil Engrg., Queen's Univ., Kingston, Canada.

[50] Silva, A.M.F., Zhang, Y. 1999: *On the Steepness of dunes and determination of alluvial stream friction factor.* Proc. XXVIII IAHR Congress, Graz, Austria, Aug. 22–27.

[51] Silva, A.M.F. 1991: *Alternate bars and related alluvial processes.* M.Sc. Thesis, Dept. of Civil Engrg., Queen's Univ., Kingston, Canada.

[52] Smith, C.R., Walker, J.D.A., Haidari, A.H. 1991: *On the dynamics of near–wall turbulence.* Phil. Trans. R. Soc. Lon. A, Vol. 336.

[53] Tamai, N., Nagao, T., Mikuni, N. 1978: *On the large–scale bar patterns in a straight channel.* Proc. 22nd Japanese Conference on Hydraulics.

[54] Tison, L.J. 1949: *Origine des ondes de sable et des bancs de sable sous l' action des courants.* Report II–13, 3rd Congress IAHR, Grenoble, France.

[55] van Rijn, L.C. 1984: *Sediment transport. Part I: Bed–load transport.* J.Hydr. Engrg., Vol. 110, No. 10, Oct.

[56] van Rijn, L.C. 1984: *Sediment transport. Part III: Bed forms and alluvial roughness.* J. Hydr. Engrg., ASCE, Vol. 110, No. 2. Dec.

[57] Velikanov, M.A. 1958: *Alluvial processes: fundamental principles.* State Publishing House for Physico–Mathematical Literature, Moscow.

[58] Velikanov, M.A. 1955: *Dynamics of alluvial streams. Vol. II. Sediment and Bed Flow.* State Publishing House for Theoretical and Technical Literature, Moscow.

[59] White, W.R., Paris, E., Bettess, R. 1979: *A new general method for predicting the frictional characteristics of alluvial streams.* Hydraulics Research Station, Report No. IT 187, Wallingford, England, July.

[60] Winkley, B.R. 1977: *Man–made cutoffs on the Lower Mississippi River, conception, construction, and river management.* U.S. Army Corps of Engineers, Vicksburg, Report 300–2, March.

[61] Yalin, M.S. 1992: *River mechanics.* Pergamon Press, Oxford.

[62] Yalin, M.S., Silva, A.M.F. 1990: *On the formation of alternate bars.* Euromech 262, Wallingford.

[63] Yalin, M.S., Scheuerlein, H. 1988: *Friction factors in alluvial rivers.* Oskar v. Miller Institut in Obernach, Technische Universitat Munchen, Bericht Nr. 59.

[64] Yalin, M.S. 1985: *On the formation mechanism of dunes and ripples.* Euromech 261, Genoa, Sept.

[65] Yalin, M.S. 1985: *On the determination of ripple geometry.* J. Hydr. Engrg., ASCE, Vol. 111, No. 8, Aug.

[66] Yalin, M.S., Karahan, E. 1979: *Steepness of sedimentary dunes.* J. Hydr. Div., ASCE, Vol. 105, No. HY4, April.

[67] Yalin, M.S. 1977: *Mechanics of sediment transport.* Pergamon Press, Oxford.

[68] Yalin, M.S. 1971: *Theory of hydraulic models.* MacMillan, London.

[69] Yalin, M.S. 1964: *Geometric properties of sand waves.* J. Hydr. Div., ASCE, Vol. 90, No. HY5, Sept.

[70] Yalin, M.S. 1964: *On the average velocity of flow over a mobile bed.* La Houille Blanche, No. 1, Jan/Feb.

[71] Yokosi, S. 1967: *The structure of river turbulence.* Bull. Disaster Prevention Res. Inst., Kyoto Univ., Vol. 17, Part 2, No. 121, Oct.

[72] Zhang, Y. 1999: *Bed form geometry and friction factor over a bed covered by dunes.* M.A.Sc. Thesis, Dept. Civil and Environmental Engrg., University of Windsor, Windsor, Canada.

[73] Znamenskaya, N.S. 1976: *Sediment transport and alluvial processes.* Hydrometeoizdat, Leningrad.

参考文献 A：沙纹和沙垄数据的来源

[1a] Adriaanase, M. 1986: *De ruwheid van de Dergsche Maas bij hoje afvoeren.* （In Ducth） Rijkswaterstaat, RIZA, Nota 86.19.

[2a] Annambhotla, V.S., Sayre, W.W., Livesey, R.H. 1972: *Statistic properties of Missouri river bed forms.* J. Waterways, Harbours and Coastal Engrg., ASCE, WW4.

[3a] Ashida, K., Tanaka, Y. 1967: *A statistical study of sand waves.* Proc. XXII Cong. IAHR, Fort Collins, Colo.

[4a] Banks, N.L., Collinson, J.D.1975: *The size and shape of small scale ripples: an experimental study using medium sand.* Sedimentology, Vol. 12.

[5a] Barton, J.R., Lin, P. N. 1955: *Sediment transport in alluvial channels.* Rept. No. 55JRB2. Civil Engrg. Dept., Colorado AM College, Fort Collins, Colo.

[6a] Bishop, C.T. 1977: *On the time-growth of dunes.* M.Sc. Thesis, Dept. of Civil Engrg., Queen's Univ., Kingston, Canada.

[7a] Casey, H.J. 1935: *Bed load movement.* Ph.D. Dissertation, Technische Hochschula, Berlin.

[8a] Da Cunha, L.V. 1969: *River Mondego, Portugal.* Report, Laboratotio Nacional de Engenharia Civial, LNEC, Lisbon.

[9a] East Pakistan Water and Power Development Authority 1969: *Flume studies of roughness and sediment transport of movable bed of sand.* Annual Report of Hydraulic Research Laboratory, Dacca, 1966-69.

[10a] Fok, A.T. 1975: *On the development of ripples by an open channel flow.* M.Sc. Thesis, Dept. Of Civil Engrg., Queen's University, Kingston, Canada.

[11a] Fredsoe, T. 1981: *Unsteady flow in straight alluvial streams.* J. Fluid Mech., Vol. 102, Part2.

[12a] Grigg. N.S. 1970: *Motion of single particle in alluvial channels.* J. Hydr. Div., ASCE, Vol. 96, No. HY12, Dec.

[13a] Guy, H.P., Simons, D.B., Richardson, E. V. 1966: *Summary of alluvial channel data from flume experiments 1956–1961.* U.S. Geol. Survey Prof. Paper 462–I.

[14a] Haque, M.I., Mahmood, K.M. 1983: *Analytical determination of form friction factor.* J. Hydr. Engrg., ASCE, Vol. 109, No. 4, April.

[15a] Hubbell, D.W., Sayre, W.H. 1964: *Sand transport studies with radioactive tracers.* J. Hydr. Div., ASCE, Vol. 90, HY3, May.

[16a] Hung, C.S., Shen, H.W. 1979: *Statistical analysis of sediment motions of dunes.* J. Hydr. Div., ASCE, Vol. 105, No. HY3, March.

[17a] Hwang, L.S. 1965: *Flow resistance of dunes in alluvial streams.* Ph.D. Thesis, California Inst. of Thec., Pasadena, California.

[18a] Jain, S.C., Kennedy, J.F. 1971: *The growth of sand waves.* Proc. I Int. Symp. On Stochastic Hydraulics, University of Pittsburgh press.

[19a] Julien, P.Y. 1992: S*tudy of bed form geometry in large rivers.* Rept. Q1386. Delft Hydraulics, Emmerlood, The Netherlands.

[20a] Lane, E.W., Eden, E.W. 1940: *Sand waves in Lower Mississippi river.* J. Western Soc. Engrs., No. 6.

[21a] Lau, Y.L., Krishnappan, B. 1985: *Sediment transport under ice cover.* J. Hydr. Engrg., ASCE, Vol. 111, No. 6. June.

[22a] Mahmood, K., Amadi, H. 1976: *Analysis of bed profile in sand canals.* III Annual Symp. of Waterways, Harbours and Coastal Eng, Colo. State Univ., Fort Collins, Colo.

[23a] Matz, P.A. 1983: *Semi-empirical correlations for fine and coarse sediment transport.* Proc. instn. Civ. Engrs., Vol. 75, Part 2.

[24a] Mantz, P.A. 1980: *Laboratory flume experiement on the transport of cohesionless silica silts by water streams.* Proc. Instn. Civ. Engrs., Vol. 68, Part 2.

[25a] Martinec, J. 1967: *The effect of sand ripples on the increase of river bed roughness.* Proc. XXII Cong. IAHR, Fort Collins, Colo.

[26a] Matsunashi, J. 1967: *On a solution of bed fluctuation in an open channel with a movable bed and steep solpes.* Proc. XXII Cong. IAHR, Fort Collins, Colo.

[27a] NEDECO 1973: Rio *Magdalena and Canal del Dique Project, Mission Tecnica Colombo–Holandesa.* NEDECO Report, NEDECO, The Hague.

[28a] Nordin, C.F. 1976: *Flume studies with fine and coarse sand.* U.S. Geol. Survey, Washington, D.C.

[29a] Nordin, C.F. 1971: *Statistical properties of dune profiles.* U.S. Geol. Suvery prof. Paper 562–F.

[30a] Nordin, C.F. Algert, J. H. 1966: *Spectral analysis of sand waves.* J. Hydr. Div., ASCE. Vol. 92, No. HY5, Sept.

[31a] Nordin, C.F., Beverage, J. P. 1965: *Sediment transport in the Rio Grande, New Mexico.* Prof. Paper 462–F, U.S. Geological Survey, Washington D.C.

[32a] Nordin, C.F. 1964: *Aspects of flow resistance and sediment transport - Rio Grande near Bernalillo, New mexico.* U.S. Geol. Survey, Water Suppy Pater.

[33a] Onishi, Y., Jain, S.C., Kennedy, J.F. 1976: *Effects of meandering in alluvial channels.* J. Hydr. Div., ASCE, Vol. 102, July.

[34a] Peter, J.J. 1978: *Discharge and sand transport in the braided zone of the Zaire estuary.* Netherlands Journal of Sea Research, Vol. 12, No. 3/4.

[35a] Pratt, C.J. 1970: *Summary of experiental data for flume tests over 0.49mm sand.* Department of Civil Engineering, University of Southampton.

[36a] Raichlan, F., Kennedy, J.F. 1965: *The growth of sediment bed forms from an initially flattened bed.* Proc. XXI IAHR Cong., Leningrad, Vol 3.

[37a] Seitz, H.R. 1976: *Suspended and bedload sediment transport in the Snake and Clearwater Rivers in the vicinity of Lewiston, Idaho.* Report 76–886, U.S. Geol. Survey, Biose, Idaho.

[38a] Shen, H.W., Cheong, H.F. 1977: *Statistical properties of sediment bed profiles.* J. Hydr. Div., ASCE, Vol. 103, No. HY11, Nov.

[39a] Shinohara, K., Tsubaki, T. 1959: *On the characteristics of sand waves formed upon the beds of open channels and rivers.* Rept. Of the Research Inst. For Applied Mechanics, Vol. VII, No. 25.

[40a] Simons, D.B., Richardson, E.V., Hausbild, W.L. 1963: *Some effects of fine sediment on flow phenomena.* U.S. Geol. Survey Water Supply Paper 1498–G, Washington.

[41a] Simons, D.B., Richardson, E.V., Albertson, M.L. 1961: *Flume studies of alluvial streams using medium sand.* U.S. Geol. Survey Water Supply Paper 1498–A, Washington.

[42a] Singh, B. 1960: *Transport of bed load in channels with special reference to gradient and form.* Ph.D. Thesis, London Univ., England.

[43a] Stein, R.A. 1965: *Laboratory studies of total load and bed load.* J. Geoph. Res., No 70, No 8, April.

[44a] Termes, A.P.P. 1986: *Dimensies van beddindvormen onder permanente stromingsom standigheden bij hoog sedimenttransport.* （In Dutch） Verslag onderzoek, M2130/Q232.

[45a] Toffaleti, F.B. 1968: *A procedure for computation of the total river sand discharge and detailed distribution,* bed to surfale. Technical Report No. 5, Committee of channel Stabilization,U.S. Army Crops of Engineers.

[46a] Williams, G.P. 1970: *Flume width and water depth effects in sediment transport experiments.* USGS Prof. Paper 562–H.

[47a] Yalin, M.S., Karahan, E. 1979: *Steepness of sedimentary dunes.* J. Hydr. Div., ASCE, Vol. 105, No. HY4, April.

[48a] Znamenskaya, N.S. 1963: *Experimental study of the dune movement of sediment.* Sovient Hydrology: Selected papers. American Geophysical Union, No. 3, 1963.

参考文献 B：浅滩数据的来源

[1b] Ashida, K., Shiomi, Y. 1966: *On the hydraulic of dunes in alluvial channels.* Disaster

Prevention Res. Inst., Kyoto Univ., Annual Report No. 9.

[2b] Chang, H.Y., Simons, D., Woolhiser, D. 1971: *Flume experiments on alternate bar formation.* J. Waterways, Harbors and Coastal Engineering Div., ASCE, Vol. 97, No. 1, Feb.

[3b] Fujita, Y. 1980: *Fundamental study on channel changes in alluvial rivers.* Thesis presented to Kyoto University, Kyoto, Japan, in partial fulfillment of the requirements for the degree of Doctor of Engineering.

[4b] Iguchi, M. 1980: *Tests for fine gravel transport in a large laboratory flume.* （In Japanses） Report for National Science Foundation, School of Earth Science, Tsukuba Univ., Japan.

[5b] Ikeda, H. 1983: *Experiments on bed load transport, bed forms, and sedimentary structures using fine gravel in the 4–meter–wide flume.* Environmental Research Center Papers, No. 2, The University of Tsukuba.

[6b] Ikeda, S. 1984: *Predictiion of alternate bar wavelength and height.* J. Hyd. Engrg., ASCE, Vol. 110, No. 4, April.

[7b] Jaeggi, M. 1983: *Alternierende Kiesbanke.* Mitteilungen der Versuchsanstal fur Wasserbau, Hydrologie und Glaziologie, Zurich, No. 62.

[8b] Kinoshita, R. 1980: *Model experiments based on the dynamic similarity of alternate bars.* （In Japanses） Reasearch Report, Ministry of Construction, Aug.

[9b] Kinoshita, R. 1961: *Investigation of the channel deformation of the Ishikari River.* （In Japanses） Scinece and Technology Agency, Bureau of Resources, Memorandum No. 36.

[10b] Kuroki, M., Kishi, T., Itakura, T. 1975: *Hydraulic characteristics of alternate bars.* （In Japanses） Report for National Science Foundation, Dept. Of Civil Engrg., Kokkaido Univ., Hokkaido, Japan.

[11b] Muramoto, Y., Fujita, Y. 1987: *The classification of meso–scale bed configuration and the criteria of its formation.* 2nd Meeting of Hydr. Res. in Japan.

[12b] Silva, A.M.F. 1991: *Alternate bars and related alluvial processes.* M.Sc. Thesis, Dept. of Civil Engrg., Queen's Univ., Kingston, Canada.

[13b] Yoshino, F. 1967: *Study on bed forms.*（In Japanses） *Collected Papers,* Dept. of Civil Engrg., Univ. Of Tokyo, Vol. 4.

参考文献 C：阻力系数数据的来源

[1c] Bogardi, J., Yen, C.H. 1939: *Traction of pebbles by flowing water.* Ph.D. Thesis, State University of Iowa.

[2c] Brownlie, W.R. 1981: *Compilation of alluvial channel data: laboratory and field.* Report No. KH–R–43B, W.M. Kech Laboratory of Hydraulics and Water Resources, California, Insititute of Technology, California.

[3c] Chyn, S.D. 1935: *An experimental study of the sand transporting capacity of the flowing water on sandy bed and the effect on the composition of the sand.* Thesis presented to the Massachussetts Institute of Technology, Cambridge, Massachussetts.

[4c] Einstein, H.A. 1944: *Bed load transportation in Mountain Creek.* U.S. Soil Conservation

Service.

[5c] Gibbs, C.H., Neill, C.R. 1972: *Interim report on laboratory study of basket-type bed-load samplers.* Research Council of Alberta in association with Dept, of Civil Engineering, University of Alberta.

[6c] Ho, Pang-Yung 1939: *Abhangigkeit der Geschiebewegung von der Kornform und der Temperature.* Preuss. Versuchsanst. fur Wasserbau and Schiffbau, Berlin, Mitt., Vol. 37.

[7c] Jorissen, A.L. 1938: *Etude experimentale du transport solide des cours d' eau.* Revue Universelle des Mines, Belgium, Vol. 14, No. 3.

[8c] Knott, J.M. 1974: *Sediment discharge in the Trinity River basin, California.* Water Resource Investigations, U.S. Geol. Survey.

[9c] MacDougall, C.H. 1933: *Bed-sediment transportation in open-channels.* Transactions of the Annual Meeting 14, American Geophys. Union.

[10c] Mahmood, K. et al. 1979: *Selected equilibrium-state data from ACOP canals.* Civil, Mechanical and Environmental Engineering Department Report No. EWR79-2, George Washington University, Washington D.C.

[11c] Mavis, F.T., Liu, T., Soucek, E. 1937: *The transportation of detritus by flowing water.* Iowa University Studies in Engineering, Bulletin 11.

[12c] Meyer-Peter, E., Muller, R. 1948: *Formulas for bed load transport.* Proceedings, Second Meeting of International Association for Hydraulic Structures Research, Stockholm.

[13c] Samide, G.W. 1971: *Sediment transport measurements.* M.Sc. Thesis, University of Alberta.

[14c] Sato, S., Kikkawa, H., Ashida, K. 1958: *Research on the bed load transportation.* Journal of Research, Public Works Research Institute, Vol. 3, Research Paper 3, Construction Ministry, Tokyo, Japan.

[15c] United States Army Corps of Engineers, U.S. Waterways Experiment Station 1936: *Studies of light-weight materials, with special reference to their movement and use as model bed material.* Technical Memorandum 103-1, Vicksburg, Mississippi.

第3章 稳定河道及其计算

3.1 引言

长期以来，人们已经认识到冲积河道通常不会与天然条件或人工改造所提供的河道相吻合；河流总是按自身规律竭力修正河道的形态，以塑造一种属于“它自己”的河道——我们称这种河道为稳定河道（Regime Channel）。在理想条件下，冲积河流塑造的稳定河道将不再随时间变化。

对于这样一条“按自己意愿形成”的河道，其维护所需的费用是最少的。这就解释了为什么稳定河道在河道整治中如此重要，以及为什么其预测会成为一个热门的研究话题。

在本章中，我们假定冲积河道为宽浅河道，冲积物为无黏性颗粒材料，且水流为紊流。此外，按照惯例，还假定流量$Q=\text{const}$，且（宽浅）冲积河道可通过三个特征参量B、h和S（实际上是B_{av}、h_{av}和S_{av}）来描述。

本章我们将只研究非分汊河道（即“单一河道”）。分汊（即原始河道演变为多条汊道）形成的稳定河道，将在第4章中讨论。

3.1.1 稳定河道计算的经验公式

稳定河道特征参量B_R、h_R和S_R的研究始于本世纪初，最早由几位身在印度的英国工程师（Kennedy，Lindley，Lacey，Inglis，Blench）进行。这些工程师和他们的后继者推导出的B_R、h_R和S_R（统称为A_R）的“纯经验”表达式总可以概括为如下形式

$$A_R=\alpha_A Q^{n_A} \tag{3.1}$$

本章3.2节中将提到，稳定河道至少需要6个特征参量来描述，而且任一与该稳定河道相关的变量（A_R）均是这些参量的函数。大多数形如式（3.1）的表达式中，常数α_A和n_A均由经验公式率定（参见文献[12]，[32]，[9]，[2]）。尽管如此，从稳定河道的经验公式，我们还是可以推导出以下几点重要的（不与其他任何理论公式矛盾的）关系：

1. B_R与Q的平方根成比例：

$$B_R\sim Q^{1/2} \tag{3.2}$$

2. $h_R \sim Q^{n_h}$ 中 Q 的指数受颗粒粒径 D ($\sim \Xi$) 的影响：

$$\text{对于细砂，} \quad n_h \approx 1/3$$
$$\text{对于砾石，} \quad n_h \approx 0.43 \tag{3.3}$$

3. $S_R \sim Q^{n_S}$ 中 Q 的指数也受 D ($\sim \Xi$) 的影响：

$$\text{对于细砂，} \quad n_S \approx -0.1$$
$$\text{对于砾石，} \quad n_S \approx -0.43 \tag{3.4}$$

因此，不论何种情况，B_R 和 h_R 均随 Q 的增大而增大，而 S_R 则随 Q 的增大而减小。同时，我们注意到，对于砾质河床，n_h 和 n_S 两者的绝对值相等。按照现有的稳定河道公式（多数列于文献[32]中的表 4.1)，以上关系均成立。

3.1.2 极值理论

极值理论（可在 Yang[41]，[39]，Song[22]，Chang[8]，[6]，White et al. [27]，[28]和 Davies and Sutherland[10]，[11]开拓性的工作中找到该理论的起源）基于如下事实：河流之所以趋于稳定状态，是因为它与能量相关的某个特征参量，比如 A_*，趋于最小值。通常，B_R、h_R 和 S_R 这三个未知量可通过联立以下三个方程求解。

$$Q = f_Q(B_R, h_R, S_R, c_R) \text{（阻力方程）} \tag{3.5}$$

$$Q_s = f_{Q_s}(B_R, h_R, S_R, c_R) \text{（泥沙输移方程）} \tag{3.6}$$

$$dA_* = 0 \text{（} A_* \text{趋于最小值）} \tag{3.7}$$

式中，对于给定的无黏性冲积物和流体，$c_R[=\phi_c(\Xi,(\eta_*)_R,Z_R)]$ 为一已知函数 $c_R = f_c(h_R, S_R)$。

上述各方程中的第一个方程[式（3.5）]，原则上讲，毫无争议；然而，第二个和第三个方程[即式（3.6）和式（3.7）]却并不十分明确。实际上，只有当 Q_s 已知时，式（3.6）才能用来计算 B_R、h_R 和 S_R。然而，除了可控的室内实验外，Q_s 并不容易获得。式（3.7）的困难在于 A_* 的物理特性是不确定的。

本章有以下三个目标：

1. 用不含 Q_s 的 B_R 关系式来替代泥沙输移方程式（3.6）。
2. 通过热力学定律来揭示 A_* 的物理特性。
3. 提出一种稳定河道的计算方法（结合 1.和 2.的结论）。

为实现这些目标，现在，我们讨论两类（最典型的）稳定河道及它们的特征参量。

3.2 稳定河道的定义

特定的稳定河道可通过一系列特征参量的常数值来描述。必须牢记，这些常数在稳定河道的演变过程中始终保持不变。简便起见，本节中我们假定河道在其稳定演变的过程中（合理地）保持顺直，且河道底坡 S 的变化只与河床的冲刷有关。

3.2.1　进口连续输沙的稳定河道 R_1

实验装置的纵剖面如图 3.1(a)所示，其中，L_1 为河道的“有效长度(Effective Length)”。在河道的进口（断面 I）处，除流量 Q 外，泥沙也连续不断地输入河道：输沙率 Q_s（和 Q 一样）保持恒定。如果选取的 Q_s 是合理的，即给定的 Q 确实可以挟带 Q_s，则经过一段时间 T_{R_1} 后，初始河道（B_0,h_0,S_0）将演变为稳定河道（B_{R_1},h_{R_1},S_{R_1}）——我们（按照文献[32]）称其为稳定河道 R_1［图 3.1（a）中的区域 L_1］。保持其他条件不变，改变 Q_s 的值重新进行实验，则最终形成的稳定河道将会不同。这就意味着 Q_s 是稳定河道 R_1 的特征参量之一，则确定 R_1 的全部 7 个特征参量为：

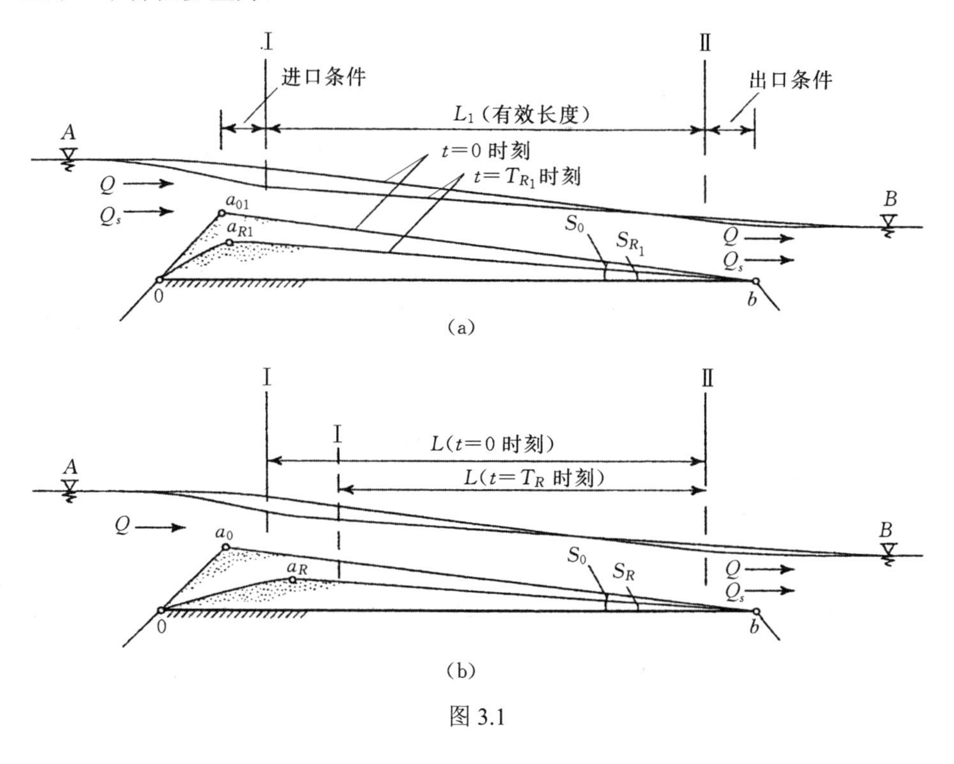

图 3.1

$$Q,Q_s,\rho,\nu,\gamma_s\text{或}\nu_{*cr},D,g \tag{3.8}$$

因此，联立求解式（3.5）~式（3.7）三个方程就可以确定稳定河道 R_1（3.1.2 中提到的 B_R、h_R、S_R 在这里指 R_1 特征参量的 B_{R_1}、h_{R_1}、S_{R_1}）。

由于假定稳定河道 R_1 同时输送 Q 和 Q_s，故这两个参量同等重要，且它们的数值应该具有同样的精度。

3.2.2 进口无输沙的稳定河道 *R*

考虑图 3.1（b）：假定河道无限长，且河道的进口没有泥沙输入。由于进入河道（Ⅰ处）的水流为清水，而流出河道（Ⅱ处）的水流挟带泥沙（由于 $S_0 > S_{cr}$），故河道中的泥沙随时间的推移持续减少。这种减少意味着“沙坡顶点”（点 a_0）不断向右下方移动。“向下”是由于沿程底坡趋于稳定（$S_0 \to S_R$），“向右”是由于河道进口处的泥沙受到冲刷（由于 $dq_s/dx>0$）。因此，在 $0<t<T_R$ 时段内，有效长度 L 持续减小——这就是为什么要假定河道为“无限长”（$t=T_R$ 时，L/h 也足够大）。

显然，沿程稳态水流的挟沙率 $(Q_s)_R$ 完全由水流自身决定，所以 $(Q_s)_R$ 一定是 B_R、h_R 和 S_R 以及其他相关特征参量的函数。

$$(Q_s)_R = f_{Q_s}(B_R, h_R, S_R, \cdots) \tag{3.9}$$

我们称上述稳定河道为稳定河道 R。这类河道可由以下 6 个特征参量确定

$$Q, \rho, \nu, \gamma_s\text{或}v_{*cr}, D, g \tag{3.10}$$

因此，对于稳定河道 R，输沙率 $(Q_s)_R$ 只是河道演变的“结果”（就像 B_R，h_R，S_R，c_R，…），且因而它可表示成式（3.10）中各参量的函数。[式（3.9）与该结论保持一致，因为 B_R、h_R，S_R 是式（3.10）中各参量的函数。]

当 $t=T_R$ 时，稳定河道 R 已经形成；且对于任意 $t>T_R$ 时刻，L 区域内的底坡 $S=S_R$ 保持不变。然而，“沙坡顶点”（a_R）仍旧继续向下游移动，且长度 L 继续减小（因为任意 t 时刻，河道进口Ⅰ处，$Q_s \equiv 0$）。要使 a_R 和 L 保持不变，$t(\geqslant T_R)$ 时刻，我们需在河道进口Ⅰ处输沙，输沙率为 $(Q_s)_R$；即进口Ⅰ处的输沙率与 $t>T_R$ 时刻离开出口Ⅱ处的输沙率（恒定）相同[1]。

3.2.3 R_1 和 R 的关系

考虑一系列稳定河道 R_1，它们之间的唯一区别就是各河道的输沙率 Q_s 不同。它们之中，输沙率 $Q_s=(Q_s)_R$ 的河道与稳定河道 R 相同。换句话说，R 是 R_1 在 $Q_s=(Q_s)_R$ 时的特殊情况。[当然，假定 R 和 R_1 具有相同的式（3.10）中的参

---

[1] 需要注意的是，实验所需的河道长度还受底坡 S_0 与 S_R 差值的制约。（选取的）S_0 越接近于 S_R，演变历时 T_R 就越短，a_R 向下游移动得就越少，因此 L 减小得就越少。此外，如果 $S_0 \to S_R$ 是由河道弯曲而非冲刷引起的，那么“沙坡顶点” a_{01} 或 a_0 [见图 3.1（a）、图 3.1（b）] 的高程就不会发生明显变化，因为此时 $S_0 \to S_R$ 是由于河道长度的增加，而不是由于 a_{01} 或 a_0 的降低。

量，且它们可通过相同的阻力方程和 A_* 确定]。

本书中我们将只研究稳定河道 R 。

3.3 稳定河道的河宽 B_R和水深 h_R

本节，我们将揭示能够替代式（3.6）的关系式，用于稳定河道的计算。

3.3.1 无量纲形式的基本公式

i）令 A_R 为任一与稳定河道 R 相关的变量。基于式（3.10），可得到

$$A_R = f_{A_R}(Q,\rho,\nu,v_{*cr},D,g) \tag{3.11}$$

将 Q,v_{*cr} 和 ρ 作为基本量，可构造三个无量纲变量

$$X_D = \frac{D}{\lambda}, \quad X_g = \frac{v_{*cr}^2}{g\lambda}, \quad X_\nu = \frac{v_{*cr}\lambda}{\nu} \tag{3.12}$$

其中

$$\lambda = \sqrt{\frac{Q}{v_{*cr}}} \tag{3.13}$$

称为“典型长度（Typical Length）”（参见文献[32]）。

因此，对于 A_R 的无量纲变量 Π_{A_R} ，则有

$$\Pi_{A_R} = \phi''_{A_R}(X_D,X_g,X_\nu) \tag{3.14}$$

已知材料数 Ξ^3 可表示为 X_{cr}^2/Y_{cr} ［见式（1.32）］，因此借助式（3.12），则有

$$\Xi^3 = \frac{X_\nu^2 X_D^2}{Y_{cr}} \tag{3.15}$$

考虑到 $Y_{cr} = \Psi(\Xi)$ ［见式（1.33）］，故有

$$X_\nu = \sqrt{\Xi^3\Psi(\Xi)}/X_D \tag{3.16}$$

将式（3.16）代入式（3.14），得到式（3.14）的等价形式

$$\Pi_{A_R} = \phi'_{A_R}(\Xi,X_D,X_g) \tag{3.17}$$

利用式（3.17），可以确定稳定河道的特征参量，如

$$\Pi_{B_R} = \frac{B_R}{\lambda} = \phi'_{B_R}(\Xi,X_D,X_g) \tag{3.18}$$

$$\Pi_{h_R} = \frac{h_R}{\lambda} = \phi'_{h_R}(\Xi,X_D,X_g) \tag{3.19}$$

$$\Pi_{S_R}=S_R=\phi'_{S_R}(\Xi,X_D,X_g) \tag{3.20}$$

由于A_R表示稳定河道的任意特征参量，故c_R或$(Fr)_R$也可视为相应特征参量A_R的无量纲变量。有人可能难以理解，在前一章中，c和Fr被视为Ξ、η_*、N的函数[见式（2.82）和式（2.87）]，而这里，它们（或更准确地说，它们的稳定值）被视为Ξ、X_D、X_g的函数。然而，需要注意的是

$$(\eta_*)_R=\frac{gS_Rh_R}{v_{*cr}^2}=\frac{g\lambda h_R}{v_{*cr}^2\lambda}S_R=\frac{\Pi_{h_R}S_R}{X_g}=\phi'_{(\eta_*)R}(\Xi,X_D,X_g) \tag{3.21}$$

式中最后一步借助了式（3.19）和式（3.20）。同样，借助式（3.13）和式（3.12）中的第一个关系式，得到

$$N_R=\frac{Q}{B_RDv_{*cr}}=\frac{\lambda}{B_R}\cdot\frac{\lambda}{D}=\frac{1}{\Pi_{B_R}}\cdot\frac{1}{X_D}=\phi'_{N_R}(\Xi,X_D,X_g) \tag{3.22}$$

因此，任意关于Ξ、$(\eta_*)_R$、N_R的函数[如c_R和$(Fr)_R$]均可视为Ξ、X_D、X_g的函数。就无量纲公式的构造而言，重要的是所选用变量的数目以及这些变量之间的独立关系，通常为方便计，可视具体研究内容的不同而对这些变量进行适当的调整（参见文献[32]，[33]）。

ii）考虑稳定河道无量纲基本公式的另一种表达形式。总阻力系数c和纯摩擦阻力系数c_f相互独立（它们中的任意一个都不能用另一个单独表示）。因此，基于式（3.17），它们的稳定值可表示为

$$c_R=\phi'_{c_R}(\Xi,X_D,X_g)\text{和}(c_f)_R=\phi'_{(c_f)_R}(\Xi,X_D,X_g) \tag{3.23}$$

进而得到

$$X_D=\phi_D[\Xi,c_R,(c_f)_R]\text{和}X_g=\phi_g[\Xi,c_R,(c_f)_R] \tag{3.24}$$

将式（3.24）代入式（3.17），得到

$$\Pi_{A_R}=\phi_{A_R}[\Xi,c_R,(c_f)_R] \tag{3.25}$$

上式表明稳态水流的无量纲变量也可视为Ξ、c_R和$(c_f)_R$的函数。

3.3.2 B_R和h_R的表达式

i）借助式（3.25），Π_{B_R}表示为

$$\Pi_{B_R}=B_R\sqrt{\frac{v_{*cr}}{Q}}=\phi_{B_R}[\Xi,c_R,(c_f)_R](=\alpha_B) \tag{3.26}$$

正如3.1.1所指出的，任意稳定河道（砂质和砾质）的河宽B_R均与$\sqrt{Q}$成比例。由于Ξ、c_R和$(c_f)_R$的表达式中均不直接包含Q，故若利用式（3.26）直接计算

出α_B，则这个比例也就确定了。但如果α_B由式（3.17）表示，那么由于X_D和X_g均直接包含$\lambda \sim \sqrt{Q}$关系，则河宽B_R与$\sqrt{Q}$的比例无法确定。

根据野外及室内实验测得的数据，我们发现函数式（3.26）能够最贴切地表示为如下形式（参见文献[30]，[31]）

$$\alpha_B = \phi_1(\Xi) \cdot \phi_2[c_R,(c_f)_R] \tag{3.27}$$

其中

当$\Xi \leqslant 15$时
$$\phi_1(\Xi) = 0.639\Xi^{0.3} \tag{3.28}$$

当$\Xi > 15$时
$$\phi_1(\Xi) = 1.42$$

且

$$\phi_2(c_R,(c_f)_R) = \left\{ n \cdot 0.2\,[1 - \mathrm{e}^{-0.35|(c_f)_R - 27.5|^{1.2}}] + 1.2 \right\} \cdot \frac{c_R}{(c_f)_R} \tag{3.29}$$

式中，当$(c_f)_R \geqslant 27.5$时，$n = +1$；当$(c_f)_R < 27.5$时，则$n = -1$；而$|(c_f)_R - 27.5|$表示$(c_f)_R$与 27.5 差值的绝对值（正值）。

ii）对于稳定河道R，阻力方程式（2.77）可表示为

$$Q = B_R h_R c_R \sqrt{g S_R h_R} \tag{3.30}$$

将式（3.26）代入式（3.30），得到

$$h_R = [\alpha_B^2(c_R^2 S_R)]^{-1/3} \left(\frac{Q v_{*cr}}{g} \right)^{1/3} \tag{3.31}$$

式中，$c_R^2 S_R$是弗劳德数$Fr = c^2 S$的稳定值。

联立式（3.31）和式（3.26），我们可以确定稳定河道的宽深比

$$\frac{B_R}{h_R} = [\alpha_B^5(c_R^2 S_R)]^{1/3} \left(\frac{Q g^2}{v_{*cr}^5} \right)^{1/6} \tag{3.32}$$

上述公式的推导过程中，我们并没有区分砂质河床与砾质河床（统一方法）。“较小”还是“较大”$D \sim \Xi$对宽深比计算所造成的影响，反映到公式里，是各变量取值的不同——而不是公式形式的不同。

采用所有可用的稳定河道的数据（来源于参考文献 A 中[1a]~[16a]）对式（3.26）和式（3.31）进行验证。图 3.2 和图 3.3 中数据点所代表的颗粒粒径小到细砂，大到砾石（数据点的标号越大，颗粒粒径$D \sim \Xi$越大）——河流尺度小到实验室水槽，大到 Mississippi 河之类的河流。图 3.2 和图 3.3 中数据点的分布完全是实验的结果：从这些散点的趋势来看，砂质和砾质颗粒之间并不存在明显的分割线（这证实了统一方法的正确性）。

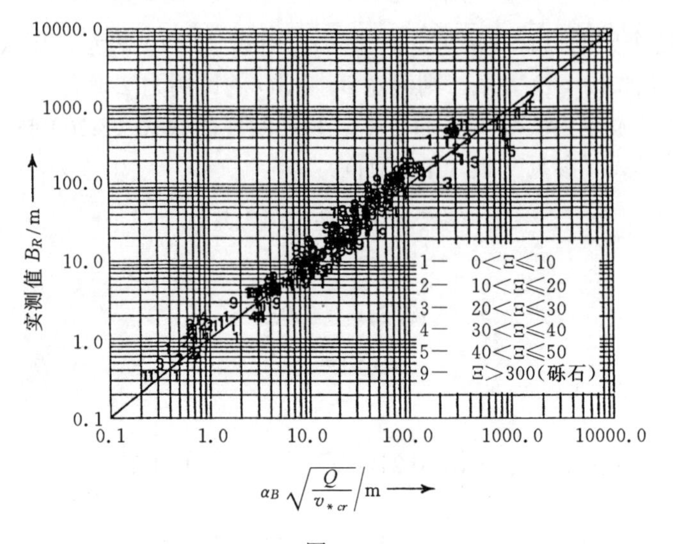

图 3.2

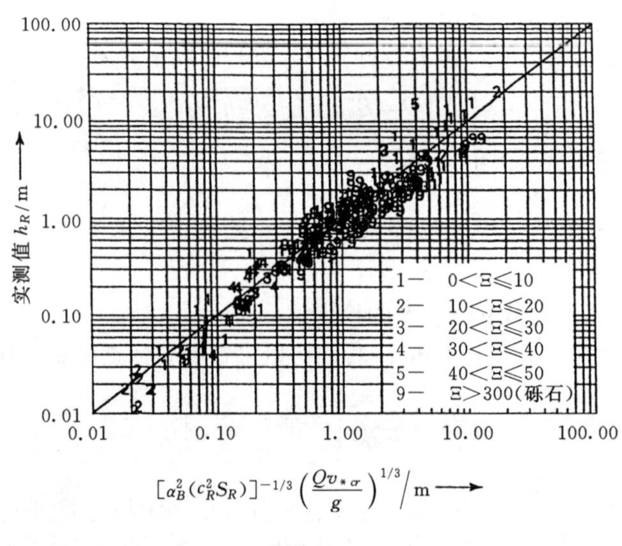

图 3.3

3.4 稳定河道的判别标准 A_*

至于与能量相关的特征参量 A_*，到目前为止还没有统一的表达。不同学者提出并采用不同的 A_*（例如，$A_*=S$[5],[7],[8],[22]，$A_*=Su_{av}$[37],[38],[41]，$A_*=Q_s^{-1}$[3],[27],[28]，$A_*=c^{-1}$[10]，$A_*=SL$[36],[39],[40] 等）。

接下来，我们将从热力学定律出发来揭示 A_* 的物理特性。C.T.Yang 在其文章中已经强调了在稳定河道的研究中采用热力学观点的优越性（参见文献[34]，[35]）。然而，在最近一篇文章中（文献[34]），Yang 再一次引入 $A_*(=Su_{av})$——“基于数学和物理概念，而不包含任何热力学或熵原理”（文献[34]，第 748 页）。

3.4.1　基本关系和假设

i）接下来的内容中，我们将天然冲积河道简化为稳定河道 R——R 由式（3.10）中的 6 个特征参量确定。在顺直（不稳定的）初始河道 (B_0,h_0,S_0) 中，水流从 $t=0$ 时刻开始流动；经过一段时间后，$t=T_R$ 时刻，河道演变成为稳定河道 (B_R,h_R,S_R)[1]。假定河道在整个演变过程中都为宽浅河道。由于 $Q=\text{const}$，故水流在 $0<t<T_R$ 时段内表现出来的非恒定特性完全归因于河道随时间的变化。稳定河道演变的某一特定阶段将用标准化的（大范围）无量纲时间变量 $\Theta=t/T_R(\in[0,1])$ 来表示。

ii）宽浅冲积河道由它自身的河宽 B 和底坡 S 来确定。水深 h 是水流的特性——而不是河道自身的“属性”。实际上，h 是通过 B 和 S 满足阻力方程来确立的。

根据观测的结果，可以推断：如果一冲积河道“顺其自然发展”（没有任何形式的人工干预，没有“外界”输入的泥沙），那么它的底坡 S 或随时间的推移逐渐减小，或保持不变——而不可能自发地增大。类似地，河宽 B 或逐渐增大，或保持不变。因此，本书中我们假定，T_R 时段内，S 是减小的，而 B 是增大的。

实验研究表明（参见文献[1]，[16]），T_R 时段内，变量 B、h 和 S 的变化如图 3.4 所示。在 T_R 的（非常短暂的）初始阶段 $\hat{T}_0$，B 和 h 显著变化，而 S 几乎保持不变（$S\approx S_0$），在此阶段，河道趋于稳定的演变不会发生。初始阶段 $\hat{T}_0$ 的任务是将（任意的）B_0 和 h_0 转变为 $\hat{B}_0$ 和 $\hat{h}_0$，直至与现有的 $S\approx S_0$（大体上）保持动态平衡。（“动态平衡”一词的意义将在 4.3 节 ii）中阐明）。只有在调整期 $\hat{T}_0$ 过后，河道趋于稳定的演变才真正开始。实际上，只有当 $t>\hat{T}_0$ 时，河道的特征参量 B，h 和 S，以及它们对时间 t 的导数，才随 t 单调地变化（如图 3.4 所示，在 $\hat{T}_0<t<T_R$ 时段内，各参量的曲线呈现单调性）。

按照文献[16]所述，超过 20 组实验（$B_0<B_R$）表明，“河岸冲刷引起的河宽的增加和随之发生的水深的变化，平均来说，在 5min 之内完成（$\hat{T}_0 <\approx 5\,\text{min}$）”；尽管“这些实验的持续时间均不少于 5h，且有时长达 30h。河宽只在最初的 5min 内进行调整，之后不再发生任何明显的变化”（参见文献[16]，第 64 页）。这些实

[1] 本书中，“不稳定”一词的意义不同于通常所说。这里，它更像是“未成形”一词的同义词，即“由于自身的物理特性而注定改变”（而不是“由于外界干扰而趋于改变”）。

验表明，$\hat{T}_0 < \approx 0.01T_R$，也就是说$\hat{T}_0$确实“非常短暂”。此外，在文献[16]的实验中，$\hat{B}_0$甚至与$B_R$相等，而这也证实了$\hat{B}_0$与$B_R$之间并没有显著差别，且因此，在$T_R-\hat{T}_0$（几乎与$T_R$相等）时段内，$B$的变化是非常小的（见图 3.4）。

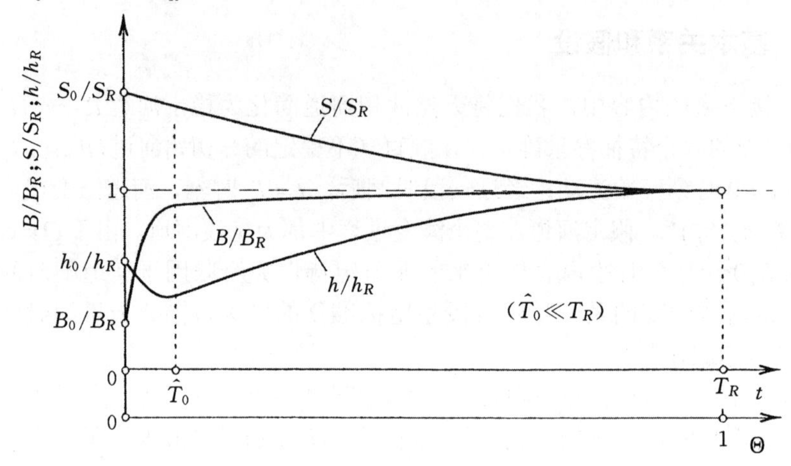

图 3.4

图 3.5 示意了$\hat{T}_0$时段内初始河道进行“调整”的情况。从河岸冲刷下来的颗粒沉积在河床上。由于$S \approx S_0$，流速u_{av}在$\hat{T}_0$时段内没有显著变化，且因此$B_0 \to \hat{B}_0$的增大伴随着$h_0 \to \hat{h}_0$的减小。无论时段$\hat{T}_0$多短，我们都假定初始床面有足够长的时间被床面形态覆盖。

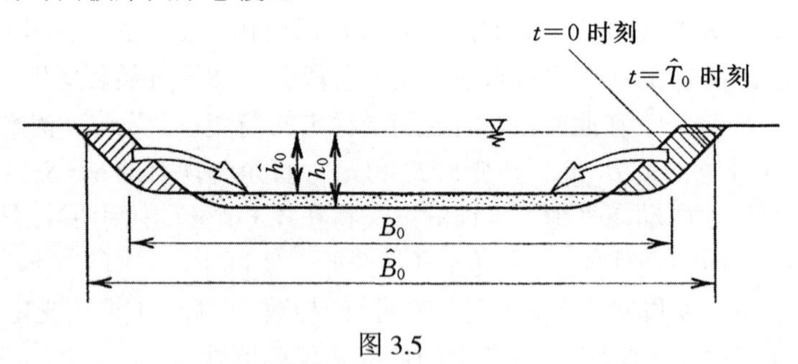

图 3.5

T_R时段内，底坡S的减小或归因于河道的冲刷——淤积作用（河道较短，D/h较大；参见文献[32]），或归因于弯曲作用（河道较长，D/h较小；参见文献[4]，[5]，[32]）；或二者兼有。图 3.6 所示为冲刷——淤积作用的情况，图 3.7 所示为弯曲作用的情况。（图 3.8 中的数据，尽管不是很明显，但仍表明，随着D/h的增大，河道的弯曲系数σ趋于减小，因而冲刷——淤积作用趋于增强）。目前的分析只是针对弯曲作用所作的解释[尽管它可以通过（更简单的）冲刷——淤积作用等价地进行说明]。

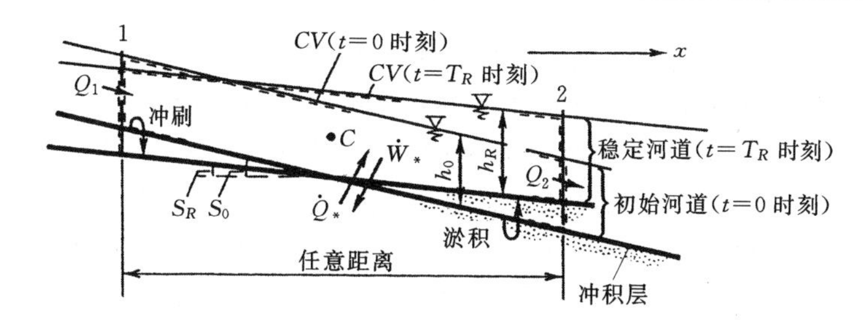

图 3.6

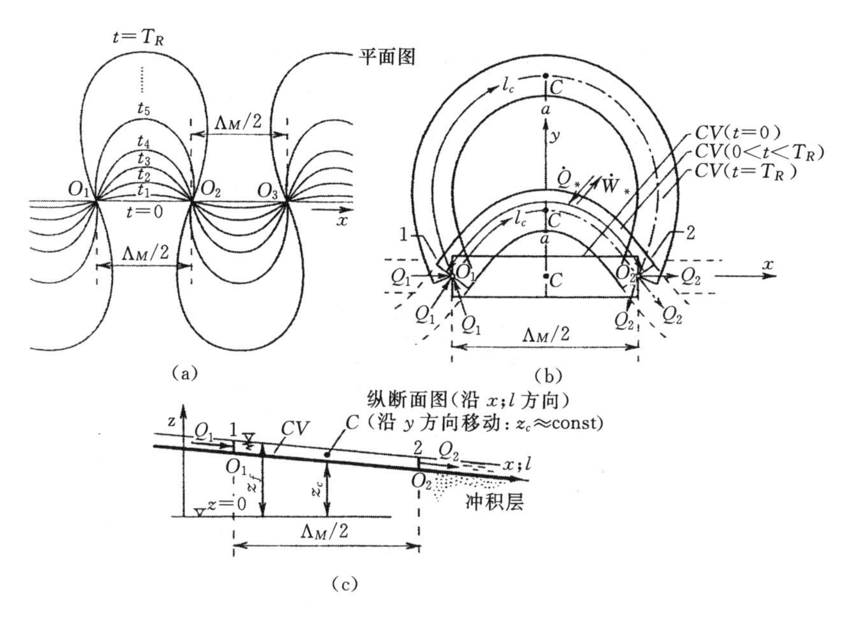

图 3.7

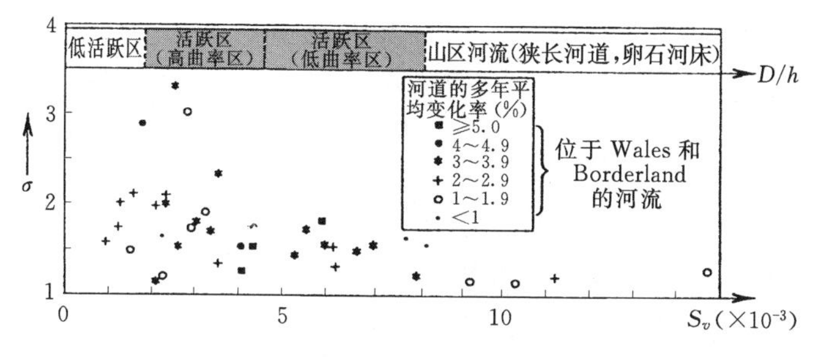

图 3.8 (摘自文献[17])

iii)从平面上观察，拐点O_1，O_2，…，O_i在弯段的扩展过程中并未发生系统性的移动[见图3.7(a)、图3.7(b)]。且如果弯曲河道(沿x方向以速度$\mathcal{W}_x$)整体迁移，那么拐点O_1，O_2，…，O_i之间的距离也不会发生系统性的变化。考虑到这一点，我们假定所研究的理想弯曲河道由一系列反对称相等的弯段组成，随着无量纲时间Θ的推移，这些弯段围绕固定的拐点O_1，O_2，…，O_i同等程度地扩展[1]。因此，弯段的长度$L/2$逐渐增大，而$S\sim 1/(L/2)$逐渐减小。假定我们所研究的弯段距河道的上游端和下游端足够“远”；因此，不仅弯段自身，而且其中的水流（对于任意Θ）也是反对称相等的。接下来的分析基于图3.7（a）所示诸（相等）弯段中的某一个弯段：我们选取弯段O_1O_2。对于任意Θ，我们将通过（固定）点O_1和O_2的过水断面分别定义为（弯段O_1O_2的）“进口”断面和“出口”断面，或称为断面1和断面2。

前面已经提及，$\hat{T}_0$后，河宽B并不随时间显著增加。此外，在该阶段，对于任意t时刻（对应于任意演变阶段Θ），B沿水流方向l_c也不发生任何系统性的变化。这一点从图3.9所示Mississippi州Kreole附近的牛轭状河曲的航拍照片中可以看出[从第5章图 5.4（a）和图 5.10（b）中也可以看出]；这正是图3.7（b）中，对于任意l_c和t，B均相同的原因。

图3.9

[1] 如果河道整体迁移，那么拐点O_i相对于以速度W_x移动的观察者仍旧是固定的，且本节的所有内容都是基于该观察者来进行阐释的。

iv）令 u_{av} 为平均水流流速，V 为一个弯段内的流体体积：二者均处于同一演变阶段 Θ 。$(L/2)/u_{av}$ ——流体质点穿过弯段长度 $L/2$ 所需的平均时间——可以作为典型的“流动时间”。众所周知，稳定河道的演变历时 T_R 通常远大于 $(L/2)/u_{av}$ 。考虑到这一点，我们假定流体在刚性河道中从断面 1 流动到断面 2［在 $(L/2)/u_{av}$ 内，$\mathrm{d}V/\mathrm{d}t=0$ ］。

基于这个原因，我们假定（如相关文献所述）：对于任意 Θ ，在流动时间 $(L/2)/u_{av}$ 内，河道内部的条件是不变的。还需注意的是，我们通常假定，任意瞬时的流量 Q 不沿 x 方向发生变化（减小）［因此，瞬时流量 Q_1 和 Q_2 相等，见图 3.7（b）、（c）］，这就意味着河道［在 $(L/2)/u_{av}$ 内］是刚性的——否则，我们将得到 $\mathrm{d}V/\mathrm{d}t=Q_1-Q_2\neq 0$ 。

v）控制体积（ CV ）是允许变形的（参见文献[25]，[18]，[26]）。在目前的分析中，CV 等同于断面 1 和断面 2 之间的流体体积 V（见图 3.7）；控制面（ CS ）为封闭的 V 的表面；而某一瞬时 t ，CV 内流动着的一定质量的流体则被视为流体系统（ Sys ）。因此，（相应于 CV 的）Sys 的边界等同于 CS ，体积等同于 V 。显然，在目前的情况下，尽管 V 、CV 、CS 和 Sys 随 Θ 发生变化，但在 $(L/2)/u_{av}$ 内（对于任意 Θ ）仍可视为不变。

vi）令 A_1 和 A_2 分别为过水断面 1 和断面 2 的面积；$(CS)_a$ 是 CS 除去 A_1 和 A_2 后的剩余部分，该部分把 CV 同冲积物和大气分离开：$(CS)_a=CS-(A_1+A_2)$ 。“穿过” $(CS)_a$ 的净热交换率和净功率分别表示为 $\dot{Q}_*$ 和 $\dot{W}_*$ 。水流与周围环境之间的热量交换不存在任何（适用于所有水流的）标准形式；水流与周围环境之间的能量交换也不存在任何标准形式（类似于“轴功（Shaft Work）”）。基于这些原因，在明流或管流的热力学研究中，始终认为（参见文献[21]，[25]，[15]，[26]等）

$$\dot{Q}_*\equiv 0，\quad \dot{W}_*\equiv 0 \tag{3.33}$$

接下来，我们就将这样处理。于是，假定所研究的河道中嵌有一满足式（3.33）条件的所谓热力学中性的“冲积层”，该“冲积层”沿 x 方向的坡降为“河谷坡降” S_0 ；沿 y 方向的坡降为零［见图 3.6 和图 3.7（b）、（c）］。

vii）这里，我们只讨论悬移质泥沙（如果存在的话）由水流“自然”获得，即由水动力作用于动床表面扬动所产生（没有其他任何外因）的情况。这意味着悬移质浓度 C 不超过 0.02——“即使在床面附近”（参见文献[33]，[23]）。考虑到这一点，挟沙水流的密度 ρ 、流速 u 和压强 p 将与清水中的数值相等。（之后我们所说的“流体”或“水流”都将指挟沙水流）。

3.4.2　瞬时水流能量结构沿纵向 l_c 的变化

i）在确定 A_* 之前，有必要先阐明水流“内能”的作用。基于这个目的，

我们考虑热力学第一定律。对于 CV 及相应的 Sys，这个通用的能量守恒定律可表示为如下形式

$$\frac{\mathrm{D}E_{Sys}}{\mathrm{D}t}=\frac{\mathrm{d}E_{CV}}{\mathrm{d}t}+(\mathcal{F}_2-\mathcal{F}_1)=\dot{Q}_*-\dot{W}_* \tag{3.34}$$

式中：E_{CV} 和 E_{Sys} 分别为 CV 和（相应的）Sys 的总能量，它们可表示为

$$E_{Sys}=E_{CV}=\rho\int_V e\mathrm{d}V \tag{3.35}$$

式中：e 为空间某点 $P(x;y;z)$ 处单位质量流体的总能量（单位总能量）。

$\mathcal{F}_1$ 和 $\mathcal{F}_2$ 表示下列和

$$\mathcal{F}_j=\int_{A_j}e_j\rho u\mathrm{d}A_j+\int_{A_j}pu\mathrm{d}A_j(=\dot{E}_j+W_j)\quad(j=1,2) \tag{3.36}$$

式中，$\mathcal{F}_1$ 和 $\mathcal{F}_2$ 与“进口”断面面积 A_1 和“出口”断面面积 A_2 各自对应。式（3.36）中的第一个积分，即 $\dot{E}_j$，为通过横断面面积 A_j 的能量通量；第二个积分，即 W_j，为单位时间内流体在 A_j 上的位移功。

式（3.34）将单位时间内所涉及诸量的变化联系起来。由于水流为缓流（$u_{av}^2<gh\ll gL/2$），单位时间内流体运动的平均“距离” u_{av} 要比弯段长度 $L/2$ 小得多。这就意味着 CV 内的条件是恒定的[参见 3.4.1 节 iv）]，且因此 $\mathrm{d}E_{CV}/\mathrm{d}t=0$。此外，当 A_1 和 A_2 上的水流特性反对称相等时，式（3.33）是成立的。因此，就目前的情况而言，第一定律式（3.34）变为

$$(\dot{E}_2-\dot{E}_1)=0,\ 即 e_2-e_1=0 \tag{3.37}$$

和

$$\frac{\mathrm{D}E_{Sys}}{\mathrm{D}t}=\frac{\mathrm{d}E_{CV}}{\mathrm{d}t},\ 即 E_{Sys}=E_{CV}(=E=\mathrm{const}) \tag{3.38}$$

上式对于流动时间 $(L/2)/u_{av}$ 内的任意瞬时 t 都成立（相应于任意演变阶段 Θ）。

总能量 E 是三部分能量之和

$$E=E_k+E_p+E_i=\rho\int_V(e_k+e_p+e_i)\mathrm{d}V \tag{3.39}$$

式中：E_k，E_p，E_i 分别为 E 的动能、势能和内能分量，且

$$e=e_k+e_p+e_i=\frac{u^2}{2}+gz+e_i \tag{3.40}$$

考虑图 3.10，s 和 s_f 为（某阶段 Θ 的）时均流线。我们称位于同一流线上（流线 s 和 s_f）的某对点，例如，P_1 和 P_2，P_{f1} 和 P_{f2}，为“横断面面积 A_1 和 A_2 上的对应点”。对（反对称相等的）面积 A_1 和 A_2 上的对应点应用式（3.40），并考虑到当 $(z_2-z_1)=(z_{f2}-z_{f1})$ 时，$u_1=u_2$，我们得到式（3.37）的另一种形式

$$\frac{1}{g}[(e_i)_2-(e_i)_1]=(z_{f1}-z_{f2})[=(\Delta H)_{1-2}] \tag{3.41}$$

式中：$(\Delta H)_{1-2}$ 为断面 1 和 2 之间的水头损失。

一般来说，同一过水断面上各点的 e_i 并不相等。然而，式（3.41）清楚地表明，对于所有对应点来说，增量 $(e_i)_2-(e_i)_1$［即 $(\Delta H)_{1-2}$］相等。这里仍需注意的是，类似于 z，内能 e_i 或 E_i（以及 3.4.3 节中讨论的熵 s_* 或 S_*）的值可相对于任一基准面量测得到。因为 z，E_i 和 S_* 均只是时间或空间的相对变量（而不是绝对变量）。

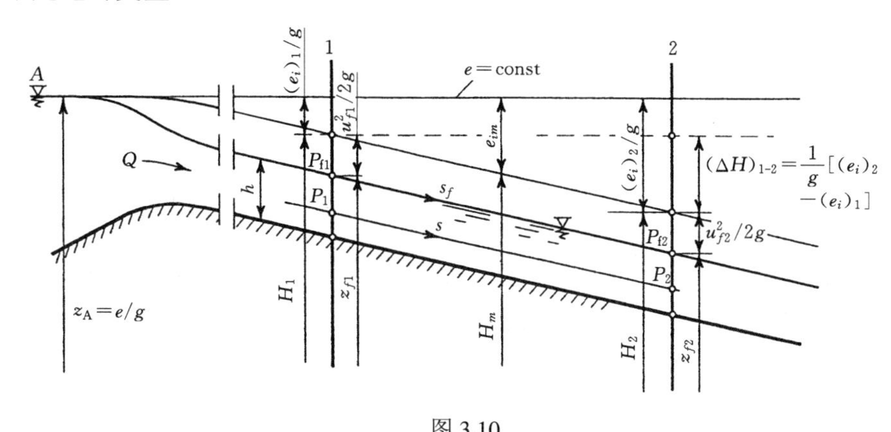

图 3.10

ii）由上述内容我们清楚地知道，"水头损失 $(\Delta H)_{1-2}$"——水利工程师们的常用术语——实际上并不是某种类型的"损失"。从物理学观点和热力学观点出发考虑，$(\Delta H)_{1-2}$ 仅表示某种"能量转换"。运动系统 *Sys* 的总能量是守恒的，且方程式（3.41）（文献[15]，[19]，[21]中也有述及）仅表明向下游运动的流体的单位势能 gz_f 不断转换为单位内能 e_i（即 z_f 沿 l_c 减小，而 e_i 沿 l_c 增加）。这种能量转换是通过 *CV* 内所有阻碍流体运动的力所做的焦耳功来实现的❶。

CV 内，焦耳功引起的内能的增加量随时间的变化率，即 $\mathrm{d}E_i/\mathrm{d}t(>0)$，刚好补偿内能的减小量 $(\dot{E}_i)_1-(\dot{E}_i)_2(<0)$ 随时间的变化率（参见文献[15]，[19]，[21]等）。因此，*CV* 的内能[在与 $(L/2)/u_{av}$ 同量级的时段内]始终保持在一个稳定的"水平"。［这里，$(\dot{E}_i)_1$ 和 $(\dot{E}_i)_2$ 分别为单位时间内流进和流出 *CV* 的内能 E_i。］

3.4.3　水流能量结构随时间 Θ 的变化

图 3.10 中，常量 e/g 与水流源头处湖泊自由水面的高程 z_A 相等 $(e/g=z_A)$。由于 z_A 为天然湖泊的年平均高程，故 e/g 不发生任何系统性的变化（对所有情况均成立）。考虑到这一点，我们将 $e=gz_A$ 视为常量（在 $0<t<T_R$，即 $0<\Theta<1$

---

❶ 这种功包含黏性和紊流附加切应力 τ_{ij} 所做的功、作用在泥沙颗粒和流体之间的水动力所做的功、形态阻力和作用在流体和床面之间的表面摩擦阻力所做的功等。

时段内）。然而，这并不意味着e的每一个分量e_k、e_p、e_i也可以这样处理，接下来我们将尝试着揭示这些分量是如何随$\Theta(\in[0,1])$变化的。

i）在CV内对式（3.39）进行平均，然后对Θ进行求导，并考虑$e_{av}=e$为常量，得到

$$\begin{aligned}\frac{\mathrm{d}E}{\mathrm{d}\Theta}&=\frac{\mathrm{d}}{\mathrm{d}\Theta}[\rho Ve_{av}]=\frac{\mathrm{d}}{\mathrm{d}\Theta}[\rho V(e_{k,av}+e_{p,av}+e_{i,av})]\\&=\frac{\mathrm{d}}{\mathrm{d}\Theta}\left[\rho V\left(\frac{\alpha u_{av}^2}{2}+gz_c\right)\right]+\frac{\mathrm{d}E_i}{\mathrm{d}\Theta}=0\ (E_i=\rho Ve_{i,av})\end{aligned}\tag{3.42}$$

式中：$z_c(=z_{av})$为CV质心处的高程；$\alpha(\approx1.1)$为科氏（Coriolis）系数（此后将忽略不计）。

当弯段扩展时，它的质心C沿与（水平的）y轴相近的方向移动，且移动方向越接近y轴，弯段就越对称（见图 3.7 中的平面图）。因此，将z_b视为$z_c=\text{const}$，甚至$z_c=0$，是合理的。实际上，z的基准面是任意选取的，我们也可以选择与质心C同高程（基本上是定值）的水平面作为基准面。此时，式（3.42）简化为

$$\left(\frac{\mathrm{d}E}{\mathrm{d}\Theta}=\right)\frac{\mathrm{d}E_i}{\mathrm{d}\Theta}+\frac{1}{2}\frac{d}{d\Theta}(\rho Vu_{av}^2)=0\tag{3.43}$$

众所周知（参见文献[15]，[24]，[26]），Sys或CV内能E_i的增加伴随着熵S_*的增加，这两种增量由 Gibbs 方程联系起来。对于不可压缩流体，该方程可表示为

$$T^\circ\frac{\mathrm{d}S_*}{\mathrm{d}\Theta}=\frac{\mathrm{d}E_i}{\mathrm{d}\Theta}\tag{3.44}$$

式中：T°为绝对温度（始终是正的）❶。

将式（3.44）代入式（3.43），得到

$$2T^\circ\frac{\mathrm{d}S_*}{\mathrm{d}\Theta}+\frac{\mathrm{d}}{\mathrm{d}\Theta}(\rho Vu_{av}^2)=0\tag{3.45}$$

ii）现在，我们考虑热力学第二定律。它可以（等价地）表述成不同的形式，从中选取“熵增加原理”（R. Clausius），总结如下：

在发生不可逆过程的孤立系统中，熵随时间单调地增加 （3.46）

❶ 无论过程“可逆还是不可逆”，Gibbs 方程都是成立的，此时，“重力和运动也可能存在。”（参见文献[24]）。然而，挟沙水流并不是严格意义上的“纯净物”（Gibbs 方程所要求的），且$p(\mathrm{d}V/\mathrm{d}\Theta)$也不严格等于零，这两项事实都可能对式（3.44）所示的$\mathrm{d}S_*/\mathrm{d}\Theta$与$\mathrm{d}E_i/\mathrm{d}\Theta$之间的比例关系造成轻微影响。不过，这并不影响之后 iv）中所作的推理，因为该推理仅基于这样一项事实：$\mathrm{d}S_*/\mathrm{d}\Theta$随$\mathrm{d}E_i/\mathrm{d}\Theta$的增加而增加（而不是减少）——确切的增加多少并不重要。

文献[25]对此进行了严格的论证："对于控制体积，也可得到同样的普遍性结论"（第 219~220 页）。

我们所研究的有摩擦的真实流体的流动显然是不可逆的，而目前的CV可视为孤立系统这一假定将在下面的内容中进行解释。

iii）"地球表面"可视为地壳，它的厚度与地球半径相比"很小"。地球表面及其外围的大气层可视为具有双重边界$\mathcal{B}$的热力学系统（Υ），其中，$\mathcal{B}$由两个球状表面$\mathcal{B}_1$和$\mathcal{B}_2$（内部和外部）组成[见图 3.11（a）]。没有物质穿过$\mathcal{B}_1$和$\mathcal{B}_2$，因此Υ是一个封闭系统（Closed System）；也没有净功率$\dot{\mathcal{W}}$穿过系统的边界$\mathcal{B}$。现在，考虑可能穿过$\mathcal{B}$的净热交换率$\dot{Q}$。"地球表面的热量部分来源于太阳，部分来源于地球内部。地球表面的温度每天、每个季节都在改变，且随纬度的不同而不同，但是总体来看，其平均温度，约$300^{\circ}\mathrm{K}$，几百年甚至几千年都几乎保持不变。既然地球每天从太阳获取大量的能量，那么倘若它不以辐射的方式将这些能量大致等量地释放，它的平均温度就不可能近似地保持恒定"（参见文献[13]，第 251 页）。令$\dot{Q}_{sol}$、$\dot{Q}_{int}$和$\dot{Q}_{rad}$分别为太阳、地球内部及辐射的热交换率。根据以上内容，（在"不超过几千年的"任意时段内，）有$\dot{Q}=\dot{Q}_{sol}+\dot{Q}_{int}+\dot{Q}_{rad}=0$。将$\dot{\mathcal{W}}=0$和$\dot{Q}=0$代入第一定律的表达式$\dot{\varepsilon}=\dot{Q}-\dot{\mathcal{W}}$中（式中，$\dot{\varepsilon}$为热力学系统$\Upsilon$中能量$\varepsilon$随时间的变化率），我们得到$\dot{\mathcal{E}}=0$，且因此$\mathcal{E}=\mathrm{const}$。因此，封闭系统$\Upsilon$也可视为一个孤立系统（Isolated System）。由于该系统显然也是有摩擦的，且因此是不可逆的，故它的熵$s_{*\Upsilon}$一定随时间的推移持续增大（$\dot{S}_{*\Upsilon}>0$）。

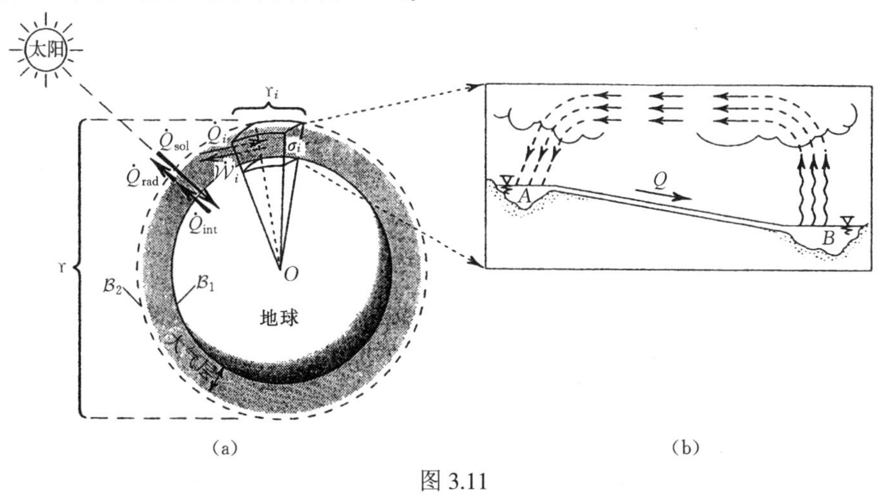

图 3.11

现在，假定Υ被划分为数目众多的n个子系统$\Upsilon_i(i=1,2,\cdots,n)$，它们中的每一个都如图 3.11（a）所示。当然，$\varepsilon\left(=\sum_{i=1}^{n}\varepsilon_i\right)$不随时间变化，并不意味每个$\varepsilon_i$也是如此（因为$\varepsilon_j$随时间的增量可以与$\varepsilon_k$随时间的减量相互抵消）。

但是，只有认为每个ε_i都不随时间变化才是合理的。尽管子系统Υ_i与“相邻”的子系统之间存在相互作用，且有净热交换率$\dot{Q}_i$和净功率$\dot{\mathcal{W}}_i$穿过它的全部侧边界，但是长期来看，这些“变化率”的（多年）平均值为零，因此，能量变化率$\dot{\varepsilon}_i$也必然为零（法国不可能以邻国德国持续变冷为代价而逐渐变暖）。如果长期来看，每个Υ_i的ε_i均为定值，那么Υ_i的熵S_{*i}一定随时间Θ的推移逐渐增大。

包括“源流”湖泊A和“汇流”湖泊B，以及其周围大气中的水文循环的一个河流系统，可视为一个上面所说的子系统Υ_i［见图3.11（b）］，所以，河流AB本身及其组成部分的熵$S_{*_{AB}}$一定是时间Θ的递增函数。如果认为所研究的河道R的条件与河流AB相同，那么我们可以写出R中CV的熵S_*

$$\frac{\mathrm{d}S_*}{\mathrm{d}\Theta}>0 \tag{3.47}$$

iv）重新考虑方程式（3.45）。不等式（3.47）使得方程式（3.45）的第一项是正的，因此，其第二项一定是负的。

$$\frac{\mathrm{d}}{\mathrm{d}\Theta}(\rho V u_{av}^2)<0 \tag{3.48}$$

由于$V=A_{av}(L/2)$，$Q=A_{av}u_{av}(=\mathrm{const})$，我们有$Vu_{av}^2=Qu_{av}(L/2)$，此时式（3.48）可表示为如下形式（视$\rho$为常量）

$$\frac{\mathrm{d}}{\mathrm{d}\Theta}(u_{av}L/2)=u_{av}\frac{\mathrm{d}(L/2)}{\mathrm{d}\Theta}+\frac{\mathrm{d}u_{av}}{\mathrm{d}\Theta}(L/2)<0 \tag{3.49}$$

式中，等号右边的第一项是非负的，因为河道长度$L/2$或随时间Θ增加（弯曲作用），或保持不变（冲刷—淤积作用）。而这意味着第二项一定是负的。

$$\frac{\mathrm{d}u_{av}}{\mathrm{d}\Theta}<0 \tag{3.50}$$

由此可见，熵的增加与水流动能$E_k=(\rho V u_{av}^2)/2$的减少有关，且因此与水流流速u_{av}的减小有关：水流会试图改变河道的形态（底坡、几何形态和有效粗糙度），以使其流速u_{av}达到最小，因此

$$A_*=u_{av} \tag{3.51}$$

v）如果“顺其自然发展”的水流（参见文献[26]）不受任何约束，那么河道的演变，以及u_{av}随时间的减小（$S_*\sim E_i$随时间的增加），将一直持续到最终的热力学平衡状态（Final Thermodynamic Equilibrium），即达到$u_{av}=0$。然而，现实中，（泥沙输移或床面形态引起的）约束始终存在，且它们使得河道早在达到最终的平衡状态之前就停止演变。演变实际上就终止于这个（早期的）状态（$t=T_R$时刻），我们通常称其为稳定状态（Regime State）［该状态可用有限的几个特征参量$(u_{av})_R$，S_R，h_R，B_R，…进行描述］，如图3.12所示。

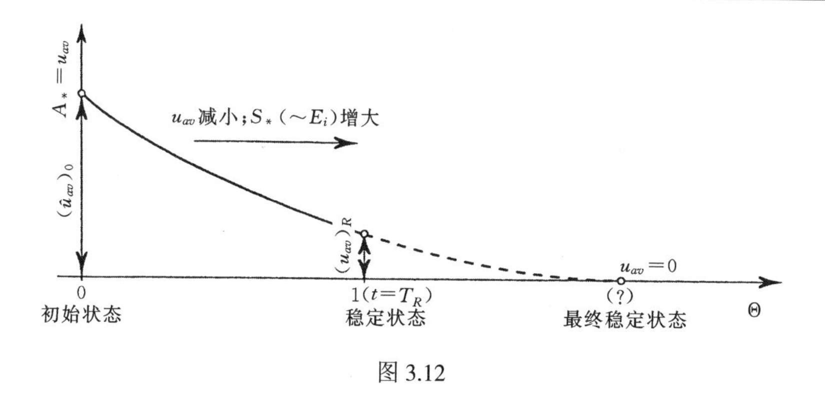

图 3.12

vi）众所周知，熵的增加与“无序性”或“随机性”的增加有关。本书所说的随机性指的是分子级的随机性。每一个运动着的单位质量物体的（宏观）内能 e_i 是组成该物体的分子随机运动的动能和分子间相互作用的势能之和。（假定分子随机运动的路径是直线，分子之间的碰撞是弹性的。）

考虑方程式（3.43），式中，$E_i = \rho V e_{i,av}$，$u_{av}^2/2 = e_{k,av}$。如果忽略 V 随时间的变化，由方程式（3.43）得到

$$e_{av} = e_{k,av} + e_{i,av} = \text{const}$$

该式表明，T_R 时段内，$s_{*,av}$（和 $e_{i,av}$）的持续增加，即（微观）分子随机运动能量的持续增加，是以（宏观）流体有序运动能量 $e_{k,av} \sim u_{av}^2$ 的减少为代价的（也就是说，T_R 时段内，流速 u_{av} 随时间的减小意味着分子无序性的增加）。

这里还需注意的是，尽管紊动过程在本质上是随机的，但其“能量输入”是针对 e_k 的，而不是针对 e_i 的。（注意到，流速 u_{av} 减小时，紊动强度也随之降低）。[以上解释基于：Landau，L.D.，Kitaigorodskiy，A.I. 1965: *Physics*，Publishing House NAUKA，Moscow; Landau，L.D.，Achiezer，A.I.，Lifshitz，E.M. 1965: *General Physics （Mechanics and Molecular Physics）*，Publishing House NAUKA，Moscow; 及文献[13]。]

3.4.4　弗劳德数；实验对照

i）从连续方程和阻力方程，即 $Q = u_{av}Bh$ 和 $Q = Bhc\sqrt{gSh}$ 中消去水深 h，同时考虑 c^2S 表示弗劳德数 $Fr = u_{av}^2/(gh) = Q^2/[(Bh)^2 gh]$，得到

$$\frac{u_{av}^3}{Fr} = \frac{gQ}{B} \tag{3.52}$$

在河道稳定演变的后期，B 等同于 $B_R = \text{const}$ [见 3.4.1 节 ii）]，则式（3.52）对时间的导数可表示为

$$3\frac{1}{u_{av}}\frac{du_{av}}{d\Theta}=\frac{1}{Fr}\frac{dFr}{d\Theta} \tag{3.53}$$

该式表明，在稳定演变的后期，u_{av}随时间的相对减小率与Fr随时间的相对减小率成一定的比例关系，且因此u_{av}与Fr同时达到其最小值（$dFr/d\Theta=0$意味着$du_{av}/d\Theta=0$）。因此，接下来，（我们熟悉的）弗劳德数将作为A_*的无量纲变量（文献[14]，[32]也是这样处理的）

$$\Pi_{A_*}=Fr \tag{3.54}$$

（当然，如果忽略物理意义，单从数学角度来考量的话，那么任何使得u_{av}单调增加且当$du_{av}/d\Theta$为零时，其对Θ的导数也为零的无量纲组合（例如，u_{av}/v_{*cr}，$u_{av}D^2/Q$，…，均可作为Π_{A_*}）。

ii）考虑 2.5.5 节中介绍的函数$Fr=\phi_{Fr}(\Xi,\eta_*,N)$。对于给定的颗粒材料和流体，$\Xi$为一常量，$Fr$可简化为曲线族$Fr=\psi_{Fr}(\eta_*,N)$。图 3.13 所示为该曲线族的几何特性：$\eta_*$为横坐标，每一条“$Fr$曲线”均对应于一个固定的$N$值——$N$（$=Q/(BDv_{*cr})=Z(u_{av}/v_{*cr})$）越大，$Fr$曲线越低。

将位于“分界曲线”Fr_*以下的Fr曲线定义为“砂质（Sand-Like）”Fr曲线。这些曲线存在“凹陷”，即在$\eta_*\gg 1$的某些点P_s（这些点可连成一条（“谷状”）曲线L_s）处取得最小值（$\partial Fr/\partial\eta_*=0$）。这些“凹陷”仅仅是由床面形态（沙纹或沙垄）引起的，因此当$Z=h/D$和N减小时，这些“凹陷”变得越来越不明显。将位于“分界曲线”Fr_*以上且不存在“凹陷”的Fr曲线定义为“砾质（Gravel-Like）”Fr曲线。砾质Fr曲线在$\eta_*=1$（点P_g）处取得最小值。

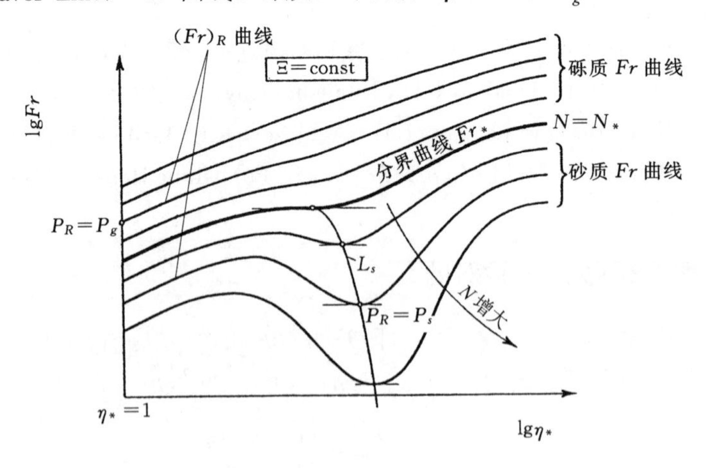

图 3.13

在（Fr；η_*）平面内，稳定河道可用“稳定点”P_R来表示。通过P_R处的Fr曲线为“它的”$(Fr)_R$曲线——该曲线可以为“砂质”曲线，也可以为“砾质”曲线。稳定点 P_R 一定与点 P_s 或点 P_g 重合。

1. 如果稳定河道演变是基于砂质河床的，那么 $P_R = P_s$ 。在这种情况下，$(\eta_*)_R \gg 1$ 且因此 $(q_s)_R \gg 0$（存在泥沙输移：“动床”稳定河道）。

2. 如果稳定河道演变是基于砾质河床的，那么 $P_R = P_g$ 。在这种情况下，$(\eta_*)_R = 1$ 且因此 $(q_s)_R = 0$（不存在泥沙输移：“临界”稳定河道）。

关于 $P_R = P_s$ 和 $P_R = P_g$ 的原因[与 3.4.3 节 iv)的内容有关]将在第 4 章中进行解释[见 4.1.3 节 i）]。

图 3.14（a）、（b）展示了相应于 $\Xi = 7.6$（细砂）和 $\Xi = 1265$（砾石）的 Fr

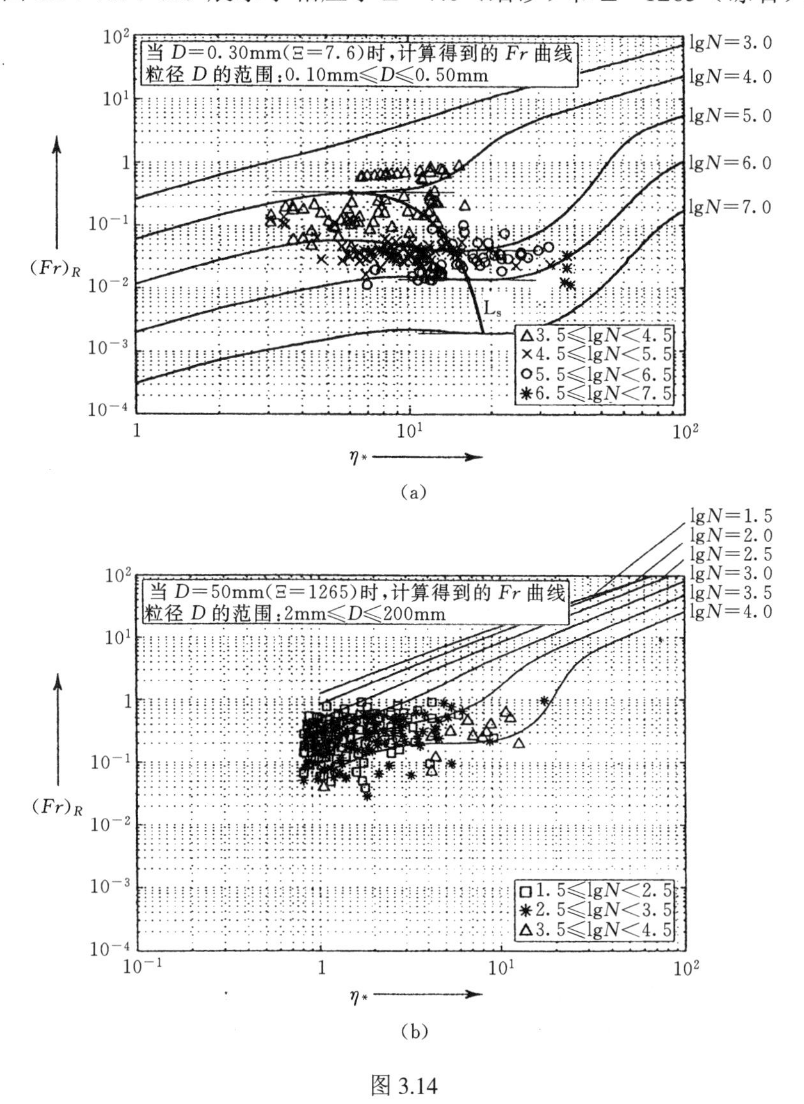

图 3.14

曲线，以及与它们所有可用的稳定河道的数据（来源于参考文献 A 中[1a]~[16a]）比较的情况。注意到，在这两种情况下，稳定河道的数据确实集中位于 Fr 最小处［图 3.14（a）中位于“谷状”曲线 L_s 周围，图 3.14（b）中位于 $\eta_* \to 1$ 周围］。

需要指出的是，图中实验点的散布，除受常规因素的影响外，还受观测者对河道是否处于稳定状态的主观判断的影响。通常，如果河道在“足够长的时间”（由观测者决定）内不发生变形，那么就简单地认定它已经达到稳定状态。因此，单一来源的稳定河道的数据不能认为是合理的，只有对多个来源和多条河流的数据进行平均，即对“大批量实验点”进行平均后得到的结果才是可靠的。这就解释了为什么我们要用所有可用的稳定河道的数据去验证相关的假设或公式。

3.5 稳定河道 R 的计算

3.5.1 计算步骤

采用 $A_* = u_{av}$ 及 $\Pi_{A_*} = Fr$［见式（3.51）和式（3.54）］，并用 B_R 方程（见式（3.26））代替 $(Q_s)_R$ 方程[见式(3.6)]，我们可得到以下三个方程[代替式(3.5)～式（3.7)]，用于求解 B_R、h_R 和 S_R。

$$(Fr)_R = Q^2/(gB_R^2h_R^3) \qquad \text{（阻力方程）} \qquad (3.55)$$

$$B_R = \alpha_B\sqrt{Q/v_{*cr}} \qquad \text{（}B_R\text{ 方程）} \qquad (3.56)$$

$$(Fr)_R = c_R^2S_R \to \min \qquad \text{（}Fr\text{ 趋于最小值）} \qquad (3.57)$$

（当然，我们可以用 h_R 方程式（3.31）代替阻力方程，因为方程式（3.31）是由阻力方程和 B_R 方程推导得出的。）

如 3.2.2 节中所述，稳定河道（R）可由六个特征参量式（3.10）确定，即：

$$Q, \rho, \nu, \gamma_s, D, g \qquad (3.58)$$

因此假定，对于每一种特定情况，这些参量的值均是给定的。已知这些参量的值，就可以按照下面的步骤计算 B_R、h_R 和 S_R：

1. 计算 $\Xi = (\gamma_s D^3/\rho\nu^2)^{1/3}$ 和 $v_{*cr} = (\gamma_s D/\rho)^{1/2}[\Psi(\Xi)]^{1/2}$［式中，$\Psi(\Xi)$ 可通过式（1.33）和式（1.34）计算]。
2. 选取一个值，如 $(B_R)_j$，作为 B_R。
3. 计算对应的 $(N_R)_j = Q/[(B_R)_j D v_{*cr}]$［见式（2.79）］。
4. 已知 Ξ 和 $(N_R)_j$，确定曲线 $c_j = \phi_c[\Xi, \eta_*, (N_R)_j]$，该曲线表示 c_j 随 η_* 的变化（见 2.5.4 节）。
5. 已知曲线 c_j，确定曲线 $(Fr)_j = [\alpha/(N_R)_j](c_j^2\eta_*)^{3/2}$［见式（2.86)]，该曲

线表示$(Fr)_j$随η_*的变化。

6. 如果$(Fr)_j$曲线是“砂质”曲线，即如果曲线存在“凹陷”，那么确定该曲线的最小值$((Fr)_j)_{\min}=((Fr)_R)_j$及相应的$((\eta_*)_R)_j$。如果$(Fr)_j$曲线是“砾质”曲线（不存在“凹陷”），那么确定$(\eta_*)_R=1$时的$((Fr)_R)_j$值。

7. 已知$((Fr)_R)_j$，利用式（3.55）计算$(h_R)_j$。

8. 已知$(h_R)_j$和$((\eta_*)_R)_j$，利用$((\eta_*)_R)_j=g(S_R)_j(h_R)_j/v_{*cr}^2$计算$(S_R)_j$。

9. 利用式（3.56）计算$(B_R)_{j+1}$，式中，α_B可由式（3.27）~式（3.29）确定。式（3.27）~式（3.29）中出现的c_f和c值分别由式（2.47）和式（2.55）确定。

如果$(B_R)_{j+1}=(B_R)_j$，那么问题就得到解决：$B_R=(B_R)_j$［且因此$h_R=(h_R)_j$，$S_R=(S_R)_j$］。否则重复以上步骤直到$(B_R)_{j+1}=(B_R)_j$。

表 3.1（其中，$\gamma_s/\gamma=1.65$，$\nu=10^{-6}\text{m}^2/\text{s}$）列出了几个案例的计算结果。

表 3.1

	B_R（m）	h_R（m）	S_R（$\times10^{-3}$）	N_R	$(Fr)_R$	$(\eta_*)_R$	c_R
案例 1：Q=1669.7m^3/s，D=0.18mm（Bhagirathi 河，文献[6a]）							
计算值：	234.8	6.37	0.086	$10^{6.5}$	0.020	28.6	15.2
文献记录值：	218.1	5.95	0.058	$10^{6.5}$	0.028	18.6	22.1
案例 2：Q=15.6m^3/s，D=0.33mm（文献[5a]）							
计算值：	18.29	1.25	0.325	$10^{5.3}$	0.038	19.0	10.8
文献记录值：	18.10	1.24	0.200	$10^{5.3}$	0.039	12.0	14.1
案例 3：Q=141.4m^3/s，D=0.5mm（Beaver 河，文献[6a]）							
计算值：	66.16	2.57	0.195	$10^{5.4}$	0.0276	20.0	11.9
文献记录值：	54.90	2.74	0.240	$10^{5.5}$	0.0329	25.5	11.7
案例 4：Q=13252.0m^3/s，D=0.656mm（Mississippi 河，文献[4a]）							
计算值：	724.7	15.6	0.049	$10^{6.2}$	0.0089	22.6	13.5
文献记录值：	532.2	15.2	0.077	$10^{6.3}$	0.0180	31.8	15.3
案例 5：Q=848.9m^3/s，D=0.8mm（Savannah 河，文献[6a]）							
计算值：	155.6	4.55	0.198	$10^{5.5}$	0.0322	20.2	12.8
文献记录值：	106.7	5.18	0.110	$10^{5.6}$	0.0500	11.6	20.5
案例 6：Q=4386.0m^3/s，D=31mm（北 Saskatchewan 河，文献[11a]）							
计算值：	242.6	6.79	0.340	$10^{3.6}$	0.1070	1.0	17.7
文献记录值：	244.0	7.62	0.350	$10^{3.6}$	0.0740	1.12	14.6

3.5.2 案例：砾质稳定河道的形成

B_R、h_R 和 S_R 的计算之所以复杂，完全是因为砂质河床上的 $(\eta_*)_R$ 和 c_R 均由超越方程确定（我们不得不采用“试错法”）。对于砾质河床，不存在这方面的问题。得到

$$(\eta_*)_R = 1, \text{即} S_R = \frac{v_{*cr}^2}{gh_R} = \frac{\gamma_s}{\gamma}\frac{D}{h_R}Y_{cr} \quad (3.59)$$

式中，由（非常平整的）床面形态引起的阻力通常可忽略不计。

$$c_R \approx (c_f)_R \approx 7.66\left(\frac{h_R}{k_s}\right)^{1/6} \approx 6.82\left(\frac{h_R}{D}\right)^{1/6} \quad (3.60)$$

（式中，第二步和第三步推导分别应用了式（1.12）和式（1.4））。此外，在砾质河床中，黏性的影响可忽略不计，且 $(c_f)_R < \approx 20$ 始终成立。因此，式（3.28）和式（3.29）变为

$$\phi_1(\Xi) = 1.42; \phi_2[c_R, (c_f)_R] = c_R / (c_f)_R \quad (3.61)$$

式中，$(c_f)_R \approx c_R$ [由式（3.60）可得]。

将这些关系代入式（3.27）中，我们可求得 $\alpha_B \approx 1.42$ （=const），因此

$$B_R \approx 1.42\sqrt{\frac{Q}{v_{*cr}}} \quad (3.62)$$

将通过式（3.62）、式（3.60）和式（3.59）计算得到的 B_R、h_R 和 S_R 代入阻力方程式（3.30），即

$$Q = B_R h_R c_R \sqrt{g S_R h_R} \quad (3.63)$$

（并将≈替换为=），得到量纲和谐的 h_R 的表达式

$$h_R = \frac{D^{1/7}}{7.0}\left(\frac{Q}{v_{*cr}}\right)^{3/7}$$

其中，

$$7.0 = (1.42 \times 6.82)^{6/7} \quad (3.64)$$

借助方程式（3.59），得到

$$S_R = \frac{v_{*cr}^2}{g}\frac{7.0}{D^{1/7}}\left(\frac{v_{*cr}}{Q}\right)^{3/7} \quad (3.65)$$

注意到，h_R 和 S_R 的表达式中，Q 的指数分别为 $3/7 \approx 0.43$ 和–0.43；也就是说，砾质稳定河道的计算结果与经验完全相符［见式（3.3）和式（3.4）]。

由此可见，如果水流处于紊流粗糙区［$Y_{cr} = 0.045$；$v_{*cr} = [(\gamma_s/\gamma)gDY_{cr}]^{1/2} = (1.65 \times 9.81 \times 0.045 \times D)^{1/2} = 0.853D^{1/2}$ ］，且床面形态的陡度可忽略不计［$c_R = (c_f)_R$］，那么可由式（3.62）、式（3.64）和式（3.65）直接计算（不需要试算）B_R、h_R 和 S_R。不幸的是，这种假定通常是不成立的，只能采用 3.5.1

中的步骤进行计算。

3.5.3　案例：恒定河宽 *B*

考虑最简单的稳定河道演变的情况，即河宽 B 保持不变（如长水槽内的动床实验河道，具有护岸的冲积河道，等等）。在这种情况下，只有 S 和 h 不断发生变化，并最终达到其稳定值。此时，对于稳定河道 R[由式（3.55）～式（3.57）确定]，给出 B 的稳定值的式（3.56）将失去意义，只剩下式（3.55）和式（3.57）用于计算 S_R 和 h_R 。

对于稳定河道 R_1，我们该如何考虑这个问题呢？在这种情况下，由于 Q 和 Q_s 均为特征参量（其值给定），故水流必须调整其 S 和 h，以满足给定的 Q 和 Q_s 。这也意味着 S_{R_1} 和 h_{R_1} 必须由阻力方程和泥沙输移方程[式（3.5）和式（3.6）]计算。如果 B 保持不变，那么对于稳定河道 R_1， A_* 趋于最小值的原理将不再适用。

由此可见，如果 B 恒定，那么 R 简化为下述问题的“解答”：“当 S 和 h 取何值时，水流能够以最小的流速 $u_{av}(=A_*)$ 输送给定的 Q ？”而 R_1 简化为下述问题的“解答”：“当 S 和 h 取何值时，水流能够输送给定的 Q 和 Q_s ？”

3.6　特征流量

本章的目的是为了说明对于给定的恒定流量 Q，如何计算稳定河道的特征参量，而不是为了说明如何从天然河流随时间变化的流量 Q_t 中确定该（特征流量）Q。然而，这个问题具有重要的实际意义，以下内容是对部分学者观点的概括。

由于 $Q_t = f(t)$ 可由多年（T）的观测记录表征，故可将它视为某定义域为 $0<t<T$ 的准周期随机函数。

尽管一些学者，按照时下的流行趋势，推荐使用平滩流量 Q_{bf}（即出现频率为 0.6%的流量❶，参见文献[20]，[29]）作为 Q，但是他们并不认为该方法是对“特征流量 Q 是什么？”这一问题的确切回答。实际上：

1. 如果视平滩流量 Q_{bf} 为（任意初始河道的）恒定流量，那么对于流量 Q_t 随时间变化的冲积河道，没有任何证据表明，其（几乎瞬时出现的）Q_{bf} 塑造的河道与真实河道是相同的。

2. 从数学角度来看，由于函数 $Q_t = f(t)$ 的随机性，Q_{bf} 的出现频率 $\Delta t/T$ 不

❶ 具体确定方法是：在 $Q_t = f(t)$ 曲线上，任取一时段 $\Delta t = 0.006T$ ，记该时段内曲线的最小纵坐标为 Q'_{bf} ，如果在该时段内满足任意 $Q_t \geqslant Q'_{bf}$ ，在该时段外满足任意 $Q_t < Q'_{bf}$ ，那么 Q_{bf} 即等于 Q'_{bf} 。

可能保持不变[这或许部分地解释了为什么 $\Delta t/T = 0.006$ 的图中（参见文献[20]，[29]）的数据点如此分散]。

3. 从河流动力学的角度来看，特征流量 Q 一定与形成河流边界的泥沙特性有关。实际上，边界变形的速度 W（最终导致稳定河道的形成）是由单宽输沙率 q_s 决定的（见 1.7 节），而不是由单宽流量 $q \approx Q/B$ 决定的。因此，仅基于 Q_t 确定特征流量 Q 的方法并不具有普遍意义[例如，当 $\tau_0 < (\tau_0)_{cr}$ 时，q 和 Q_s 均为零，此时，即使流量 Q 存在，河道也不可能发生演变]。

习题

求解下列问题时，令 $\gamma_s = 16186.5\text{N/m}^3$，$\rho = 1000\text{kg/m}^3$，$\nu = 10^{-6}\text{m}^2/\text{s}$（相应于挟沙水流）。

3.1 考虑北 Saskatchewan 河：$Q = 4386\text{m}^3/\text{s}$（平滩流量），$D = 31\text{mm}$（砾石）。

a）确定稳定河道的特征参量 B_R、h_R 和 S_R。利用 3.5.2 节中的方程。

b）将 a）中求得的 B_R、h_R 和 S_R 值与表 3.1 中的值进行比较。试解释它们之间产生差异的原因。[提示：利用 3.5.2 中的方法确定 B_R、h_R 和 S_R，但用 $c = (1/\kappa)\ln(11h/k_s)$ 替代近似式（3.60）。]

3.2 某砾质河道处于稳定状态。已知平滩流量为 $Q = 3000\text{m}^3/\text{s}$，稳定河道的宽度为 $B_R = 211.7\text{m}$。试确定颗粒粒径 D、稳定河道的水深 h_R 和坡降 S_R。

3.3 考虑一顺直且具有刚性（有机玻璃）边壁的实验室水槽：宽度为 $B = 2\text{m}$，河床由一层粒径为 $D = 1.5\text{mm}$ 的砂粒构成。如果 $Q = 1\text{m}^3/\text{s}$ 且 $Q_s = 5.0\times10^{-5}\text{m}^3/\text{s}$，试确定稳定河道 R_1 的水深 h_{R_1} 和坡降 S_{R_1}。

3.4 某条河流的平滩流量为 $Q = 1500\text{m}^3/\text{s}$，均值粒径为 $D = 0.7\text{mm}$，试确定 B_R、h_R 和 S_R。

3.5 考虑 Peace 河（$D = 0.31\text{mm}$）。测得平滩时的特征参量为 $Q = 9905\text{m}^3/\text{s}$，$B = 619.2\text{m}$，$h = 9.33\text{m}$，$S = 0.000084$（参见文献[11a]）。试判断该河是否处于稳定状态。

3.6 考虑某顺直河道，其河床由无黏性冲积物（$D = 1\text{mm}$）构成。假定河道处于稳定状态，且（不平整床面上的）总体积输沙率为 $(Q_s)_R = 3.0\times10^{-3}\text{m}^3/\text{s}$。试确定该稳定河道的特征参量 B_R、h_R、S_R 和平滩流量 Q_{bf}（假定水流处于紊流粗糙区，且只考虑推移质泥沙的输移；取 $\lambda_c = c/c_f = 0.7$）。

3.7 若已知弗劳德数的稳定值，则水深 h_R 可由式（3.31）表示。试证明，若已知 u_{av} 和 η_* 的稳定值，则 h_R 可分别表示为

$$h_R = \frac{1}{\alpha_B}\frac{Q^{1/2}v_{*cr}^{1/2}}{(u_{av})_R} \text{和} h_R = \frac{1}{\alpha_B}\frac{1}{c_R(\eta_*)_R^{1/2}}\frac{Q^{1/2}}{v_{*cr}^{1/2}}$$

3.8　考虑坐标平面（Fr；η_*）内给定的Ξ值对应的曲线 $N=\text{const}$，令 P 为曲线上 c（当 η_* 变化时，c 也沿该曲线发生变化）取得最小值处的点。试确定点 P 处切线的斜率（即 $\partial Fr/\partial\eta_*$）。

3.9　编写计算程序：在坐标平面（Fr；η_*）内，对于给定的 $\Xi=10.12$（即 $D=0.4\text{mm}$），绘出 $\lg N=2$，3，4，5 和 6 时的 Fr 曲线；取 $1\leqslant\eta_*\leqslant 100$。

参考文献

[1] Ackers, P. 1964: *Experiment on small streams in alluvium.* J. Hydr. Div., ASCE, Vol. 90, No. HY4.

[2] ASCE Task Committee 1982: *Relationships between morphology of small streams and sediment yields.* J. Hydr. Div.，ASCE, Nov.

[3] Bettess, R., White, W.R. 1987: *Extremal hypothesis applied to river regime.* in “Sediment Transport in Gravel-Bed Rivers”, C.R Thorne, J.C. Bathurst and R.D. Hey eds., John Wiley and Sons.

[4] Bettess, R., White, W.R. 1983: *Meandering and braiding of alluvial channels.* Proc. Instn. Civ. Engrs., Part 2, 75, Sept.

[5] Chang, H.H. 1988: *Fluvial processes in river engineering.* John Wiley and Sons.

[6] Chang, H.H. 1980: *Stable alluvial canal design.* J. Hydr. Div., ASCE, Vol. 106, No. HY5, May.

[7] Chang, H.H. 1979: *Minimum stream power and river channel patterns.* J. Hydrol., Vol. 41.

[8] Chang, H.H., Hill, J.C. 1977: *Minimum stream power for rivers and deltas.* J. Hydr. Div., ASCE, Vol. 103, No. HY12, Dec.

[9] Chitale, S.V. 1973: *Theories and relationships of river channel patterns.* J. Hydrol., Vol. 19.

[10] Davies, T.H.R., Sutherland, A.J. 1983: *Extremal hypothesis for river behaviour.* Water Resour. Res., Vol. 19, No. 1.

[11] Davies, T.H.R., Sutherland, A.J. 1980: *Resistance to flow past deformeable boundaries.* Earth Surf. Proc., Vol. 5.

[12] Grade, R.J., Raju, K.G.R. 1977: *Mechanics of sediment transportation and alluvial stream problems.* Wiley Eastern, New Delhi.

[13] Goldstein, M., Goldstein, I.F. 1993: *Understanding the laws of energy.* Harvard University Press, Cambridge.

[14] Jia, Y. 1990: *Minimum Froude number and the equilibrium of alluvial sand rivers.* Earth Surf.

Processes and Landforms, Vol. 15.

[15] Kirillin, V.A., Sychev, V.V., Scheindlin, A.E. 1976: *Engineering Thermodynamics.* Translated from Russian by S. Semyonov, Mir Publishers.

[16] Leopold, L.B., Wolman, M.G. 1957: *River channel patterns: braided, meandering and straight.* U.S. Geol. Survey Professional Paper 282–B.

[17] Lewin, J. 1973: *British meandering rivers: the human impact.* in River Meandering, Proc. Conf. Rivers' 83, ASCE.

[18] Moran, M.J., Shapiro, H.N. 1992: *Fundamentals of engineering thermodynamics.* （2nd edition） John Wiley and Sons.

[19] Munson, B.R., Young, D.F, Okiishi, T.H. 1994: *Fundamentals of fluid mechanics.* （2nd edition） John Wiley and Sons.

[20] Nixon, M. 1959: *A study of the bank-full discharges of rivers in England and Wales.* Proc. Instn. Civ. Engrs., London, Vol. 12, Feb.

[21] Pefley, R.K., Murray, R.I. 1966: *Thermofluid mechanics.* McGraw-Hill Book Company.

[22] Song, C.C.S., Yang, C.T. 1982: *Minimum stream power: theory.* J. Hydr. Div., ASCE, Vol. 106, No. HY9, July.

[23] Soo, S.L. 1967: *Fluid dynamics of multiphase systems.* Blaisdall Publishing Co., Waltham, Massachussetts, Toronto, London.

[24] Spalding, D.B., Cole, E.H. 1973: *Engineering thermodynamics.* Edward Arnold （Publishers） Ltd. （3rd edition）.

[25] Van Wylen, G.J., Sonntag, R.E. 1965: *Fundamentals of classical thermodynamics.* John Wiley and Sons.

[26] Wark, K. 1971: *Thermodynamics.* （2nd edition） McGraw-Hill Book Company.

[27] White, W.R., Bettess, R., Paris, E. 1982: *Analytical approach to river regime.* J. Hydr. Div., ASCE, Vol. 108, No. HY10, Oct.

[28] White, W.R., Paris, E., Bettess, R. 1981: *River regime based on sediment transport concepts.* Rep. IT 201, Hydraulic Res. Stn., Wallingford.

[29] Wolman, M.G. Leopold, L.B. 1957: *River flood plains: some observation on their formation.* U.S. Geol. Survey Prof. Paper No. 282-C.

[30] Yalin, M.S., Silva, A.M.F. 1997: *On the computation of equilibrium channels in cohesionless alluvium.* J. Hydroscience and Hydraulic Engineering, JSCE, Vol. 15, No. 2, Dec.

[31] Yalin, M.S., Silva, A.M.F. 1997: *On the determination of regime channels in cohesionless alluvium.* Proc. Conf. on Management of Landscapes Disturbed by Channel Incision, S.S.Y. Wang, E.J. Langendoen, F.D. Shields Jr. eds., CCHE, Univ. of Mississippi.

[32] Yalin, M.S. 1992: *River mechanics.* Pergamon Press, Oxford, England.

[33] Yalin, M.S. 1972: *Mechanics of sediment transport*. Pergamon Press, Oxford, England.

[34] Yang, C.T. 1994: *Variational theories in hydrodynamics and hydraulics*. J. Hydr. Engrg., ASCE, Vol. 120, No. 6, June.

[35] Yang, C.T. 1992: *Force, energy, entropy and energy dissipation rate*. in "Entropy and energy dissipation in water resources", V. P. Singh and M. Fiorentino eds., Kluwer Academic Publishers, London, United Kingdom.

[36] Yang, C.T. 1987: *Energy dissipation rate in river mechanics*. in "Sediment Transport in Gravel Bed River", C.R. Thorne, J.C. Bathurst and R.D. Hey eds., John Wiley and Sons.

[37] Yang, C.T. 1984: *Unit stream power equation for gravel*. J. Hydr. Engrg., ASCE, Vol. 110, No. 12, Dec.

[38] Yang, C.T., Molinas, A. 1982: *Sediment transport and unit stream power function*. J. Hydr. Div., ASCE, Vol. 108, No. HY6, June.

[39] Yang, C.T., Song, C.C.S., Woldenberg, M.J. 1981: *Hydraulic geometry and minimum rate of energy dissipation*. Water Resour. Res., 17.

[40] Yang, C.T., Song, C.C.S., 1979: *Theory of minimum rate of energy dissipation*. J. Hydr. Div., ASCE, Vol. 105, No. HY7, July.

[41] Yang, C.T. 1976: *Minimum unit stream power and fluvial hydraulics*. J. Hydr. Engrg., ASCE, Vol. 102, No. HY7, July.

参考文献 A：稳定河道数据的来源

[1a] Ackers, P. et al. 1970: *The geometry of small meandering streams*. Proc. Instn. Civ. Engrs. Paper 7328S, London.

[2a] Ackers, P. 1964: *Experiments on small streams in alluvium*. J. Hydr. Div., ASCE, Vol. 90, No. Hy4.

[3a] Bray, D. 1979: *Estimating average velocity in gravel-bed rivers*. J. Hydr. Div., ASCE, Vol. 105, No. HY9.

[4a] Brownlie, W.R. 1981: *Compilation of alluvial channel data: laboratory and field representation*. Report No. KH-R-43B, W.M. Keck Lab. For Hydr. and Water Res., Calif. Inst. of Tech., Pasadena, California.

[5a] Center Board of Irrigation and Power 1976: *Library of canal data （Punjab and Sind; Upper Ganga, U.S. canals）*. Technical Report No. 15, June.

[6a] Chitale, S.V. 1970: *River channel patterns*. J. Hydr. Div., ASCE, Vol. 96, No. HY1.

[7a] Church, M., Rood, R, 1983: *Catalogue of alluvial river channel regime data*. Dept. of Geography, Univ. of British Columbia, Vancouver, Canada.

[8 a] Colosimo, C., Coppertino, V.A., Veltri, M. 1988: *Friction factor evaluation in gravel-bed rivers*. J. Hydr. Engrg., ASCE, Vol. 114, No. 8, 1988.

[9 a] Hey, R.R., Thorne, C.R. 1986: *Stable channels with mobile beds*. J. Hydr. Engrg., ASCE, Vol. 112, No. 8.

[10a] Higginson, N.N.J., Johnston, H.T. 1988: *Estimation of friction factor in natural streams*. in "River Regime" , W.R. White ed., J. Wiley and Sons.

[11a] Kellerhals, R., Neill, C.R., Bray, D.I. 1972: *Hydraulic and geomorphic characteristics of rivers in Alberta*. Alberta Cooperative Research Program in Highway and River Engineering.

[12a] Khan, H.R. 1971: *Laboratory study of alluvial river morphology*. Ph.D. Dissertation, Colorado State University, Fort Collins, Colorado.

[13a] Lan, Y.Q. 1990: *Dynamic modeling of meandering alluvial channels*. Ph.D. Dissertation, Colorado State University, Fort Collins, Colorado.

[14a] Odgaard, A.J. 1987: *Stream bank erosion along two rivers in Iowa*. Water Resour. Res., Vol. 25, No. 7.

[15a] Schumm, S.A. 1968: *River adjustments to altered hydrologic regime - Murrumbidgee River and Paleochannels, Australia*. U.S. Geol. Survey Prof. Paper 598.

[16a] Simons, D.B., Albertson, L. 1960: *Uniform water conveyance channels in alluvial material*. J. Hydr. Div., ASCE, Vol. 86, No. HY5.

第 4 章　稳定河道的形成；弯曲河道与分汊河道

第 3 章中，我们探讨了稳定河道形成的原因，及其相关特征参数的计算。本章中，我们将研究稳定河道形成的过程。实际上，稳定河道的演变过程并非完全相同：有些情况下，河道为弯曲河道；有些情况下，河道为分汊河道；还有些情况下，河道的平面几何形态保持不变[1]。

4.1　弯曲河道及其稳定演变过程

4.1.1　河宽 B 与波长 Λ_M 的关系

假定两拐点 O_i 和 O_{i+2} 之间的距离，即波长 Λ_M，在稳定河道的整个演变过程中保持不变[见 3.4.1 节 iii)]，则 Λ_M 等同于调整期（$\hat{T}_0$）最后[见 3.4.1 节 ii)]（仍旧顺直的）河道中出现的水平向猝发的长度。因此，$\Lambda_M = 6\hat{B}_0$。然而，由于 $T_R - \hat{T}_0$ 时段内，河宽 B 仅在狭小区间 $\hat{B}_0 < B < B_R$ [见 3.4.1 节 ii)]内发生变化，故若用该区间内的任意 B 取代 $\hat{B}_0$，将不会产生很大偏差。这样，得到如下关系式

$$\Lambda_M \approx 6B(= L_H) \tag{4.1}$$

如图 4.1 所示，该关系式与文献[8]和[13]中列出的野外和室内实验观测数据相吻合。[由于天然弯曲河道中的“随机成分”十分强烈；因此，在某些情况下，式（4.1）中 B 的系数与 ≈ 6 有相当大的偏差，此时，≈ 6 仅可视为平均值。]

4.1.2　数据所包含的信息

图 4.2 在图 2.20 的基础上进行扩展。图 4.2 中，除交错浅滩数据（A）和复式浅滩数据（C）外，还点绘出了所有可获得的稳定河道的数据（R 和 r）、

---

[1] 平面几何形态保持不变的河道，通常被称为“顺直”河道（参考 Leopold 和 Wolman 的定义，参见文献[14]）。

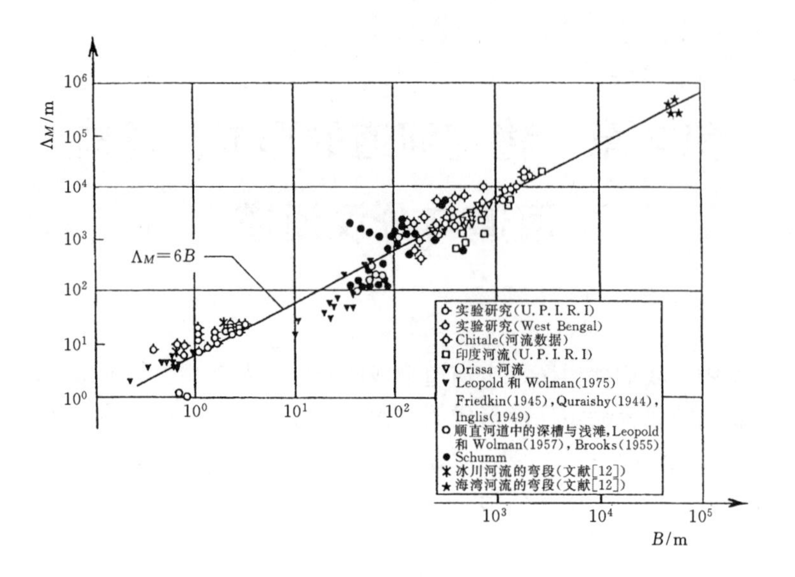
Λ_M/m
$\Lambda_M=6B$
实验研究(U. P. I. R. I)
实验研究(West Bengal)
Chitale(河流数据)
印度河流(U. P. I. R. I)
Orissa 河流
Leopold 和 Wolman(1975)
Friedkin(1945), Quraishy(1944), Inglis(1949)
顺直河道中的深槽与浅滩, Leopold 和 Wolman(1957), Brooks(1955)
Schumm
冰川河流的弯段(文献[12])
海湾河流的弯段(文献[12])
B/m

图 4.1

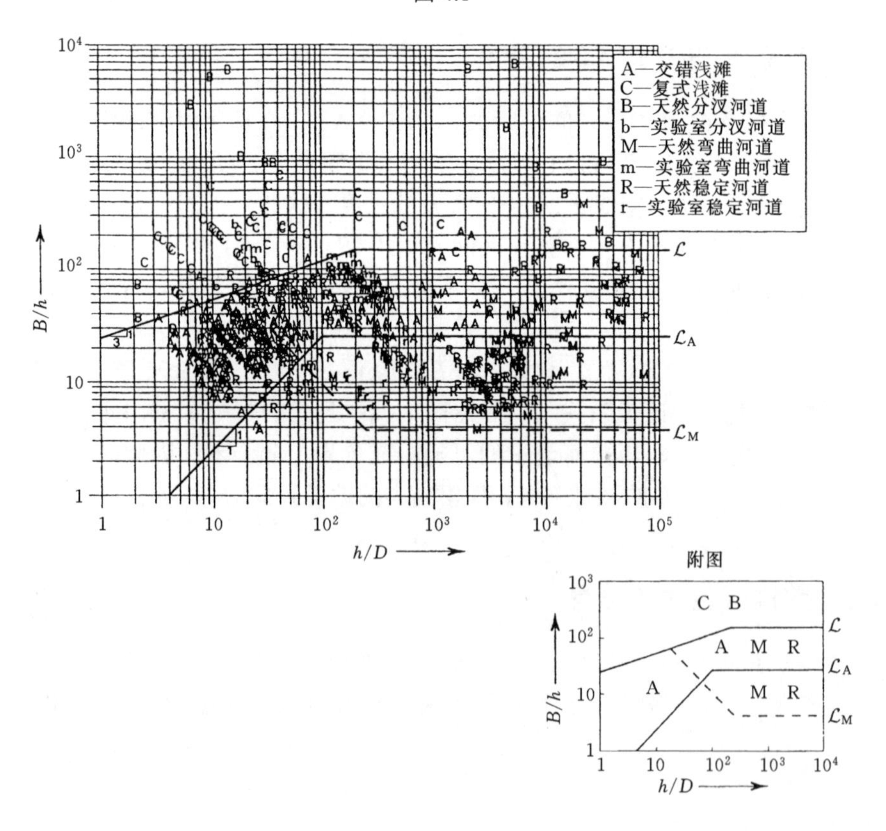
A—交错浅滩
C—复式浅滩
B—天然分汊河道
b—实验室分汊河道
M—天然弯曲河道
m—实验室弯曲河道
R—天然稳定河道
r—实验室稳定河道
B/h
h/D
附图

图 4.2

弯曲河道的数据（M 和 m）以及分汊河道的数据（B 和 b）[1]。在下文中，点（M 和 m）、（R 和 r）和（B 和 b）将分别简称为 M、R 和 B。图 4.2 的附图是为了帮助区分上述各点的分布区域。通过观察可以发现，折线 $\mathcal{L}$ 不只是交错浅滩 A 的上边界：它可视为 A、M 和 R 共同的上边界。

i）点 A 和 M 具有相同的上边界（$\mathcal{L}$）这一事实说明，和交错浅滩一样，弯曲河道仅出现在只有一排（n=1）水平向猝发的河流中［见图 2.1（b）］。这些河流的时均流线在平面上存在“内部弯曲”（见图 4.3）；其纵向周期与猝发长度 $L_H \approx 6\hat{B}_0$ 相同。这将使水流获得沿 x 方向的周期性的非均匀状态，这种非均匀状态又将使（可变形的）河岸发生相同周期的变形。因此，就有弯曲河道的波长 $\Lambda_M = L_H \approx 6\hat{B}_0$。

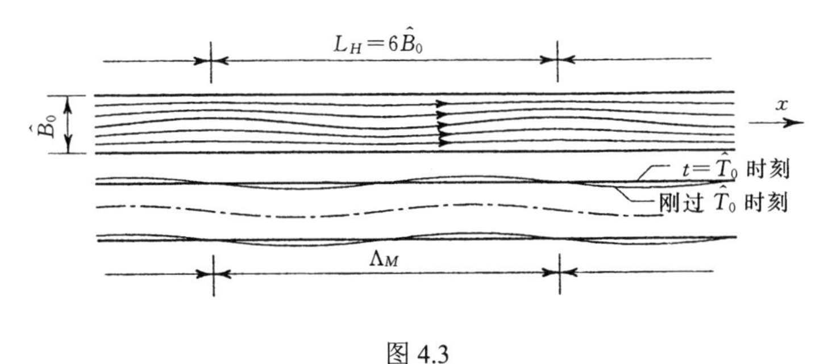

图 4.3

尽管点 A 和 M 具有共同的上边界（$\mathcal{L}$），但它们的下边界却不相同：图中的数据点表明，它们的下边界可分别用 $\mathcal{L}_A$ 和 $\mathcal{L}_M$ 表示（见图 4.2）。图中偏靠右侧的 $\mathcal{L}_A$ 和 $\mathcal{L}_M$ 之间的区域包含的几乎全是点 M——点 A 很少出现。这一（经验性的）事实表明，正如一些学者所设想的那样，（早期出现的）交错浅滩并不是弯曲河道形成的原因（参见文献[11]，[12]，[15]，[20]，[2]）。

实际上，可通过以下两种情况进行考察。

1. 如果 B/h 很小，那么水平向猝发形成的涡旋 e_H 将不与河床发生摩擦［见图 2.18（b）］，因此不会产生相应的床面形态，即交错浅滩［见 2.3.2 节 ii）］。但是，通过对河岸的直接影响以及它们所引起的“内部弯曲”的对流作用（见

---

[1] 图 4.2 中标号 M，m，B，b 所代表的数据点的来源在“参考文献 A”中列出：

标号 M：[2a]，[3a]，[5a]，[7a]，[9a]，[10a]，[11a]，[12a]，[15a]；

标号 m：[1a]，[4a]，[14a]；

标号 B：[2a]，[5a]，[6a]，[13a]，[16a]，[17a]；

标号 b：[4a]，[8a]，[14a]；

标号 R 和 r 所代表的数据点的来源参见第 3 章的参考文献 A。

标号 A 和 C 所代表的数据点的来源参见 41 页的脚注 5。

图 4.3），这一系列涡旋仍旧能产生弯曲河道。因此，长度 $L_H \approx 6\hat{B}_0$ 的水平向猝发将使河岸发生变形而形成波长为 $\Lambda_M = 6\hat{B}_0$ 的弯段，但并不形成交错浅滩。这一情况发生在 $\mathcal{L}_A$ 和 $\mathcal{L}_M$ 之间的区域。

2. 如果 B/h 大于 $\mathcal{L}_A$ 的纵坐标，那么水平向猝发形成的涡旋 e_H 将与河床发生摩擦［见图 2.18（c）］。此时，河道将首先产生交错浅滩，随后，交错浅滩像“导叶”般作用，促使（加速）河岸产生（1）中所描述的变形。在这种情况下，点 A 和点 M 可出现在同一区域，即 $\mathcal{L}$ 和 $\mathcal{L}_A$ 之间的区域。

ii）由于点 R 也位于折线 $\mathcal{L}$ 以下，故常见的稳定河道一般也只有一排水平向猝发结构。此外，大部分点 R 分布在与点 M 相同的（B/h；h/D）平面区域内。这与作者的下述观点相符：天然（非人工开凿）弯曲河道的形成，不过是冲积河道为达到稳定状态而将流速 $u_{av}(=A_*)$ 降到最低的途径之一。作者认为，弯曲河道（如本节 i）中所述）的幅度之所以不断增大，亦即弯段之所以不断扩展（且因此 $L^{-1} \sim S \sim u_{av}^2$ 逐渐减小），正是由于河道有向稳定状态演变的趋势。然而，不得不提的是，弯曲作用只是冲积河道达到稳定状态的所有途径中的一种（它也可以通过淤积、冲刷、分汊或几种方式综合作用而达到）。但是，至少就冲积河流而言，弯段的扩展似乎仅由流速减到最小的趋势引起。综上所述，我们可以断言，无限制冲积层上的弯曲河道或处于稳定状态（$S=S_R$；$\Theta \geqslant 1$），或处于稳定演变的过程中（$S_0 > S > S_R$；$0 < \Theta < 1$）：$S = S_0 < S_R$ 的河道不可能出现弯段的增长。（位于折线 $\mathcal{L}_M$ 倾斜部分左侧的点 R 相应于“较大”的 D/h，且因此它们更像是冲刷—淤积作用形成的稳定河道。）

类似于上述观点的内容，可在文献[4]（Bettess 和 White，1983），文献[5]和[6]（Chang，1988）中找到。

4.1.3 （Fr；η_*）和（B/h；h/D）坐标平面内弯曲河道的演变过程

本小节中，我们将考虑具有单排水平向猝发，即位于图 4.2 中边界 $\mathcal{L}$ 下方的稳定河道的演变过程。在这类河道的稳定演变过程中，S 和 u_{av} 减小，而 B 增大（见 3.4 节）。由于 S 随时间的相对变化率，即（$\partial S/\partial\Theta$）$/S$，远大于（$\partial h/\partial\Theta$）$/h$ 和（$\partial c^2/\partial\Theta$）$/c^2$（见习题 4.9），故（$T_R$ 时段内）S 和 u_{av} 随时间的减小量可用无量纲变量 $\eta_*(\sim hS)$ 和 $Fr(=u_{av}^2/(gh)=c^2S)$ 随时间的减小量来衡量。同样，B 随时间的增加量可用（无量纲的）$N=Q/(BDv_{*cr})$ 随时间的减小量来衡量。S 的减小不一定（如本小节标题所写）是由弯曲作用引起的：接下来的文字内容和图表同样适用于冲刷—淤积作用引起的 S 的减小。

i）首先考虑（Fr；η_*）平面［见图 4.4（a）］。已知 $(\eta_*)_R$ 和 $(Fr)_R$（通过稳定河道的计算），我们可在（Fr；η_*）平面中标出“稳定点” P_R（相应的 $(Fr)_R$ 曲线的“最低”点［P_g 或 P_s，见 3.4.4 节 ii）］。类似地，已知初始河道（B_0, h_0, S_0）

和计算出的[1]调整后的初始河道（$\hat{B}_0,\hat{h}_0,\hat{S}_0$），我们可以确定$(\eta_*)_0$、$(Fr)_0$和$(\hat{\eta}_*)_0$、$(\hat{Fr})_0$，并分别标出“初始点”$P_0$和$\hat{P}_0$。[$T_R$时段内，$\eta_*$，$Fr$和$u_{av}$持续减小这一事实，已经暗示了稳定河道的演变不能由任意选取的点P_0开始。稍加思考，我们可能就会意识到，点P_0必须从各自$(Fr)_R$曲线的右侧区域中选取，该区域的下边界是一条经过稳定点（P_g或P_s）的水平线。]

稳定河道随时间的演变过程可通过（$Fr;\eta_*$）平面内某点m的“移动”来描绘（参见文献[22]）。在t=0 和$t=\hat{T}_0$时刻，点m位于点P_0和$\hat{P}_0$处；在$t=T_R$时刻，点m位于点P_R处。那么，点m将按照什么样的路径l移动呢？由于时段 $0<t<\hat{T}_0$内的$\partial B/\partial\Theta$（平均值）远大于时段$\hat{T}_0<t<T_R$内的$\partial B/\partial\Theta$（见图 3.4），故点$m$必须首先快速接近“它的”$(Fr)_R$曲线（也就是说，开始近似地水平向左移动），然后大致地沿该曲线移动，直到与曲线的最低点P_R重合[见图 4.4（a）中的路径l]。（点m不可能按照路径l_1移动，因为其中涉及Fr的增大）[2]。

从 3.4.3 节 v）中，我们应该明确，无论是砾质还是砂质Fr曲线实际上均可延伸至点$(\eta_*=0;Fr=u_{av}=0)$，而该点表示最终的热力学平衡状态。[当然，在图 4.4（a）的双对数坐标系中，该点无限趋近左下方——由“延伸曲线”E_g和E_s表示。]

结合上述内容和 3.4.3 节 v）内容，我们可以推断，稳定点P_g和P_s的物理意义完全不同，实际上：

1. 砾质演变。在这种情况下，沿砾质$(Fr)_R$曲线移动并“试图”达到其最终平衡状态的点m，将停止于$\eta_*=1$处（点$P_R=P_g$）；因为河道的底坡S，且因此η_*，不能在没有泥沙输移的情况下继续减小（当$\eta_*\leqslant 1$时，$q_s\equiv 0$）。

2. 砂质演变。在这种情况下，点m的移动将终止于点$P_R=P_s$；尽管在该点处$(\eta_*)_R\gg 1$且因此$(q_s)_R\gg 0$这一事实意味着泥沙是运动的，且原则上讲，S~η_*能够进一步减小。S之所以停止减小，亦即河道之所以停止演变，是因为在点P_s处，有$\partial(Fr)_R/\partial\eta_*=0$，且有（当地的）极值$u_{av}=(u_{av})_{\min}$和$S_*=(S_*)_{\max}$。假定点$m$沿$l$移动至点$P_s$后继续沿$(Fr)_R$曲线（向左上方）移动，这将意味着，$u_{av}$达到其最小值后又再次增加；而熵$S_*$达到其最大值后又再次减小。显然，从物理学角度来看，u_{av}和S_*的这种变化是不可能的（因为这违背了热力学第二定律），因此，河道的演变一定会在点P_s处终止。

上述情况在图 4.4（a）的附图 1 中用“滚动小球”来类比：

---

[1] 调整后的初始河道的计算方法参见 4.3 节 iii）。

[2] 到目前为止，尚无资料揭示联系点P_0和点P_R的函数$l=\phi(\eta_*,Fr)$的一般形式。而针对这一问题的研究显然是极有价值的。

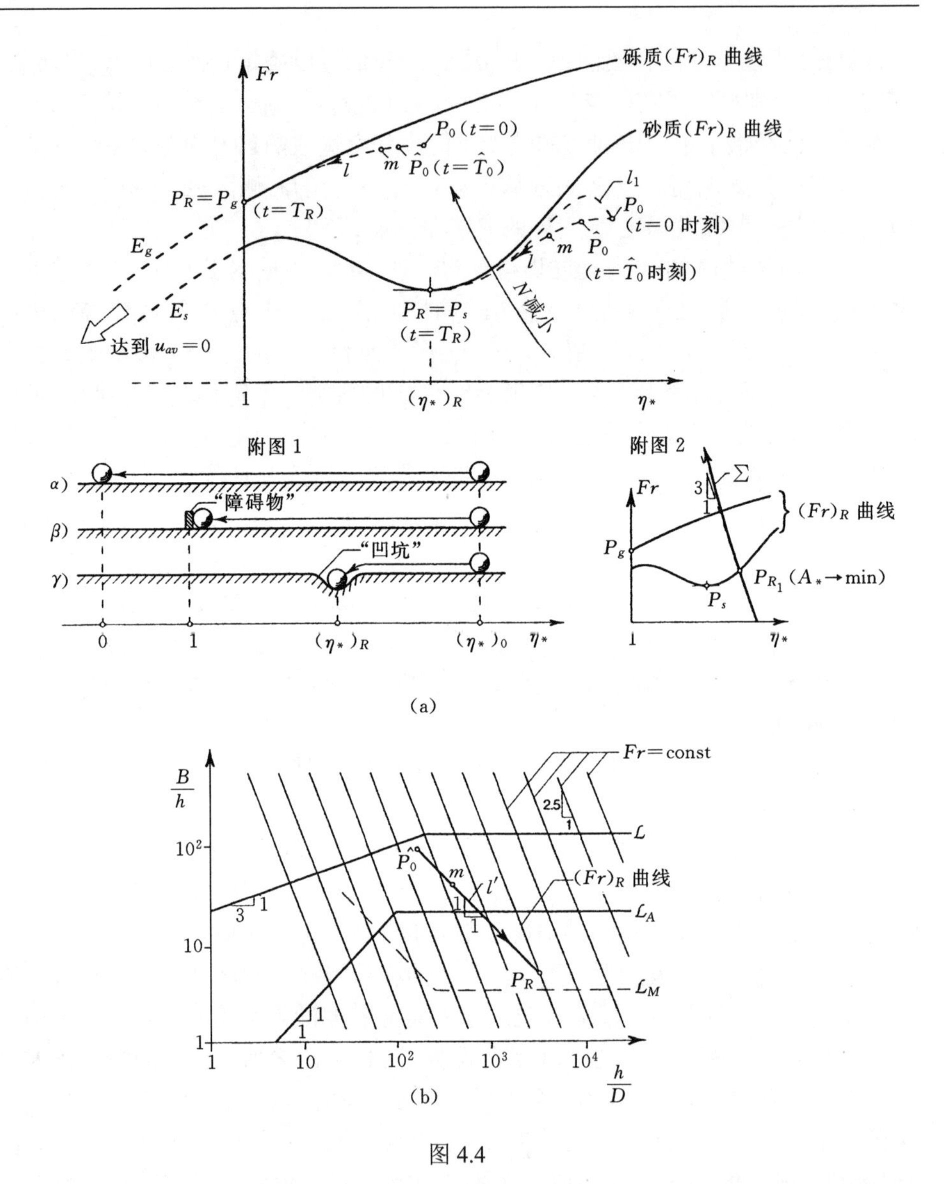

图 4.4

α）小球在粗糙的水平面上以初始速度$u=u_0$开始滚动：初始时刻小球位于$\eta_*=(\eta_*)_0$处。最终，由于摩擦的作用，小球的动能全部转变为内能（没有热量传递），且小球停止运动：在$\eta_*=0$处，u=0（最终平衡状态）。

β）由于“障碍物”的原因，小球停止于$\eta_*=1$处，而不能到达其“目标位置”$\eta_*=0$（q_s限制；砾质演变）。

γ）由于在$(\eta_*)_R$（≫1）处落入“凹坑”，小球不能到达位置$\eta_*=0$（K_s限制；砂质演变）。

本书中，我们主要研究稳定河道 R，然而探究稳定河道 R_1 在 $(Fr;\eta_*)$ 平面中如何确定也很有意义。R_1 的第一个方程［见式（3.5）~式（3.7）］与 R 相同：阻力方程 $u_{av}=c\sqrt{gSh}$，即 $Fr=u_{av}^2/(gh)=c^2S$。因此，对于给定的实验，R_1 的第一个方程的图像（也）是相应于指定的 $N=Q/(BDv_{*cr})$ 的一条 Fr 曲线［见图 4.4（a）的附图 2］。

R_1 的第二个方程是泥沙输移方程。采用 Bagnold 公式［式（2.92）］，并令 $\bar{u}=u_{av}$，得到

$$Q_s=\beta' Bu_{av}[\lambda_c^2\tau_0-(\tau_0)_{cr}]/\gamma_s=\beta' Bhu_{av}\frac{(\tau_0)_{cr}}{\gamma_s h}(\lambda^2{}_c\eta_*-1)$$
$$=\beta' Q\frac{\Psi(\Xi)}{Z}(\lambda_c^2\eta_*-1) \tag{I}$$

即
$$K_*=\left[\frac{Q_s}{Q}\frac{1}{\beta'\Psi(\Xi)}\right]=\frac{\lambda_c^2\eta_*-1}{Z}$$

式中，利用了 $Bhu_{av}=Q$，$h/D=Z$ 及 $(\tau_0)_{cr}=\gamma_s D\Psi(\Xi)$。此外，$Fr=\dfrac{Q^2}{gB^2h^3}$ 给出了

$$K_{**}=\left(\frac{Q^2}{gB^2D^3}\right)Fr\bullet Z^3 \tag{II}$$

联立（I）和（II），消去 Z，得到

$$Fr=\frac{K}{(\lambda_c^2\eta_*-1)^3} \tag{III}$$

其中
$$K=K_*^3K_{**}$$

如果 B 给定，那么对于特定的 R_1 演变实验，K 也同样给定。此时，式（III）表示$(Fr;\ \eta_*)$内的一条曲线 Σ［因为$(Fr;\ \eta_*)$平面内任意一点的 $\lambda_c^2=(c/c_f)^2$ 值总能用第 2 章列出的任意一种方法计算出来］。为了揭示 Σ 的基本形式，我们考虑最简单的情况：$\lambda_c=1$（不存在床面形态）。在这种情况下［如式（III）所示］，当 $\eta_*\gg 1$ 时，Σ 近似表示一条斜率为－3/1 的直线；而当 $\eta_*\to 1$ 时，Σ 接近一条垂直的渐近线［见图 4.4（a）的附图 2］。当然，如果 $\lambda_c<1$（存在床面形态），那么 Σ 必然较上面描述的基本形式有所偏离——然而，渐近线的斜率（即－3/1 和 ∞）将保持不变。

如 3.5.3 节所描述的水槽实验一样，如果 B=const$_B$，那么稳定点 P_{R_1} 仅为 Σ 曲线与相应于 $N=Q/(\text{const}_B Dv_{*cr})$ 的 Fr 曲线的交点，此时，没有任何 A_*趋于最小值。然而，如果 $B=B_{R_1}$ 是未知的（普遍情况），我们将得到很多 Fr 曲线（每一

条曲线都相应于一个特定的常量$N_i \sim 1/B_i$）和很多Σ曲线（每一条曲线都相应于一个特定的常量$K_j \sim 1/B_j^2$）。因此，我们将得到很多点P：点P为B值相等（$B_i = B_j$）的Fr曲线和Σ曲线的交点。

根据R_1理论，稳定点P_{R_1}必须是能使A_*取得最小值的点P。[根据目前的R理论，如果$A_* = u_{av}$，且因此$\Pi_{A_*} = Fr$，那么只有当点P_{R_1}与Fr曲线的最低点P_s（$=P_R$）重合时，R_1才与R相一致：即“选取”的（R_1的）Q_s等于（R的）（Q_s）$_R$。]

ii）现在，考虑图4.4(b)所示的($B/h;h/D$)坐标平面。阻力方程$Q = Bhc\sqrt{gSh}$可表示为

$$\frac{B}{h} = \alpha\left(\frac{h}{D}\right)^{-2.5} \tag{4.2}$$

其中

$$\alpha - \frac{Q}{D^{2.5}c\sqrt{gS}} - \frac{(\text{const})_a}{\sqrt{Fr}} \tag{4.3}$$

$$(\text{const})_a = Q/\sqrt{gD^5}$$

这些关系式表明，对于给定的实验（即对于给定的Q和D），双对数（$B/h;h/D$）坐标平面内的每一条斜率为−2.5/1的直线均相应于一个特定的α值，也即Fr值[见图4.4（b）中的直线“Fr=const”]。

考虑（$B/h;h/D$）平面内稳定河道的演变过程：动点m从调整后的初始点$\hat{P}_0$开始移动。在这种情况下，对于任意$t \in \left[\hat{T}_0, T_R\right]$，均可采用$B \approx B_R$，且因此

$$\frac{B}{h} \approx \frac{B_R/D}{h/D} = \frac{\text{const}}{h/D} \tag{4.4}$$

该式表示斜率为−1/1的直线l'[见图4.4（b）]：点m沿箭头的方向移动。当m“碰到”相应于Fr=（Fr）$_R$的Fr=const直线时，即当它到达稳定点P_R时，稳定演变将终止。

如果稳定演变完全依赖于弯曲作用（没有冲刷—淤积的影响），那么只有当稳定点P_R位于弯曲区域的下边界$\mathcal{L}_M$以上时[见图4.4（b）]，稳定演变才能完成——否则当m到达$\mathcal{L}_M$时，弯段演变就已终止。同样的，如果河道的弯曲系数$S_0/S_R = \sigma$超过≈8.5（弯段开始相互触碰，参见后文图5.3），则m不能到达P_R。

4.2　分汊河道及其稳定演变过程

4.2.1　分汊河道的总体描述

i）在前一节中，我们已经看到常见的稳定河道和弯曲河道的数据（以及交错浅滩的数据）出现在（B/h；h/D）平面内折线$\mathcal{L}$以下的部分（$\mathcal{L}$表示单排水平向猝发的上边界）。这就意味着，随后演变成稳定河道的点P_0和$\hat{P}_0$位于$\mathcal{L}$以下——否则它们不可能具有单排水平向猝发（弯曲作用形成稳定河道的必要条件）。

现在，考虑点P_0位于$\mathcal{L}$以上的初始河道[1]。这类（非常宽的）初始河道包含超过一排的水平向猝发（$n>1$，见图 2.19），且两岸的流速不为负相关（即左岸u的增加不一定伴随着右岸u的减小；而单排猝发两岸的流速为负相关，此时，涡旋E_H延伸至整个河宽）。这类初始河道的时均流线如图 4.5（a）所示（图［4.5（a）中，n=2］；正如第 2 章所解释的，这些时均流线将使床面形成n排浅滩。图 4.2 中标号B和C所代表的点就是这类河道。

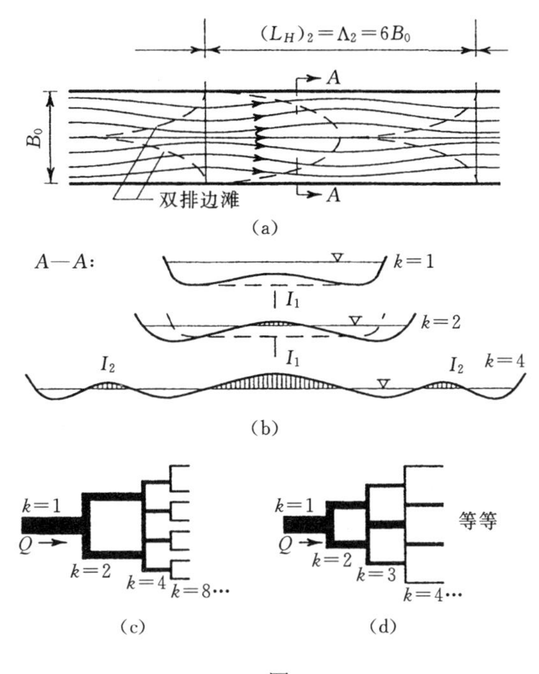

图 4.5

[1] 分汊河道及相应的稳定演变源于河道的不断拓宽。因此，初始河道通过拓宽进行的“调整”［按照 3.4.1 节 ii）理解］在此处没有意义，所以在接下来分汊河道的研究中，我们并不引入初始点$\hat{P}_0$。

ii）对于水槽实验，如果边壁是刚性的，那么我们将获得水下的复式浅滩。然而，对于天然河道，受浅滩阻碍的水流将会冲刷河岸。近岸浅滩“迫使主流贴岸流动，刷深并横向切入原河岸，从而使水面降低，而中央的浅滩以沙洲的形式出现”（参见文献[14]，第 39 页）。简而言之，“当河岸发生冲刷（且河道变宽）时，水位（且因此水深）降低，而浅滩露出水面”（参见文献[19]，第 1761 页）❶。换句话说，横断面几何形态的演变如图 4.5（b）所示。初始河道（k=1）变宽，且形成一系列（沿 x 方向的）沙洲 I_1［沙洲—分汊河道（Island-Braiding）］。随着时间的推移，自由水面的高程不断降低，而（从平面上看）沙洲的尺寸不断增大。因此，流经 I_1 的水流分成两条次级水流（k=2）。基于同样的演变机理，这两条次级水流又形成“它们自己的”沙洲 I_2 及它们自己的两条次级水流（k=4），……［见图 4.5（c）］。我们称这种连续的分支过程为分汊（Braiding），只有达到平衡或稳定状态时，分汊过程才终止。［图 4.5（d）显示了另一种可能的河道分汊的模式：k 按等差数列增长，但是中间汊道的流量更大。］

4.2.2 底坡的作用

i）一般来说，分汊河道的出现与“较大”的底坡 S 有关。这两者之间的关系最早由 Leopold 和 Wolman（参见文献[14]，[13]）用他们著名的 S 与 Q 的关系图揭示出来（该图在文献[10]，[5]中也可找到）。然而，人们通常错误地认为，分汊河道的演变过程中，分汊作用是河道底坡增大的原因（类比于弯曲作用是河道底坡减小的原因）。然而，刚好相反，恰恰是底坡的增大促进了分汊河道的形成。天然的单一河道只有在底坡陡峻的地方，才开始并持续分汊；在底坡平缓的区域，分汊消失：分开的河道重新合并成单一的河道［如图 4.6（a）、（b）中的河流区域 AB 和 BC 所示］。对于上述情况，其解释如下。

ii）考虑某一理想化的地形，它由两个平行平面 AB 和 CD 以及它们之间较陡的平面 BC 组成（见图 4.7）。AB 和 CD 的特征参量用“$'$”标示，而 BC（我们关注的区域）的特征参量不被标示。为了简化这些说明和记号，我们假定选取的初始河道（点 P_0 和 $\hat{P}_0$ 位于 $\mathcal{L}$ 以上）与调整后的河道相一致（因此，接下来的内容中，所有 $\hat{a}$ 都将简单地用 a 来表示）。

假设贯穿 $ABCD$ 开凿一条沿程宽度不变的初始河道（见图 4.7）。则有

$$S_0 = \lambda S_0' \text{ 和 } B_0 = B_0' \tag{4.5}$$

式中，$\lambda \gg 1$。河道输运相同的 Q（=const），因此

$$B_0 h_0^{3/2} c_0 (gS_0)^{1/2} = B_0' h_0'^{3/2} c_0' (gS_0')^{1/2} (= Q) \tag{4.6}$$

忽略 c_0 和 c_0' 之间可能存在的偏差，则有

❶ 该句原文（文献[19]）的时态为一般过去时，本书作者将其改为一般现在时，并加注括号。

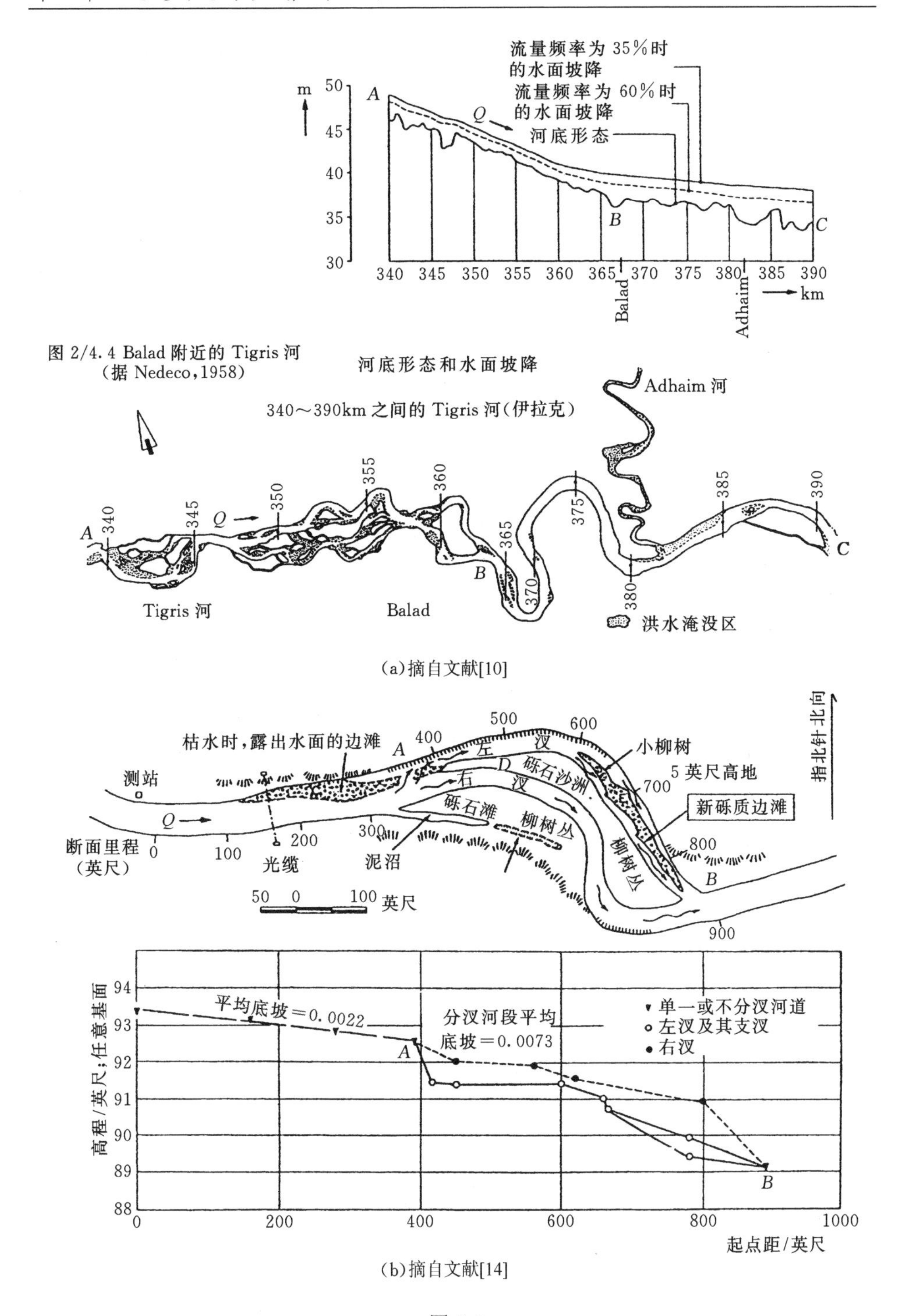

(a)摘自文献[10]

(b)摘自文献[14]

图 4.6

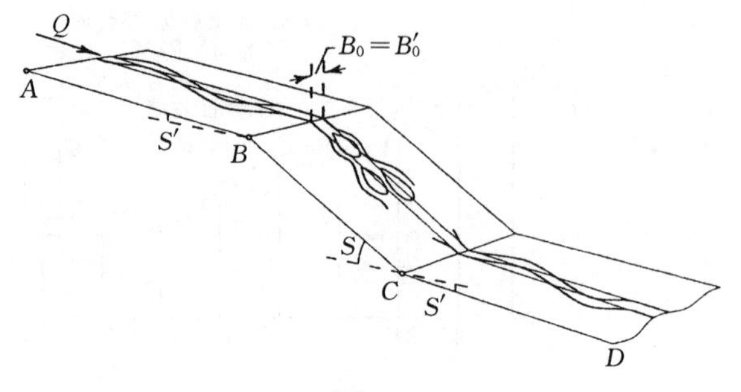

图 4.7

$$\frac{h_0}{h_0'}=\frac{1}{\lambda^{1/3}}\text{，}\ \frac{B_0/h_0}{B_0'/h_0'}=\lambda^{1/3} \tag{4.7}$$

和

$$\frac{(Fr)_0}{(Fr)_0'}=\frac{c_0^2S_0}{c_0'^2S_0'}=\frac{B_0'^2h_0'^3}{B_0^2h_0^3}=\lambda\text{，}\ \frac{(\eta_*)_0}{(\eta_*)_0'}=\lambda^{2/3} \tag{4.8}$$

［例如，当$\lambda=8$时，$h_0=h_0'/2$，$(Fr)_0=8(Fr)_0'$］

令$P_{0\alpha}$和$P_{0\alpha}'$分别为（$Fr;\eta_*$）平面内［见图 4.8（a）］河道BC和AB（或CD）的“初始点”，而$P_{0\beta}$和$P_{0\beta}'$分别为（$B/h;h/D$）平面内［见图 4. 8（b）］河道BC和AB（或CD）的“初始点”。从式（4.7）和式（4.8）我们可以清楚地看出，点$P_{0\alpha}$和$P_{0\beta}$的纵坐标比相应的$P_{0\alpha}'$和$P_{0\beta}'$的纵坐标大，图 4.8（a）、（b）据此描绘。这就意味着，在某些情况下，$P_{0\beta}'$位于单排和多排水平向猝发区域的分界线$\mathcal{L}$以下，而$P_{0\beta}$位于$\mathcal{L}$以上［见图 4.8（b）］。

iii）现在，假定$P_{0\beta}'$位于$\mathcal{L}$以下（即位于单排水平向猝发区域），而$P_{0\beta}$位于$\mathcal{L}$以上（即位于多排水平向猝发区域）。在这种情况下，当实验开始后，初始河道AB（或CD）开始弯曲，而河道BC开始变宽，且其自由水面的高程开始降低，水深h_0开始减小[即如图 4.5 所示，且如 4.2.1 节 ii]所描述，河道BC开始分汊）。

4.2.3 （$Fr;\eta_*$）和（$B/h;h/D$）坐标平面内分汊河道的演变过程

将使用“动点”m——同 4.1.3 节中所做的一样。

i）河道AB和CD的稳定演变是弯曲作用的结果。在图 4.8（a）所示的（$Fr;\eta_*$）平面内，点m沿l_α'从$P_{0\alpha}'$移动到$P_{R\alpha}'$；而在图 4.8（b）所示的（$B/h;h/D$）平面内，点m沿l_β'从$P_{0\beta}'$移动到$P_{R\alpha}'$。这两种情况在前面均已考虑[分别见 4.1.3 节 i）和节 ii）］。

ii）现在考虑河道BC，其稳定演变是分汊作用的结果。在实验开始后，初始河道变宽而水深变浅（如 4.2.1 节 ii）中所提及的），即 B 增加而 h 减小。因此，在（$B/h;h/D$）平面内，点 m 从 $P_{0\beta}$ 开始沿斜线 $L_{\beta1}$ 朝箭头方向移动［见图 4.8（b）］；直到自由水面降低至浅滩的最高点时，点 m 才停止移动。其结果是，（单一河道的）初始水流演变为许多互相连通的水流，这些水流的边界由沙洲和河岸共同组成。目前，对于上述“沙洲—分汊河道”（也可等价地视为被沙洲阻断的单一水流或互相连通的若干不规则的水流）形成的早期阶段，尚无可靠的公式描述其规律。因此，目前，我们只能将公式的使用限制在相对后期的阶段内——在这些阶段内，可以假定“水流—分汊河道（Stream-Braiding）”［按照图 4.5（c）理解］已经成型。

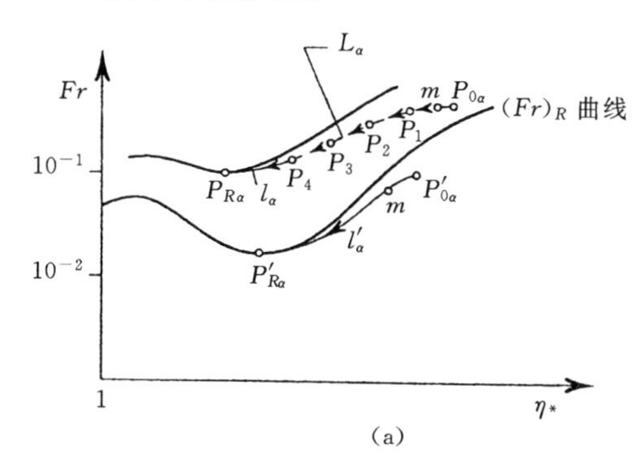

(a)

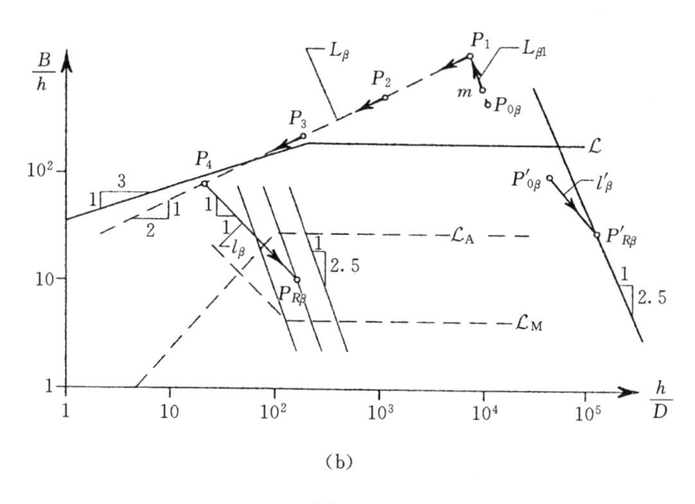

(b)

图 4.8

由于河宽的稳定演变相对较快，我们假定（如文献[22]所做的）对于阶段 k，每条汊道的流量均为 Q/k，且每条汊道的宽度 B_k 等同于（平均意义上）式（3.26）给出的稳定值。

$$B_k = (\alpha_B)_k \sqrt{\frac{Q/k}{v_{*cr}}} \tag{4.9}$$

式中，$(\alpha_B)_k$ 为Ξ、c_k 和 $(c_f)_k$ 的已知函数，其值由式（3.27）~式（3.29）确定。

将式（4.9）应用于无量纲变量 $N = Q/(BDv_{*cr})$［见式（2.79）］，对于阶段 k，得到

$$N_k = \frac{\lambda_\alpha Q/k}{(B_1/\sqrt{k})Dv_{*cr}} = \frac{Q}{B_1 D v_{*cr}} \frac{\lambda_\alpha}{\sqrt{k}} \tag{4.10}$$

其中

$$\lambda_\alpha = (\alpha_B)_1 / (\alpha_B)_k$$

对于阶段 k，每条汊道的水深都非常小，弯曲系数不显著（比如 $1<\sigma<\approx 1.5$），且它们都分布在底坡为 S 的平面 BC 上。因此，对于任意 k，采用下式是合理的。

$$S_k = S(= \text{const}) \tag{4.11}$$

将式（4.9）和式（4.11）代入阻力方程

$$\frac{Q}{k} = B_k h_k^{3/2} c_k \sqrt{g S_k} \tag{4.12}$$

得到

$$h_k = \frac{1}{k^{1/3}} \left[\frac{Q v_{*cr}}{g(\alpha_B)_k^2} \right]^{1/3} \frac{1}{(Fr)_k^{1/3}} \tag{4.13}$$

该式不过是式（3.31）针对阶段 k 的特殊形式，式中

$$(Fr)_k = c_k^2 S \tag{4.14}$$

［注意到，对于分汊河道，弗劳德数的减小（主要）是由阻力系数（c_k）的减小所致——而并非如弯曲河道那样，由 c 和 S 的减小所致］。

由于 $B_k \sim 1/k^{1/2}$ 和 $h_k \sim 1/k^{1/3}$，故有 $B_k/h_k \sim 1/k^{1/6}$ 和 $h_k/D \sim 1/k^{1/3}$，因此

$$(B/h)_k \sim (h/D)_k^{1/2} \tag{4.15}$$

该式表明，如果（α_B）$_k$ 和 c_k 不随阶段 k 发生变化，那么（$B/h;h/D$）平面内代表阶段 1，2，…，k 的每条汊道的点 P_1，P_2，…，P_k 将形成一条斜率为 1/2 的直线（虚线）L_β［图 4.8（b）］。当整数 k 增大时，点 m 将从一个点 P_k 移动（或更准确地讲，“跳跃”）到下一个点。当然，实际上（α_B）$_k$ 和 c_k 并非常量，直线 L_β 仅表明真实点 P_k 形成的曲线的大致方向。

由于直线 L_β 的斜率 1/2 大于 $\mathcal{L}$ 的斜率 1/3，那么两者将最终相交，即 P_k 中的一点［对于图 4.8（b）的情况，为 P_4］将进入单排水平向狰发区域。因此，从这一点（P_4）开始，每条汊道的稳定演变将由弯曲作用来延续——点 m 沿斜

率为－1/1 的直线（实线）l_β 移动，直到稳定点 $P_{R\beta}$。

从式（4.10）我们注意到，同 Fr 和 η_* 一样，N_k 的值也随 k 的增大而减小。因此，（Fr；η_*）平面内分汊河道的演变过程应保证 N_k、（Fr）$_k$、（η_*）$_k$ 三个值均随 k 的增大而减小［当然，m 也必须从一个点 P_k “跳跃”到下一个点；如图 4.8（a）中虚线 L_α 所示］。图 4.8（a）中，实线 l_α 标示的 $P_4 \to P_{Ra}$ 代表演变的最终阶段，该阶段的演变由弯曲作用来实现。

4.2.4　分汊河道的补充说明

i）尽管上述内容中，（Fr；η_*）平面内的条件是针对单条 k 汊道进行描述的，但相应于整个分汊河道体系，这些河道仍可视为一个整体。实际上，由于忽略了河岸阻力，特征参量 h、S、c、u_{av}、Q/B（$=q$）的值，且因此 Fr、η_*、N[$=q/$（Dv_{*cr}）]的值并不依赖于河宽。因此，对于任意指定的阶段 k，每条汊道（B_k，h_k，S）及整个分汊河道体系（kB_k，h_k，S）的这些参量的值均相等。

ii）在多数实际案例中，由于（通常不规则的）各汊道相互“碰触”时，图 4.8 所描绘的分汊河道的演变过程即中止（类似于各弯段相互“碰触”时，弯曲河道的演变过程即中止），故仅有少数案例能够达到其稳定状态 $P_{R\beta}$。这正是分汊河道体系通常不稳定的原因。

iii）弯曲河道之所以达到其稳定状态（或任何可能的中间状态），是由于河道底坡 S（从 S_0 到 S_R）不断减小，且因此弗劳德数 $Fr=c^2S$［从（Fr）$_0$ 到（Fr）$_R$］不断减小——河道形态及流量 Q 在整个演变过程中始终保持其整体性。然而，对于分汊河道，情况刚好相反：S 保持不变，河道出现分汊；汊道的数量逐渐增加，流量逐渐减小：$Q/2$，$Q/3$，…，Q/k，…。Q/k 越小，“它的”稳定底坡 $(S_R)_k \sim (Q/k)^{n_S}$ 就越大［此处指数为负值，见式（3.4）］。因此，流量（$Q/2$，$Q/3$，…，Q/k）的逐渐减小引起了底坡（S_R）$_k$ 的逐渐增大，且当 k、k/Q 和（S_R）$_k$ 增大到足够大以至于（S_R）$_k$ 等于平面底坡 S 时，k 汊道达到其稳定状态（且因此整个分汊河道体系达到其稳定状态）。

总而言之，对于弯曲作用下的稳定演变，当初始（河谷）底坡 S_0 减小到稳定底坡 S_R 时，河道达到其稳定状态［见图 4.9（a）］。对于分汊作用下的稳定演变，当 k 汊道的稳定底坡（S_R）$_k$ 增大到平面底坡 S 时，河道达到其稳定状态［见图 4.9（b）］。

对于弯曲河道的情况，S_0 的减小意味着弯曲系数 σ 的增大；对于分汊河道的情况，（S_R）$_k$ 的增大意味着 Q/k 的减小。也就是说，就稳定河道的演变而言，σ 与 k 具有类似的作用。

(a)弯曲河道
（Q=const；S 减小）

(b)分汊河道
（S=const；Q减小）

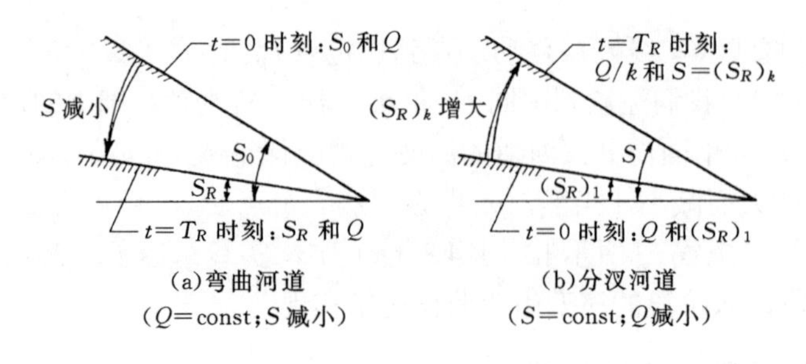

图 4.9

iv）为了阐释方便，本节假定分汊河道起源于单一的初始河道，其宽深比 B_0/h_0 足够大，以至于床面能够形成多排浅滩。然而，这种（正规的）形式可能不是分汊河道起源的唯一形式。当冲积河道的河床被（河宽尺度的）淤积区域覆盖且河岸易受冲刷时，“沙洲”就可能形成，且河道分汊随之产生。例如，如果某条支流的 Q_s'/Q' 大于干流的 Q_s/Q，那么就有 $(Q_s'+Q_s)/(Q'+Q)>Q_s/Q$，而这意味着汇流区的下游河道可能发生淤积而产生分汊（见图 4.10）。另一方面，淤积的出现仅是分汊河道形成的必要（但不充分）条件。实际上，考虑图 4.11 所示的情况，图中 $S_{AB}>S_{BC}$，而 $h_{AB}<h_{BC}$。流量 Q 在河段 AB 能够输运输沙率为 Q_s 的泥沙，但不能在底坡相对平缓的河段 BC 输运同样的泥沙。因此，河段 BC 将不可避免地发生淤积。然而，由于（相对平缓的）河段 BC 的水深大于河段 AB 的水深，这些淤积区域可能不会形成“沙洲”[对比图 4.7，图中（相对陡峻的）河段 BC 的水深小于河段 AB 的水深]。

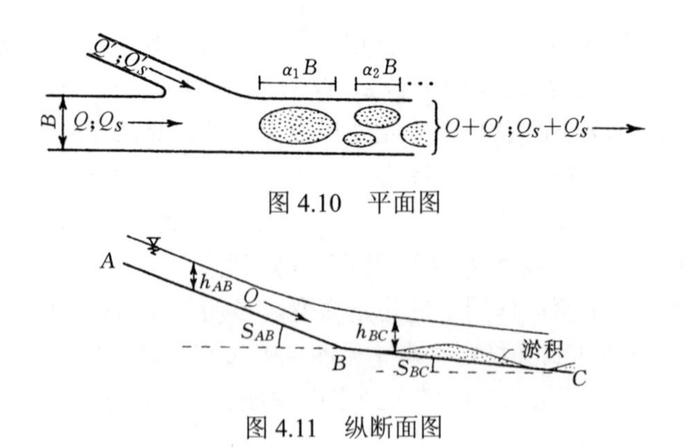

图 4.10 平面图

图 4.11 纵断面图

4.2.5 三角洲的形成

i）如果河流的分汊区域可以称作“内陆三角洲”（Rio Negro 河，见图 4.12），那么同样，三角洲（Delta）就可以视为“河流末端的分汊河道”。实际上，考虑图 4.13（a），该图简要描绘了某棱柱形初始河道中的水流流入半无限静止水体的情况。从流体力学的角度考虑，我们知道，对于这样一条河道，其水流的垂向平均流线 s 只有在远离河道末端 I—I 的上游区域才可以假定为平行直线。而在靠近河道末段的区域，流线既不顺直也不平行：在河道的中心区域，流线彼此发散；而在靠近河岸的区域，流线彼此收敛并向河岸聚拢。其结果是，在河岸区域，$\partial u/\partial x>0$，且 $\partial q_s'/\partial x>0$（$q_s'$ 表示河岸区域的输沙率）；而在中心区域，$\partial u/\partial x<0$，且 $\partial q_s/\partial x<0$（$q_s$ 表示中心区域的输沙率）。因此，随着时间的推移，初始河道的河岸必然受到冲刷，而中心区域的河床必然发生淤积——越接近 I—I 断面，这种趋势就越明显。这就意味着，随时间的推移，河岸必将演变为发散状（∇ 形），而河床的中心部分一定被尺度为 B_0 的淤积区所覆盖。显然，对于任意给定的瞬时，∇ 形发散状河岸的具体形状以及淤积区域的大小，很大程度上是由河道的水沙特性决定的。例如，如果 Q_s/Q 和 B_0/h_0 均“较大”，且河岸易受冲刷，那么 ∇ 形发散状河岸可能就很宽阔，且淤积区域很明显。而这些淤积区域很可能形成“沙洲”，并最终产生“沙洲—分汊河道”［见图 4.13（b）］或“水流—分汊河道”。相反，如果 Q_s/Q 和 B_0/h_0 均“较小”，且河岸不易冲刷，那么 ∇ 形发散状河岸可能就不宽阔，且淤积区域不明显，以至于不能露出自由水面并引起分汊。对于这种情况，河道的演变将以某种略微拓宽的单一河道的形式终止。这样的河道末端通常被称为“河口（River-Mouth）”❶［见图 4.13（c）］。

图 4.12

❶ 一些学者更愿意用“Estuary”一词来称呼“河口”（参见文献[16]）。

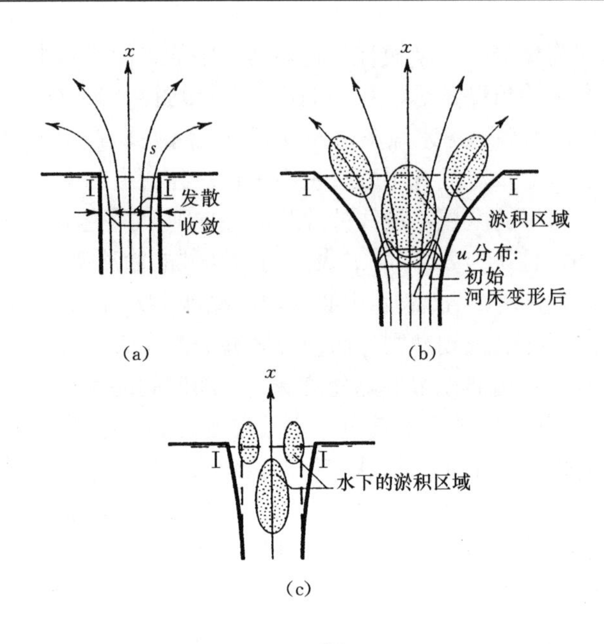

图 4.13

与宽度有限的潜坝的作用相当，露出水面的淤积区域（或称“沙洲”）改变了水流的初始流场，从而促进了泥沙的淤积及河岸的冲刷[见图 4.13（b）中 u 的分布图]。因此，整个三角洲区域的平面面积逐渐增大，但每条汊道相对束窄。

ii）上述内容中，我们假定冲积河道中的水流流入半无限静止水体。然而，多数情况下，大型天然河流流入的是非静止水体（湖泊、海洋）：可能存在水流、短波、长波（潮汐）等。显然，这些“构成海洋”的要素一定也对三角洲的形成有贡献，且实际上是相当大的贡献——“三角洲的形成是河川与海洋相互冲击的结果”（参见文献[21]）。我们发现，三角洲区域的平面几何形态很大程度上取决于河流与海洋作用的相对“强度”。河流的作用越强，形成的三角洲的形状就越不规则，且其岸线凸出得就越多——如图 4.14 所示的 Mississippi 河三角洲（“尽管海洋努力将外来的泥沙按自己的方式进行塑造”……“但是海岸处泥沙沉积的速度要比被波浪重塑的速度快得多”（参见文献[21]）。相反，海洋，即波浪的作用越强，三角洲的岸线就越规则（“波浪迅速地将河流挟带的泥沙塑造成（简单的）海岸线形状”（文献[21]）。图 4.15 所示的 Nile 河三角洲即为这一情况的例证。图 4.16 所示的 Danube 河三角洲是介于上述两者之间的情况，其“水流—分汊河道”特征较为显著。图 4.17 所示的 São Francisco 河（巴西）则可视为带有“沙洲—分汊河道”的“河口”的情况。（更多关于三角洲的信息，可参阅文献[1]，[3]，[7]，[17]，[18]，[21]。）

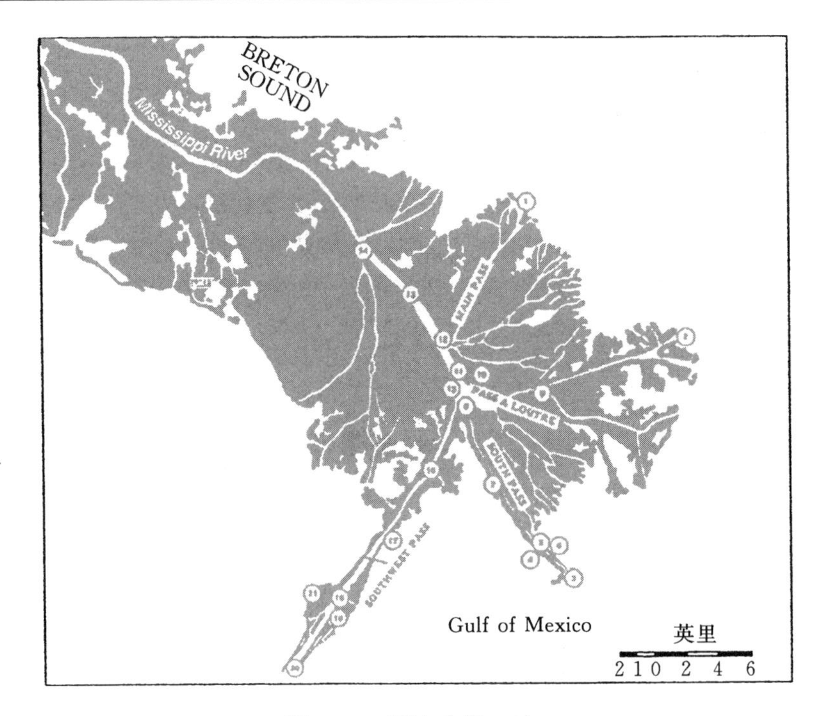

图 4.14 （摘自文献[21]）

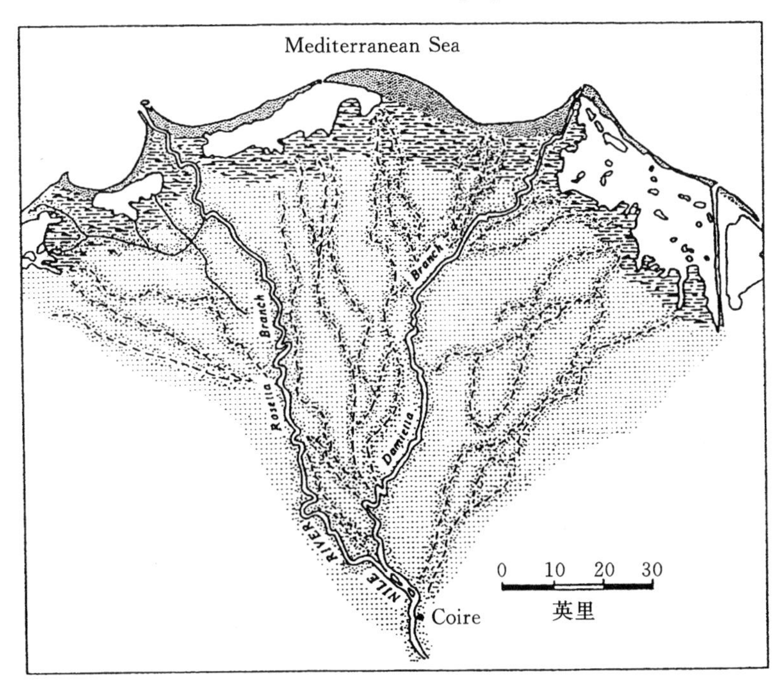

图 4.15 （摘自文献[21]）

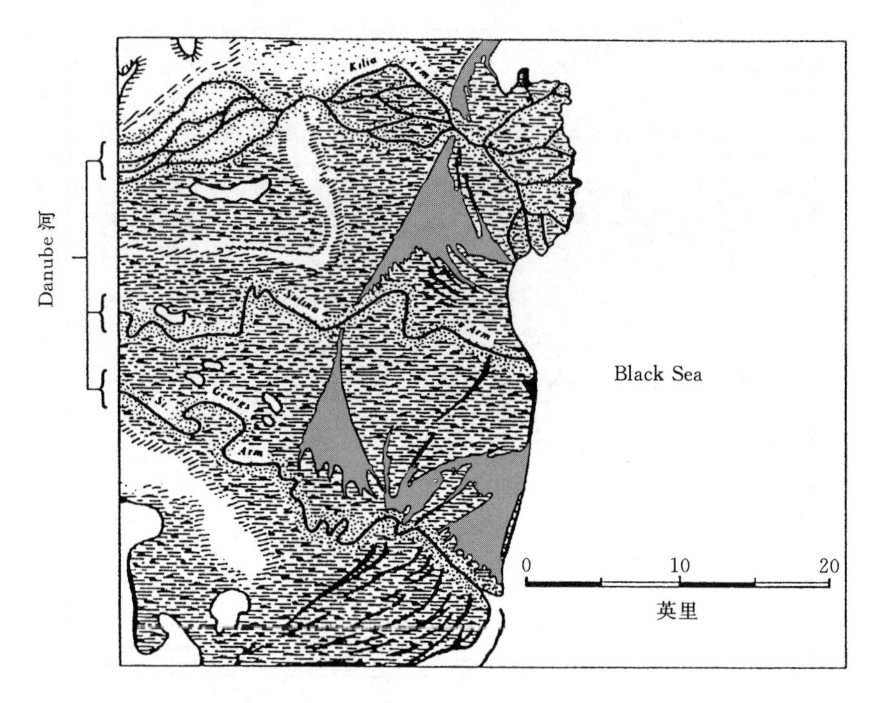

图 4.16 （摘自文献[21]）

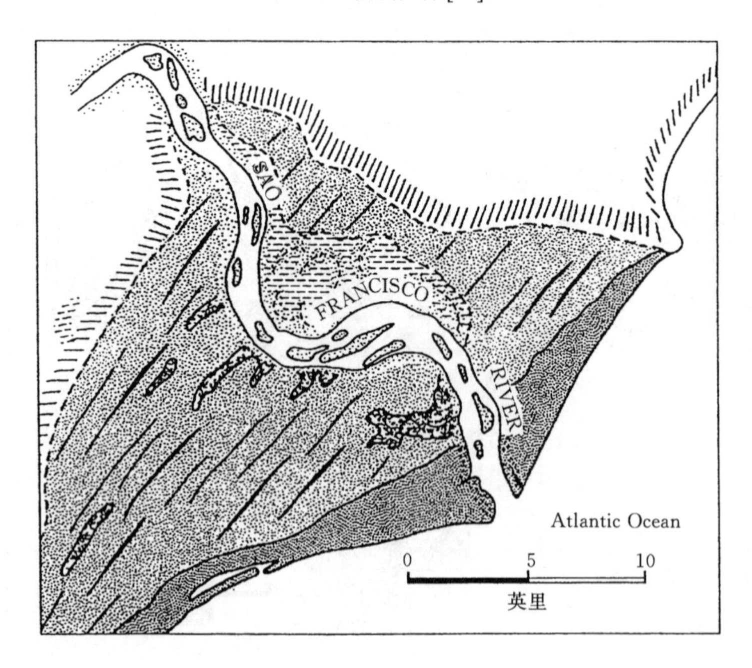

图 4.17 （摘自文献[21]）

4.3 单一河道随时间的演变过程

i）考虑存在泥沙输移的顺直冲积河道的横断面（见图 4.18）：Q 和 S 均保持恒定。穿过（单位水流长度上的）假想的垂直面 σ_b（σ_b 通过河岸与河床的分界点 b）的输沙率有两种：一种是来源于河岸的推移质输沙率的 y 向分量 $(q_{sb})'_y$，另一种是悬移质输沙率的 y 向分量（q_{ss}）$_y$

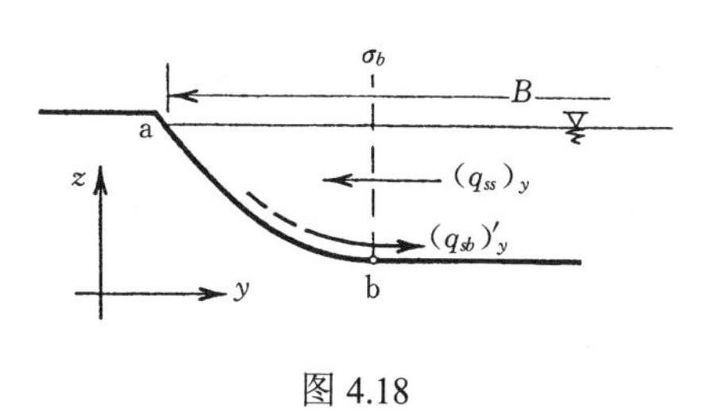

图 4.18

[（q_{ss}）$_y$ 从河床区域向河岸区域迁移，并最终沉积在河岸 ab 上]。输沙率 $(q_{sb})'_y$ 冲刷河岸并引起河道拓宽；相反，输沙率（q_{ss}）$_y$ 则使得河道束窄。河岸不随时间变化的充要条件是

$$(q_{sb})'_y - (q_{ss})_y = 0 \tag{4.16}$$

式中，$(q_{sb})'_y$ 和（q_{ss}）$_y$ 均为正值。

对于我们所研究的宽浅河道，河岸处水流的力学结构，且因此 $(q_{sb})'_y$ 的值（由河岸处的水流产生）可认为与 B 无关。然而，对于来源于水流中心区域的（q_{ss}）$_y$，我们却不能给出同样的结论。B 值越大，大尺度水平向紊动（涡旋 e_H）的横向脉动以及由此引起的横向扩散就会越强烈。因此，（q_{ss}）$_y$ 一定为 B 的递增函数。这就意味着，B 的持续增大必然引起（q_{ss}）$_y$ 的持续增大，而 $(q_{sb})'_y$ 则相对不发生变化；只有当 $(q_{sb})'_y >$（q_{ss}）$_y$ 时，B 才会随时间逐渐增大。然而，从上述内容可以清楚地知道，$(q_{sb})'_y -$（q_{ss}）$_y$ 的值必然随 B 的增大而逐渐减小，最终 B 将增大到某一特定值而使 $(q_{sb})'_y -$（q_{ss}）$_y$ 减小为零。此时，河道将停止拓宽：河宽达到平衡。

ii）现在，考虑某一稳定河道演变实验。暂且假定，实验过程中底坡 S 始终为定值 S_k（例如，冲积平面不断倾斜的情况）。在这种情况下，河道拓宽，且当不断增加的 B 达到平衡河宽 B_k 时（T_k 时刻），河道演变实验终止。B_k 的值取决于底坡 S_k 的值（即取决于 B_k 中的下标 k）。图 4.19 描绘了上述条件，而它不过是图 3.4 的特殊情况。注意到，平衡河宽 B_k 不过是底坡为 S_k=const 的实验的稳定河宽。对于真实稳定河道的演变过程（实验），也有类似的结论——此时，S 并非常量，而是在 T_R 时段内不断减小。

或许，借助下述“离散模型”，我们可以更好地解释上述真实实验的机理：用 S 随时间的“梯级”递减过程 S_0，…，S_i，S_{i+1}，…，S_R 来代替它随时间连续减小的过程；各梯级的持续时间为 $\Delta t_i = t_{i+1} - t_i$（见图 4.20）。令 B_i 为平衡河宽，对于底坡 S_i（假定 S_i 在 Δt_i 时段内保持不变），其值能够确保式（4.16）的成立。

当 S_i 变为 S_{i+1} 时（$t=t_{i+1}$ 时刻），河宽 B_i 不再满足式（4.16）。因此，河道将进一步拓宽，直到达到“新的”平衡河宽 B_{i+1}；对于 S_{i+1}，B_{i+1} 满足式（4.16）。然后，S_{i+1} 变为 S_{i+2}，……以此类推。将上面描述的阶梯状 S_i 和 B_i 曲线“平滑”处理，即得到真实情况的 S 和 B 曲线。可以断言，真实的 B 曲线是由不断进行调整以适应持续减小的 S 的伪平衡河宽 B_i 组成的[1]。只有当 S 减小到 S_R 时，最终的平衡河宽，即稳定河宽 B_R，才能确定。

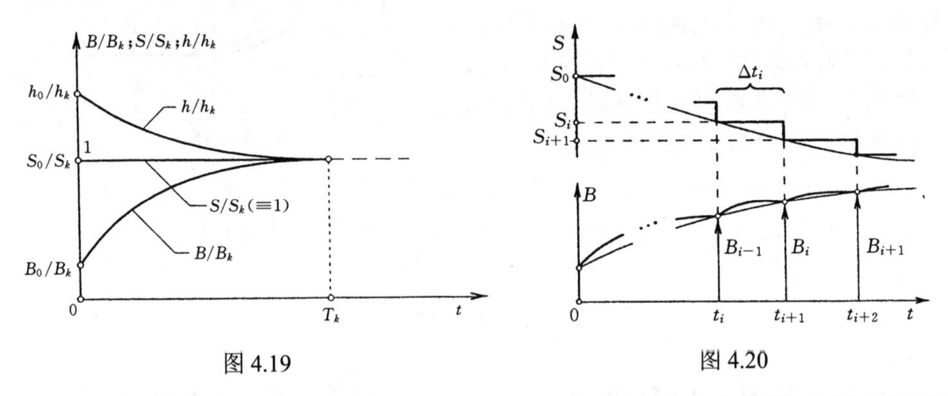

图 4.19　　　　图 4.20

因此，应当明确，在河道稳定演变的过程中［即在水流中竭力达到（A_*）$_{\min}$=（u_{av}）$_{\min}$ 的过程中］发挥“主导作用”的是 S，B 和 h 仅仅“跟随” S 发生变化（受河宽平衡条件式（4.16）和阻力方程的引导）。

iii）调整后的初始水深及河宽，即 $\hat{h}_0$ 和 $\hat{B}_0$，可根据下述内容确定（或更准确地讲为估算）。

由于阻力方程在任何阶段均成立，同时考虑到 $t=\hat{T}_0$ 时，$\hat{S}_0 \approx S_0$，故有

$$Q=\hat{B}_0\hat{h}_0\hat{c}_0\sqrt{gS_0\hat{h}_0} \tag{4.17}$$

另一方面，当 $t \geqslant \hat{T}_0$ 时，河宽的变幅很小，且因此 $(q_{sb})'_y-(q_{ss})_y$ 的值接近于零[只有当河道达到稳定状态时，$(q_{sb})'_y-(q_{ss})_y$ 才完全等于零]。这表明，稳定河宽的公式（3.26），即

$$B_R=\alpha_B\sqrt{Q/v_{*cr}} \tag{4.18}$$

式中，α_B 由（T_R 时刻的）S_R 和 h_R 确定，同样也适用于 $\hat{T}_0$ 时刻——只要将 α_B 替换为由（$\hat{T}_0$ 时刻的）S_0 和 $\hat{h}_0$ 确定的 $\hat{\alpha}_B$。采用这种方法，可得到

$$\hat{B}_0=\hat{\alpha}_B\sqrt{Q/v_{*cr}} \tag{4.19}$$

---

[1] 严格来讲，T_R 时段内不断变化（无论这种变化多么缓慢）的 S、B 和 h 不能满足式（4.16），故以“伪平衡”相称。

联立式（4.17）和式（4.19），即可求出 $\hat{h}_0$ 和 $\hat{B}_0$。

4.4　大尺度床面形态及其稳定演变过程

i）首先，考虑在大尺度垂向紊动作用下形成的沙垄。在 2.1.1 节 iii）中，我们已经阐明，沙垄一开始并不以其发展完全的长度 Λ_d 出现。实际上，实验刚开始时（t=0 时刻），沙垄的长度$(\Lambda_d)_0$远小于 Λ_d。这些沙垄不断合并到一起，因而其长度逐步增加。这种增加一直持续到沙垄达到其可能的最大长度 Λ_d 时［$t=(T_\Delta)_d$ 时刻］：$(\Lambda_d)_0<(\Lambda_d)_1<\cdots<(\Lambda_d)_k<\cdots<\Lambda_d\approx 6h$。$(T_\Delta)_d$时段内，沙垄在增长的同时保持相似的几何形态——沙垄的陡度$(\delta_d)_k(=(\Delta_d)_k/(\Lambda_d)_k)$在这一过程中不发生明显变化（增加）。

然而，沙垄究竟为什么会增长？水流又为什么不能“接受”沙垄的初始尺寸$(\Lambda_d)_0$？从这些现象力学角度考虑，我们无法回答这些问题，因为水流可以均匀地流经任意不平整床面。然而，从 $A_*=u_{av}$ 的热力学最小化原理（第 3 章）考虑，答案是显而易见的。实际上，$(\Lambda_d)_k$ 的增长［而$(\delta_d)_k$几乎不变］意味着床面阻力的增加；且因此，阻力系数 c_k 和流速$(u_{av})_k$均减小［见式（2.54），其中，$c=u_{av}/v_*$］。换言之，沙垄之所以增长，是因为（“试图”减小其流速的）水流竭力将河床塑造成（阻碍它流动的）“障碍物”。

ii）在作必要的修整后，以上所有关于沙垄（$\Lambda_d\approx 6h$）的论述也适用于浅滩（浅滩是在大尺度水平向紊动的作用下形成的，且因此有 Λ_a~B）。实际上，考虑图 4.21 所示的交错浅滩（$\Lambda_a\approx 6B$）随时间的演变过程。该图表明，在$(T_\Delta)_a$时段内，浅滩也（通过合并）逐步增长。

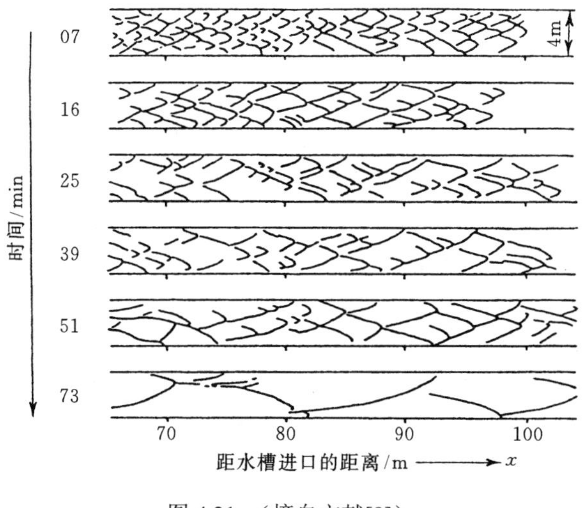

图 4.21　（摘自文献[9]）

总而言之，大尺度床面形态随时间的演变过程也表现出稳定趋势 $A_*=u_{av}\to\min$（或$\prod_{A_*}=Fr=c^2S\to\min$）。在这种情况下，$c$ 的减小将“引导”实现该最小化过程。

习题

求解下列问题时，令 γ_s=16186.5N/m^3，ρ=1000kg/m^3，ν=10^{-6}m^2/s（相应于挟沙水流）。

4.1 考虑图 4.2 所示的单排和多排浅滩之间的分界线$\mathcal{L}$的倾斜部分（斜率为 1/3）：该部分的纵坐标 B/h 是 h/D 的函数。试证明：该纵坐标也可表示为下述（唯一的）无量纲组合的函数

$$\mathcal{M}=\frac{Q^2}{gSD^5}$$

并确定该函数[视水流为二维水流；采用 c_f=7.66[h/（2D）]$^{1/6}$，见式（1.12）]。

4.2 确定下列河流是弯曲型河流还是分汊型河流（以下特征参量均取平滩流量下的值）。

a）Mississippi 河（参见文献[2a]）：Q=42450.0m^3/s，D=0.5mm，B=1382.0m，h=20.13m，S=0.000047。

b）Yamuna 河（参见文献[2a]）：Q=2122.5m^3/s，D=0.15mm，B=205.9m，h=6.40m，S=0.000328。

c）Savannah 河（参见文献[2a]）：Q=849.0m^3/s，D=0.8mm，B=106.7m，h=5.18m，S=0.00011。

d）Brahmaputra 河（参见文献[2a]）：Q=24762.5m^3/s，D=0.3mm，B=9455.0m，h=1.52m，S=0.000252。

4.3 具有平整河床且可视为二维的初始冲积河道，由 D=1.1mm，$Q_s/Q=2\times10^{-5}$，B_0/h_0=100 三个参量确定。确定初始河道的演变趋于（或可能）分汊——而非弯曲时的 S 的取值范围（利用 Bagnold 公式，取 β'=0.3）。

4.4 砾质河道的稳定演变由弯曲作用实现：Q=230m^3/s，D=20mm。确定稳定演变后期的 B 和 S 之间的关系。

4.5 如果视 Q、D 和 c 为常量，那么每一个 S 值都意味着［(B/h;h/D) 平面内］一条斜率为−2.5 的直线。对于（平整的）砾质河床，如果仅视 Q 和 D 为常量，那么这些直线的斜率为多少？

4.6 考虑 $0<t<T_R$ 时段内稳定河道的演变过程：（恒定的）流量 Q=500m^3/s，无黏性冲积物的均值粒径 D=0.9mm。

a）具有平整河床的初始河道（t=0 时刻）：B_0=70m，S_0=1/500。确定水深

h_0，并在图 4.2 所示的（$B/h;h/D$）平面内点绘出相应的点 P_0。

b）调整后的初始河道（$t=\hat{T}_0$ 时刻），$\hat{B}_0$=105m。确定水深 $\hat{h}_0$，并在图 4.2 所示的（$B/h;h/D$）平面内点绘出相应的点 $\hat{P}_0$（取 $\hat{S}_0 = S_0$）。

c）确定稳定河道的特征参量 B_R 和 h_R，并在图 4.2 所示的（$B/h;h/D$）平面内点绘出相应的点 P_R。

d）连接点 P_0 和 $\hat{P}_0$ 的直线的斜率为多少？连接点 $\hat{P}_0$ 和 P_R 的直线的斜率为多少？

4.7　调整后的初始冲积河道，Q=140m^3/s，$\hat{S}_0$=0.001，D=0.5mm，$\hat{h}_0$=1.30m，S=0.00011。该河道是否为弯曲河道？（提示：首先确定 $\hat{c}_0$）。

4.8　证明当接近稳定点 $P_R=P_g$ 和 $P_R=P_s$ 时，图 4.4（a）中的路径 l 必与相应的（Fr）$_R$ 曲线重合。

4.9　S 随时间的相对变化率，即（$\partial S/\partial\Theta$）/$S$，分别是（$\partial h/\partial\Theta$）/$h$ 和（$\partial c^2/\partial\Theta$）/$c^2$ 的多少倍？（视 Q 和 B 恒定，假定河床平整）。

参考文献

[1] AAPG Reprint Series 1976: *Modern deltas.* Selected Papers, No. 18.

[2] Ackers, P., Charlton, F.G. 1970: *The geometry of small meandering streams*. Proc. Instn. Civ. Engrs., Paper 73286S, London.

[3] Bates, C.C. 1976: *Rational theory of delta formation. in Modern Deltas,* AAPG Reprint Series No. 18, American Association of Petroleum Geologists, July.

[4] Bettess, R., White, W.R. 1983: *Meandering and braiding of alluvial channels.* Proc. Instn. Civ. Engrs., Part 2, 75, Sept.

[5] Chang, H.H. 1988: *Fluvial processes in river engineering*. John Wiley and Sons.

[6] Chang, H.H. 1988: *On the cause of river meandering.* Int. Conf. on River Regime, W.R. White ed., Wallingford.

[7] Coleman, J.M. 1976: *Deltas: processes of deposition and models for exploration.* Continuing Education Publication Company, Inc., U.S.A.

[8] Garde, R.J., Raju, K.G.R. 1977: *Mechanics of sediment transportation and alluvial steam problems.* Wiley Eastern , New Dehli.

[9] Ikeda, H. 1983: *Experiments on bed load transport, bed forms and sedimentary structures using fine gravel in the 4-meter-wide flume.* Environmental Research Center Papers, No. 2, The University of Tsukuba.

[10] Jansen, P.Ph. et al. 1979: *Principles or river engineering: the non-tidal alluvial river.* Pitman Publishing Ltd., London.

[11] Kinoshita, R. 1961: *Investigation of the channel deformation of the Ishikari River.* （In Japanese） Science and Technology Agency, Bureau of Resources, Memorandum No. 36.

[12] Kondratiev, N., Popov, I., Snishchenko, B. 1982: *Foundations of hydromorphological theory of fluvial processes.* （In Russian） Gidrometeoizdat, Leningrad.

[13] Leopold, L.B., Wolman, M.G., Miller, J.P., 1964: *Fluvial processes in geomorphology.* W.H. Freeman, San Francisco.

[14] Leopold, L.B., Wolman, M.G. 1957: *River channel patterns: braided, meandering and straight.* U.S. Geol. Survey Professional Paper 282-B.

[15] Lewin, J. 1976: *Initiaton of bed forms and meanderas in coarse-grained sediment.* Geol. Soc. Am. Bull., Vol. 87.

[16] Mangelsdorf, J, Scheurmann, K.,Weiss,F.-H. 1990: *River morphology. A guide for Geoscientists and Engineers.* Springer Series in Physical Environment, Springer-Verlag, Berlin.

[17] Nemec, W. 1990: *Deltas — remarks on terminology and classification.* in *Coarse-grained deltas*, A. Colella and A.B. Prior eds., Special Publication No. 10, Int. Association Sedimentologists, Blackwell Scientific Publications, Oxford.

[18] Postma, G. 1990: *Depositional architecture and facies of river and fan deltas: a synthesis.* in *Coarse-grained deltas,* A. Colella and A.B. Prior eds., Special Publication No. 10, Int. Association Sedimentologists, Blackwell Scientific Publications, Oxford.

[19] Schumm, S.A., Khan, H.R. 1972: *Experimental study of channel patterns.* Geol. Soc. Am. Bull., 83, June.

[20] Sukegawa, N. 1970: *Condition for the occurrence of river meanders.* J. Faculty Engrg., Tokyo Univ., Vol. 30.

[21] Wright, L.D., Coleman, J.M. 1976: *Variations in morphology of major river deltas as functions of ocean waves and river discharge regimes.* in *Modern deltas*, AAPG Reprint Series No. 18, American Association of Petroleum Geologists, July.

[22] Yalin, M.S. 1992: *River mechanics*. Pergamon Press, Oxford.

参考文献A：弯曲河道和分汊河道数据的来源

[1a] Ackers, P., Charlton, F.G. 1970: *The Geometry of small meandering streams.* Proc. Instn. Civ. Engrs., Paper 7328S, London.

[2a] Chitale, S.V. 1970: *River channel patterns.* J. Hydr. Div., ASCE, Vol. 96, No.1.

[3a] Dietrich, W.E., Smith, J.D. 1983: *Influence of the point bar on flow through curved channels.* Water Resour. Res., Vol. 19, No. 5, Oct.

[4a] Fujita, Y., Muramoto, Y. 1982: *Experimental study on stream channel processes in alluvial rivers.* Bull. Disaster Prevention Res. Inst., Kyoto Univ., Vol. 32, part I, No. 288.

[5a] Kellerhals, R., Neill, C.R., Bray, D.I. 1972: *Hydraulic and geometric characteristics of rivers in Alberta.* Alberta Cooperative Research Program in Highway and River Engineering.

[6a] Kinoshita, R. 1980: *Model experiments based on the dynamic similarity of alternate bars.* （In Japanese） Research Report, Ministry of Construction of Japan, Aug.

[7a] Lapionte, M.F., Carson, M.A. 1986: *Migration pattern of an asymmetric meandering river: the Rouge River, Quebec.* Water Resour. Res., Vol. 22, No. 5, May.

[8a] Leopold, L.B., Wolman, M.G. 1957: *River channel patterns: braided, meandering and straight.* U.S. Geol. Survey Prof. Paper 282-B.

[9a] Neill, C.R. 1973: *Hydraulic geometry of sand rivers in Alberta.* Proc. Hydrology Symposium, Alberta, May.

[10a] Odgaard, A.J. 1987: *Streambank erosion along two rivers in Iowa.* Water Resour. Res., Vol. 23, No. 7, July.

[11a] Odgaard, A.J. 1981: *Transverse bed slope in alluvial channel bends.* J. Hydr. Div., ASCE, Vol. 107, No. HY12, Dec.

[12a] Pizzuto, J.E., Meckelnburg, T.S. 1989: *Evaluation of a linear bank erosion equation.* Water Resour. Res., Vol. 25, No. 5, May.

[13a] Prestegaard, K.L. 1983: *Bar resistance in gravel bed streams at bankfull stage.* Water Resour. Res., Vol. 19, No. 2, April.

[14a] Schumm, S.A., Kham, H.R. 1972: *Experimental study of channel patterns.* Geol. Soc. Am. Bull., 83, June.

[15a] Schumm, S.A. 1968: *River adjustments to altered hydrologic regime-Murrumbidgee River and paleochannels, Australia.* U.S. Geol. Survey Prof. Paper 598.

[16a] Smith, N.D. 1971: *Transverse bars and braiding in the Lower Platte River, Nebraska.* Geol. Soc. Am. Bull., Vol. 82.

[17a] Struiksma, N., Klaasen, G.J. 1988: *On the threshold between meandering and braiding.* Int. Conf. on River Regime, W.R. White, ed., Wallingford.

第 5 章　弯曲河道的几何及力学特性

弯曲河道的稳定演变（通过弯段的扩展）历时 T_R 通常远大于其河床的演变历时 T_b，因此在研究弯道水流的力学性质时，河岸通常假定为刚性的❶。同时，在本章和第 6 章中，弯道水流简化为一系列相同的反对称水流（如第 3 章所述）。因此，研究弯段输入与输出的水沙量是相等的，且变形床面（T_b 时段内）经平均处理后与初始平整床面（$t=0$ 时刻）是相符的。

5.1　河道贴体坐标系

为与目前的研究趋势保持一致（参见文献[56]，[44]，[45]，[59]，[50]，[51]等），接下来我们将使用“河道贴体”坐标系（Channel-Fitted System of Coordinates）。

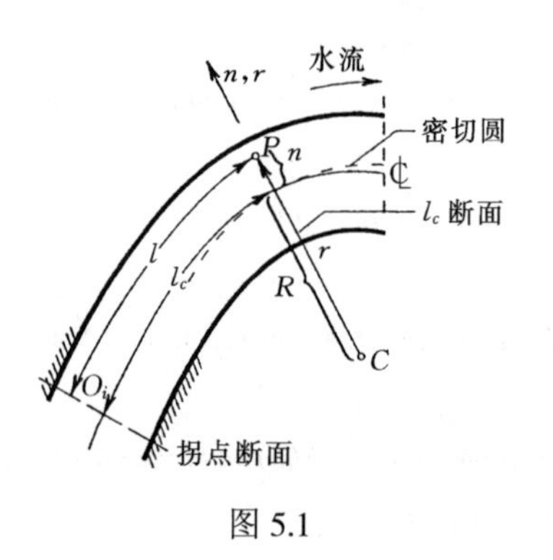

图 5.1

考虑图 5.1 所示的弯曲河道的平面图。图中，l_c 为沿河道中心线从某拐点断面 O_i 到指定水流断面之间的距离（l_c 断面）。河道中心线在任意 l_c 断面均有一个密切圆，该圆的半径（河道在 l_c 处的曲率半径）为 R；圆心（河道在 l_c 处的曲率中心）为 C。因此，R 及 C 的位置均为 l_c 的函数；而 l_c 的确定就意味着这些函数的确定。

令 P 为任一空间点。P 点的高程用它到基准面的垂直距离 z 来表示，而它在水流平面中的位置用如下任一坐标对来表示

$$\phi \text{和} r,\ l_c \text{和} n,\ l_c \text{和} r;\ \cdots \tag{5.1}$$

本书中，P 点的位置大多表示为

$$l_c,\ n \text{和} z \tag{5.2}$$

或采用它们的无量纲形式

$$\xi_c = \frac{l_c}{L},\ \eta = \frac{n}{B} \text{和} \zeta = \frac{z}{h_{av}} \tag{5.3}$$

式中：h_{av} 为河道的平均水深（平均值的定义见 5.4 节）。

---

❶ 河床和河岸的位移和变形将在第 6 章中考虑。

1. 注意，以下关系式将在后面用到

$$r = R + n\text{；}\quad \mathrm{d}l = \mathrm{d}\phi \cdot r\text{；}\quad \mathrm{d}l_c = \mathrm{d}\phi \cdot R\text{；}\quad \mathrm{d}l = \left(1 + \frac{n}{R}\right)\mathrm{d}l_c \qquad (5.4)$$

2. 如果河道的床面是平整的，且沿 l_c 的坡降为 S_c，那么沿坐标线 l（在 n 处）的坡降 S 由下式给出

$$S = S_c \frac{R}{R+n} \qquad (5.5)$$

3. 还需要注意，对于任意函数 f，有

$$\frac{\partial f}{\partial r} = \frac{\partial f}{\partial n} \qquad (5.6)$$

5.2　正弦派生弯曲河道

i）通常情况下，理想弯曲河道的中心线可用正弦派生函数（Sine-Generated Function）来表示（参见文献[33]，[35]，[68]）。

$$\theta = \theta_0 \cos\left(2\pi \frac{l_c}{L}\right) \qquad (5.7)$$

式中：θ_0 和 θ 分别为 $l_c = 0$ 和（任意）l_c 处的偏转角（Deflection Angle）（见图 5.2）。

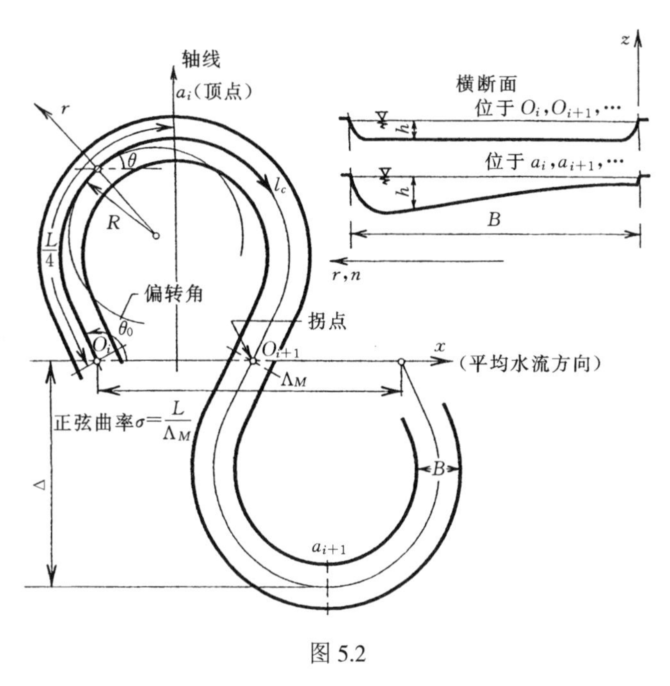

图 5.2

在断面l_c处，中心线的曲率$1/R$由下式给出

$$\frac{1}{R}=-\frac{\mathrm{d}\theta}{\mathrm{d}l_c}=\frac{2\pi\theta_0}{L}\sin\left(2\pi\frac{l_c}{L}\right) \tag{5.8}$$

式（5.8）表明：当$l_c=0$，$L/2$，L，…（在拐点O_i处）时，$|1/R|=0$；当$l_c=L/4$，$3L/4$，$5L/4$，…（在顶点a_i处）时，$|1/R|$取得最大值。

本书中，与拐点断面O_i和顶点断面a_i有关的变量分别用下标O和a表示。此外，由于在下面的内容中只处理一个弯段，所以拐点和顶点断面处的l_c值分别为$l_c=0$和$l_c=L/4$。出于同样的考虑，$1/R$始终为正值。因此，在顶点断面a_i处，$1/R$的最大值表示为：

$$\frac{1}{R_a}=\frac{2\pi\theta_0}{L} \tag{5.9}$$

我们可以证明，（参见文献[55]，[68]）L和Λ_M之间的关系可通过θ_0单独表示

$$\frac{L}{\Lambda_M}=\frac{1}{J_0(\theta_0)}\ [=\sigma(\text{弯曲系数})] \tag{5.10}$$

式中：$J_0(\theta_0)$为关于θ_0的0阶第一类Bessel函数，其图形如图5.3（a）所示，它的多项式形式在习题5.1中给出。

从图5.3中可以看出，当$\theta_0\approx138°$时，$J_0(\theta_0)=0$，且$L;\sigma\to\infty$。然而，这种情况不可能发生，因为当$\theta_0\approx126°$时，弯段将相互触碰［见图5.3（b）］，弯道水流型式遭到破坏。因此，当$\theta_0\approx126°$时，正弦派生弯曲河道的弯曲系数达到最大，即$\sigma\approx8.5$。天然河道的弯曲系数通常各不相同，一般为$1<\sigma<\approx5$。

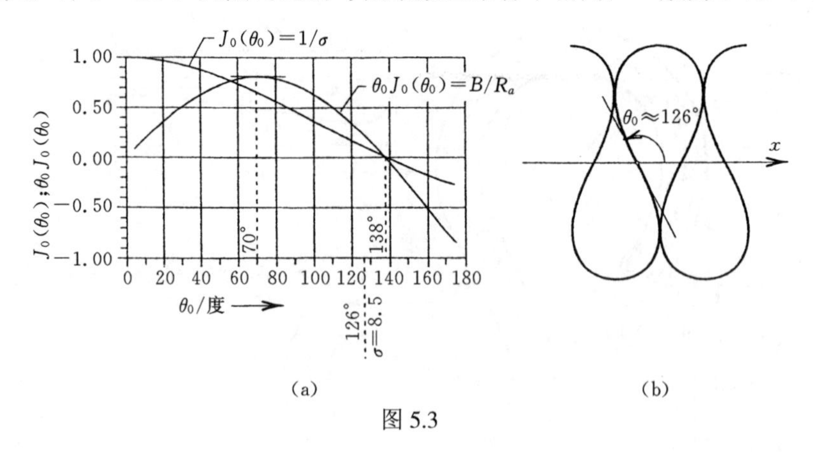

（a） （b）

图5.3

图5.4（a）给出示例：从平面上看，天然河道的走势可用正弦函数式（5.7）来表示。图5.4（b）显示了基于正弦理论［即通过式（5.10）］求得的σ的计算值与俄罗斯大型河流σ的实测值对比的情况。

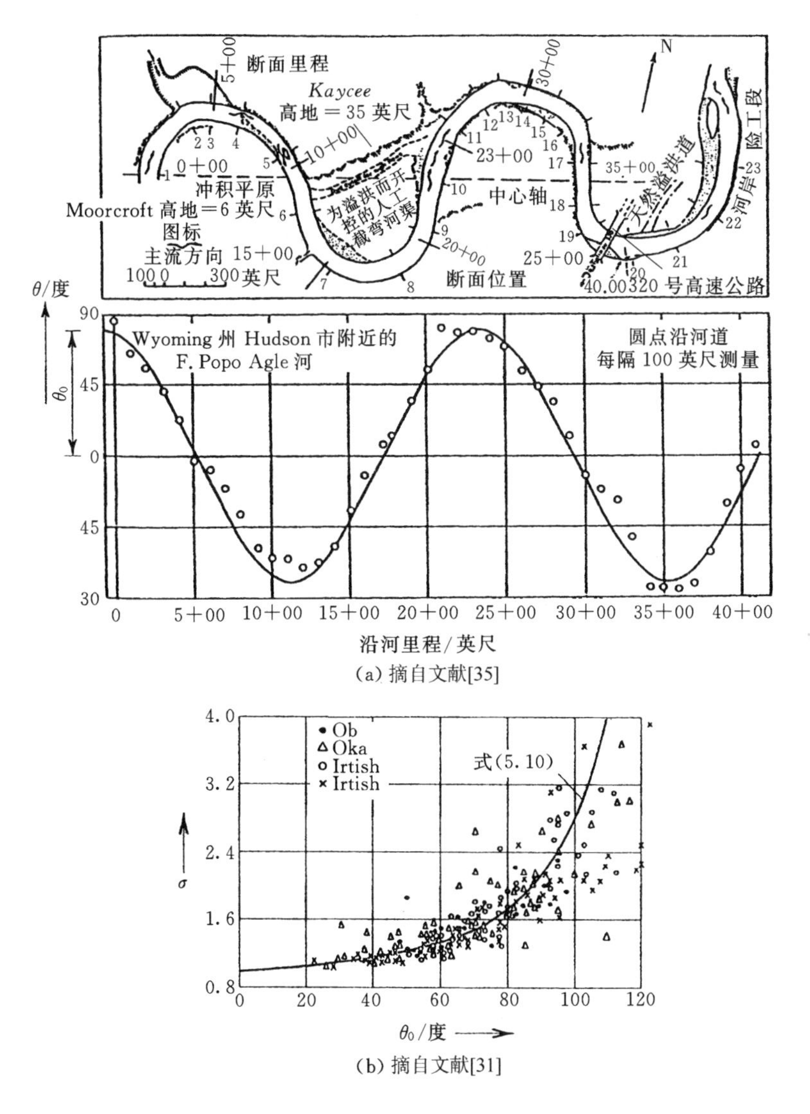

(a) 摘自文献[35]

(b) 摘自文献[31]

图 5.4

正弦派生弯曲河道的曲率表达式式（5.8），借助河宽 B，其无量纲形式可表示为

$$\frac{B}{R}=\theta_0\frac{2\pi B}{L}\sin\left(2\pi\frac{l_c}{L}\right) \tag{5.11}$$

将式（4.1），即 $\Lambda_M \approx 6B \approx 2\pi B$，代入式（5.10）得到

$$\frac{2\pi B}{L}\approx J_0(\theta_0) \tag{5.12}$$

结合式（5.11），得到

$$\frac{B}{R}=[\theta_0 J_0(\theta_0)]\sin\left(2\pi\frac{l_c}{L}\right)$$

和 （5.13）

$$\frac{B}{R_a}=\theta_0 J_0(\theta_0)$$

$[\theta_0 J_0(\theta_0)]$ 的图形如图 5.3（a）所示。从图中可以看出，随着 θ_0 的增加，相对曲率 B/R_a（进一步地，任意断面处的相对曲率 B/R）首先从零开始增加，接着在 $\theta_0\approx 70°$ 时取得最大值，然后逐渐减小，并在 $\theta_0\approx 138°$ 时重新归于零。

ii）考虑具有特定断面形状、中心线坡降为 S_c 且有效河床粗糙度为 K_s 的正弦派生弯曲河道，该河道中的水流可由以下 7 个特征参量❶确定

$$\theta_0, B, gS_c, \Lambda_M, K_s, \rho, Q \tag{5.14}$$

对于我们所研究的冲积河道，$\Lambda_M \approx 6B$［见式（4.1）］，则参量的个数减少为 6 个。因此，正弦弯曲冲积河道水流的任一参量 A 可表示为

$$A=f_A(\theta_0, B, gS_c, K_s, \rho, Q) \tag{5.15}$$

令 A 分别为河道平均水深 h_{av} 及河道平均阻力系数 c_{av}，得到

$$h_{av}=f_h(\theta_0, B, gS_c, K_s, \rho, Q)$$

和 （5.16）

$$c_{av}=f_c(\theta_0, B, gS_c, K_s, \rho, Q)$$

联立以上三个等式，即式（5.15）及式（5.16）的两个等式，消去 gS_c 和 K_s 两个参量，则任一参量 A 可表示为

$$A=f_A(\theta_0, B, h_{av}, c_{av}, \rho, Q) \tag{5.17}$$

在多数情况下，式（5.17）要比式（5.15）更简便。函数关系式（5.17）（通常是有量纲的）的无量纲形式为

$$\Pi_A=\rho^x Q^y h_{av}^z A=\phi_A(\theta_0, B/h_{av}, c_{av}) \tag{5.18}$$

式中，x，y，z 的取值必须使 Π_A 无量纲化。

如果参量 A 是空间位置的函数，那么无量纲坐标参数——如 $\xi_c=l_c/L$，$\eta=n/B$ 和 $\zeta=z/h_{av}$［由式（5.3）给出］，或其中的一个或两个——也必须纳入其中。在这种情况下，式（5.18）表示为

$$\Pi_A=\rho^x Q^y h_{av}^z A=\phi_A(\theta_0, B/h_{av}, c_{av}, \xi_c, \eta, \zeta) \tag{5.19}$$

值得注意的是，Π_A 不必非用 Q 和 h_{av} 来表示，也可选用任意两个均与 Q

---

❶ 如果河道断面的几何形态沿 l_c 的变化规律是已知的，那么 l_c 就必须作为一个附加的参量而包含在集合式（5.14）中［当然，也必须包含在由式（5.14）推导出的其他集合中］。

和 h_{av} 相关的水流参数来代替❶。例如，令 $\mathcal{V}$ 和 $\mathcal{L}$ 分别为与 Q 和 h_{av} 相关的任意“流速”和任意“长度”，则式（5.19）可表示为

$$\Pi_A = \rho^x \mathcal{V}^y \mathcal{L}^z A = \phi_A\left(\theta_0, B/h_{av}, c_{av}, \xi_c, \eta, \zeta\right) \tag{5.20}$$

5.3 横向环流

考虑弯曲河道横断面上远离河岸的区域 B_c（见图 5.5）。为使下面内容的阐释不受次生因素的影响，我们假定横断面上的河床是水平的；此外，还假定 B_c 区域内任意位置处流线 s 的曲率半径 r_s 与同一位置处河道的曲率半径 r 相同。

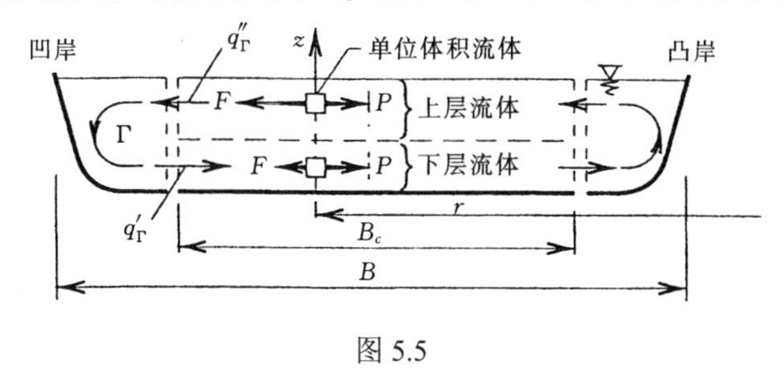

图 5.5

i）在 B_c 区域内选取 z 轴（见图 5.5）：z 轴在横断面上的位置为 r；床面处 $z=0$。沿 r 方向作用在（z 轴上）单位体积流体上的离心惯性力可表示为

$$F = \frac{\rho U^2}{r_s} \approx \frac{\rho u^2}{r} \tag{5.21}$$

式中：U 和 u 分别为 s 和 l 方向上的流速。

沿 $-r$ 方向作用在相同单位流体上的净压力可表示为

$$P = -\gamma \frac{\partial h}{\partial r} \tag{5.22}$$

实际上，式中 h 与自由水面高程 z_f 相同。F 和 P 的垂向平均值是（近似）相等的。但是，F 随 z 逐渐增大（因为 u 是随 z 逐渐增大），而 P 不随 z 发生变化。因此，在横断面上部 $F>P$，而在下部 $F<P$。这就使得“上层流体”流向凹岸，而“下层流体”流向凸岸（见图 5.5）。因此，水流在横断面上形成横向环流（Cross-Circulation）Γ。Γ 和 u 的相互结合引起流体的螺旋运动（Spiral Motion）。

ii）一般来说，离心惯性力 F、净压力 P 以及径向剪切应力 τ_Γ 沿 z 向的偏导数 $\partial\tau_\Gamma/\partial z$ 这三者是平衡的，它们之间的关系可表示为如下广泛应用的微分方程（参见文献[48]，[71]，[3]，[13]，[30]，[17]）

---

❶ 这种替换参见文献[49]，[68]，[69]。

$$-\frac{\partial \tau_{\Gamma}}{\partial z}=F+P \tag{5.23}$$

将式（5.21）和式（5.22）代入式（5.23），得

$$-\frac{\partial \tau_{\Gamma}}{\partial z}=\frac{\rho u^{2}}{r}-\gamma \frac{\partial h}{\partial r} \tag{5.24}$$

$-\partial \tau_{\Gamma}/\partial z$（即 F 与 P 的差值）沿 z 轴的分布，如图 5.6（a）所示。可以推断，τ_{Γ}（在自由水面为零）沿 z 轴的分布一定如图 5.6(b)所示。在 $z=z_1$（$\partial \tau_{\Gamma}/\partial z=0$）处，有 $\tau_{\Gamma}=(\tau_{\Gamma})_{\max}$；在床面（$z=0$）处，$\tau_{\Gamma}=(\tau_{\Gamma})_{\min}=(\tau_0)_{\Gamma}$。由于径向剪切应力 τ_{Γ}（其值无论用何种方法确定）与横向环流流速 v_{Γ} 沿 z 的梯度成比例，还可以推断，v_{Γ} 的分布应当如图 5.6（c）所示。v_{Γ} 在 $z=z_2$（$\tau_{\Gamma}=0$）处取得最小值，而在自由水面处取得最大值。[注意，v_{Γ} 沿 z 轴的分布大多采用图 5.6（c），参见文献[3]，[48]。]

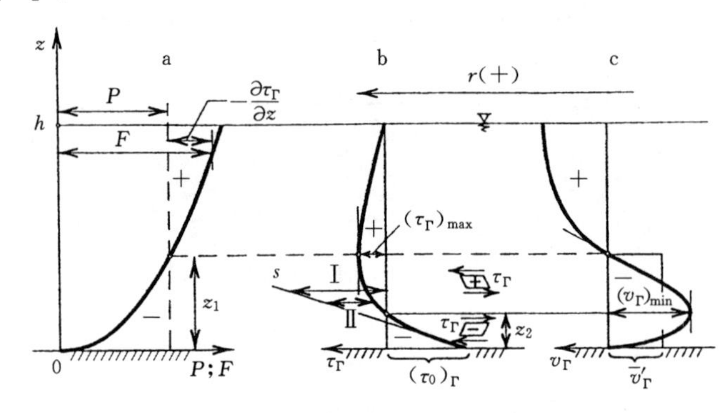

图 5.6

当 $z=z_1$ 时，$\partial \tau_{\Gamma}/\partial z=0$，则式（5.24）表示为

$$\gamma \frac{\partial h}{\partial r}=\frac{\rho u_1^{2}}{r} \tag{5.25}$$

式中：u_1 为 u 在 $z=z_1$ 处的值。

将式（5.25）代入式（5.24），并在 $[0,z]$ 区间内积分，得到

$$\tau_{\Gamma}=\underbrace{(\tau_0)_{\Gamma}+\left(\frac{\rho u_1^{2}}{r}\right)z}_{\mathrm{I}}-\underbrace{\frac{\rho}{r}\int_0^z u^2\mathrm{d}z}_{\mathrm{II}} \tag{5.26}$$

式中，当 z 取值较小时，式（Ⅱ）相对于式（Ⅰ）可忽略不计［正如图 5.6（b）所描绘的，此时，τ_{Γ} 曲线将不可分辨于表征式（Ⅰ）的直线 s]。因此，在 $0<z<z_2$ 区间内，用直线 s 近似代替曲线 τ_{Γ}，则有

$$\tau_\Gamma = (\tau_0)_\Gamma + \left(\frac{\rho u_1^2}{r}\right) z \quad (当 z \in [0, z_2] 时) \tag{5.27}$$

考虑到 $z = z_2$ 时，$\tau_\Gamma = 0$，得到

$$(\tau_0)_\Gamma = -\left(\frac{\rho u_1^2}{r}\right) z_2 \tag{5.28}$$

$z = z_1$ 处的纵向流速 u_1 可用纵向垂向平均流速 $\bar{u}$ 的若干倍来表示，而 z_2 则写为水深 h 的若干分之一

$$u_1 = \alpha_1 \bar{u}\ (\alpha_1 > 1),\ z_2 = \alpha_2 h\ (\alpha_2 < 1) \tag{5.29}$$

利用式（5.29），可以将式（5.28）改写为

$$(\tau_0)_\Gamma = -(\alpha_1^2 \alpha_2) \rho \bar{u}^2 \frac{h}{r} \tag{5.30}$$

定义 $\bar{v}'_\Gamma$ 为河道断面下部的平均横向环流流速（河道下部的高度为 z_1，其水流流向指向凸岸）。在床面附近，流速 $\bar{v}'_\Gamma$ 和床面剪切应力 $(\tau_0)_\Gamma$ 均为负值［见图5.6（b）、图5.6（c）］。然而，我们只关心这些特征参量的大小（正值），因此，在接下来的讨论中，式（5.30）中的负号将被省略。流速 $\bar{v}'_\Gamma$ 始终与作用在水流边界上的剪切应力 $(\tau_0)_\Gamma$ 有关，采用适当的阻力系数（比如 c_Γ），有

$$(\tau_0)_\Gamma = \frac{\rho (\bar{v}'_\Gamma)^2}{c_\Gamma^2} \tag{5.31}$$

由于 $z_1 < h$ 且因此 $z_1 / k_s < h / k_s$，则阻力系数 c_Γ 小于河道阻力系数 c，得到

$$\frac{c_\Gamma}{c} = \alpha_c < 1 \tag{5.32}$$

根据式（5.30）、式（5.31）和式（5.32），在中心线附近（r 等同于 R）得到

$$\left(\frac{\bar{v}'_\Gamma}{\bar{u}}\right)^2 = \alpha c^2 \frac{h}{R} \tag{5.33}$$

式中：$\alpha = \alpha_c^2 \alpha_1^2 \alpha_2$。

式中，任一（无量纲）α_i 均由纵向流速 u 沿 z 轴的分布决定。但由于其自身分布的形状主要取决于 c，目前可以推断出 α 为 c（或 c 和其他一些参数）的未知函数。

式（5.33）表明，横向环流流速随 h/R 的增加而增大，这一结论已经被许多学者证实（参见文献[48]，[70]，[30]，[13]，[16]，[12]等）。然而，式（5.33）仅显示了横向环流的影响随河道曲率的增加而增大；该式并不包含任何针对冲积河流的有用的信息。例如，天然弯曲河道的相对曲率 B/R 并不是任意的；对正弦派生弯曲河道而言（视为理想化的天然河道），B/R 的值通过式（5.13）确定。利用式（5.13），则式（5.33）可表示为如下形式

$$\left(\frac{\overline{v}'_{\Gamma}}{\overline{u}}\right)^2 = \alpha c^2[\theta_0 J_0(\theta_0)]\sin\left(2\pi\frac{l_c}{L}\right)\frac{h}{B} \tag{5.34}$$

在顶点断面 a（即 $l_c = L/4$）处，$\overline{v}'_{\Gamma}/\overline{u}$ 取得最大值

$$\left(\frac{\overline{v}'_{\Gamma}}{\overline{u}}\right)^2_a = \alpha c^2[\theta_0 J_0(\theta_0)]\frac{h}{B} \tag{5.35}$$

这一关系式表明，对于给定的正弦派生弯曲河道中的水流（即给定 $\overline{u}$、h、B 和 c），$\overline{v}'_{\Gamma}$ 值，亦即横向环流 Γ 的影响（$\sim \overline{v}'_{\Gamma}$），随河道初始偏转角 θ_0 变化；或者，随河道的弯曲系数 $\sigma = [J_0(\theta_0)]^{-1}$ 变化。从图 5.3（a）中函数 $[\theta_0 J_0(\theta_0)]$ 的图形可以看出，函数在 $\theta_0 \approx 70°$ 时达到它的最大值。因此，$\overline{v}'_{\Gamma}$ 和 Γ 的影响从 $\theta_0 \approx 70°$ 开始随偏转角 θ_0 的增大而减小。式（5.34）也表明，对任意给定的 σ 或 θ_0，$\overline{v}'_{\Gamma}$ 和 Γ 的影响随 B/h 的增大而逐渐减小。

尽管上述推导过程略显简单，但我们仍能从中清楚地看出，对于天然弯曲河道，横向环流（Γ）的作用不能不考虑 B/h 和 θ_0 的影响。这里，我们顺便提及，变态物理模型中的 B/h 较原型小数倍，因此 Γ 的作用可能被放大——很早之前，Matthes 就已经注意到了这个问题[参见文献[40]，[41]，更多相关内容见 5.7 节 ii)]。

5.4 平均处理方法

i）由于 B/h“较大”，故弯曲河道的相关计算可以建立在垂向平均的基础上（参见文献[9]，[29]，[44]，[51]，[52]，[56]，[58]，[59]，[28]），本书中也将这样处理。因此，特征参量 $A = f_A(l_c, r, z, \cdots)$ 将被视为

$$\overline{A} = \frac{1}{h}\int_0^h A\mathrm{d}h = \overline{f}_A(l_c, r, \cdots) \tag{5.36}$$

例如，流速矢量

$$\mathbf{U} = u\mathbf{i}_l + v\mathbf{i}_r + w\mathbf{i}_z \tag{5.37}$$

将被视为

$$\overline{\mathbf{U}} = \overline{u}\mathbf{i}_l + \overline{v}\mathbf{i}_r \tag{5.38}$$

式中，$\overline{u}$ 和 $\overline{v}$ 仅为 l_c 和 r 的函数（宽浅河道中，$\overline{w} \to 0$）。通过垂向平均处理，运动方程由三个减为两个，因此，我们可以用一组 $(l_c; n)$ 平面内的流线来描绘水流。

ii）由于横向环流 Γ“流向凸岸”的流量 q'_{Γ} 与“流向凹岸”的流量 q''_{Γ} 是相等的（见图 5.5），故横向环流的垂向平均速度 $\overline{v}_{\Gamma}$ 等于零，继而 Γ（$\sim \overline{v}_{\Gamma}$）等于零：

$$\overline{v}_{\Gamma}=\frac{1}{h}\int_{0}^{h}v_{\Gamma}\,\mathrm{d}z\equiv 0\,(\sim\Gamma) \tag{5.39}$$

因此，垂向平均处理方法不能反映 Γ 的影响；如果河道的 B/h “较小”（比如 $B/h<\approx 10$），应当谨慎使用垂向平均处理方法。

iii）特征参量 A 的断面平均值 A_m 表示为

$$A_m=\frac{1}{B}\int_{-B/2}^{B/2}\overline{A}\mathrm{d}n=f_{A_m}(l_c,\cdots) \tag{5.40}$$

A 的河域平均值 A_{av} 表示为

$$A_{av}=\frac{2}{L}\int_{0}^{L/2}A_m\mathrm{d}l_c=f_{A_{av}}(\cdots)=\mathrm{const} \tag{5.41}$$

iv）注意以下几点：

1. 多数情况下，弯曲河道仅通过径向（$n\sim\eta$）的“调整”（或“重分布”）的方式来改变某些特征参量（A）的值——而不改变它们沿 $l_c\sim\xi_c$ 的断面平均值（参见文献［54］）。在这种情况下，则有

$$A_{av}=A_m \tag{5.42}$$

例如，特征参量 $\overline{u}$ 、h 和 c 都属于这一范畴——它们的断面平均值与河域平均值相等。而这并不适用于自由水面高程 z_f、内能 e_i 和熵 S_*。

2. 由于假定河宽 B 沿 $l_c\sim\xi_c$ 为定值［见 3.4.1 节 iii)］，因此贯穿全文的“B/h”可用“$B/h_{av}=B/h_m$”来表明。

3. 在弯曲河道的研究中，涉及的相关系数（K_{AB}）通常“很小”，因此总被忽略（参见文献[44]，[56]，[58]，[54]）。考虑到这一点，本书中，两个变量（如 A 和 B）乘积的垂向平均值将表示为它们垂向平均值的乘积❶。

$$\overline{AB}=\overline{A}\bullet\overline{B}+K_{AB}\approx\overline{A}\bullet\overline{B} \tag{5.43}$$

4. 对于正弦派生弯曲河道中的垂向平均水流，式（5.20）简化为

$$\Pi_A=\rho^x\mathcal{V}^y\mathcal{L}^z A=\phi_A\left(\theta_0,B/h_{av},c_{av},\xi_c,\eta\right) \tag{5.44}$$

其中　$\xi_c=l_c/L$，$\eta=n/B$

如文献[49]，[68]，[69]所述，式（5.44）等号右边的无量纲变量并不一定全部出现在任意变量 A 对应的表达式 Π_A 中。

5.5　弯道水流的对流特性

i）实验表明，宽浅弯曲河道（不一定是正弦派生弯曲河道）中的水流表现

---

❶ 式（5.43）用于 6.1.1 节 i）中垂向平均方程式（6.1）~式（6.6）的推导中。

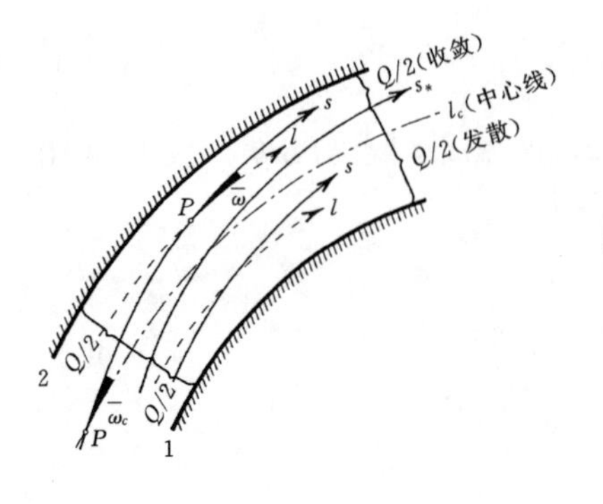

图 5.7

出对流性：其（垂向平均）流线 s 的方向较坐标线 l 的方向有所偏移（见图 5.7）。点 P 处的偏移程度用偏移角（Deviation Angle）$\bar{\omega}$ 来表征：如果 P 位于 l_c 上，那么 $\bar{\omega}=\bar{\omega}_c$。显然，$\tan\bar{\omega}=\bar{v}/\bar{u}$。在正弦派生弯曲河道中，横断面上最大的 $\bar{\omega}$ 位于中心线附近。然而，$\bar{\omega}$ 通常小于 1/10，因此

$$\bar{\omega}=\bar{v}/\bar{u} \tag{5.45}$$

在水流边界 1 和 2（河岸）处，$\bar{\omega}\equiv 0$。

令流线 s_* 为水流对流加速区和减速区，即水流收敛区和发散区（沿 l_c 呈现周期性变化）的分界线。流线 s_* 将流量 Q 分为两个相等的部分；位于流线 s_* 左侧和右侧的部分各输送 $Q/2$（为什么？）。因此，弯道水流的整体对流特性可通过 s_* 的趋势单独反映。

ii） 以下内容建立在室内实验的基础上，该实验在具有平整河床的弯道水流中进行（参见文献[65]，[66]，[54]，[62]）。

1. 如果 θ_0 取“较小”值（如 $\theta_0 <\approx 30°$），则对流水流如图 5.8（a）所示。在长度为 $L/2$ 且其上游端和下游端分别靠近（稍偏上游）两个相邻顶点断面 a_{i-1} 和 a_i 的水流区域内，偏移角 $\bar{\omega}$ 的符号保持不变。[如图 5.8（a）所示，$\bar{\omega}$ 在断面 a_{i-1} 和 a_i 之间为 (–) 号，而在断面 a_i 和 a_{i+1} 之间为 (+) 号]。这一类型的水流（大致）在 $a_{i-1}a_i$ 之间的内岸是收敛（Convergent）的，我们称之为（按照文献[54]）内偏流（Ingoing Flow）。

2. 如果 θ_0 取“较大”值（如 $\theta_0 >\approx 70°$），则对流水流如图 5.8（b）所示。对于这种情况，在长度为 $L/2$ 且其上游端和下游端分别靠近（稍偏下游）两个相邻拐点断面 O_i 和 O_{i+1} 的水流区域内，偏移角 $\bar{\omega}$ 的符号保持为正。[如图 5.8（b）所示，$\bar{\omega}$ 在断面 O_i 和 O_{i+1} 之间为 (+) 号]。这一类型的水流（大致）在 O_iO_{i+1} 之间的内岸是发散（Divergent）的，我们称之为外偏流（Outgoing Flow）。

3. 如果 θ_0 取“中间”值（如 $\approx 30° < \theta_0 <\approx 70°$），则长度为 $L/2$ 的水流区域在位于 1.和 2.所述位置之间，在该

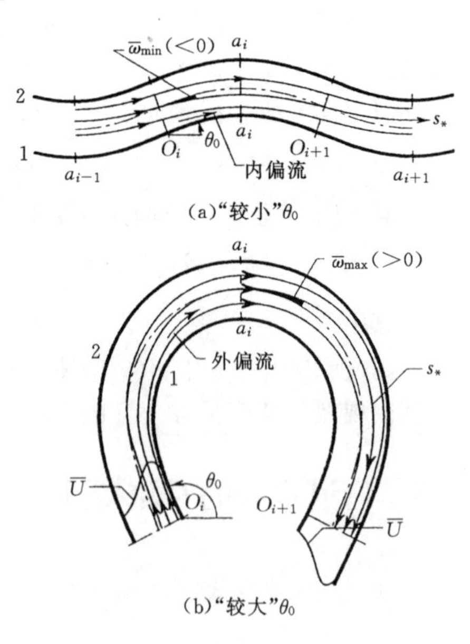

(a)“较小”θ_0

(b)“较大”θ_0

图 5.8

水流区域内，ϖ的符号保持不变。

［假定图 5.8 中任意两条流线之间的流量相等。因此，两条流线相隔越近，它们之间的流速$\bar{U}$越大；两条流线相隔越远，$\bar{U}$越小，见图 5.8（b）中$\bar{U}$的示意图。］

对于上文中提及的“稍偏上游”“稍偏下游”和“大致”，可作如下解释。我们理应确信，只有在$\theta_0 \to 0°(\sigma \to 1)$时，“内偏流”对流加速区（在凸岸 1 处）的上游端和下游端才与顶点断面a_{i-1}和a_i完全一致。类似地，只有在$\theta_0 \to 138°(\sigma \to \infty)$时，“外偏流”对流减速区的上游端和下游端才与拐点断面O_i和O_{i+1}完全一致。图 5.9（a）简要描绘了上述长度为$L/2$的水流区域内$\varpi_c/(\varpi_c)_{\max}$的分布情况（$\varpi=0$，且因此$\varpi_c/(\varpi_c)_{\max}=0$，标志着水流对流加速或减速区的结束）。图中，曲线$C_0$和$C_{138}$分别为相应于$\theta_0=0°$和$\theta_0=138°$的极限曲线——相应于$0°<\theta_0<138°$区间内任意$\theta_0$的曲线$C_{\theta_0}$位于这二者之间。因此，曲线$C_{30}$稍偏于$a_i$的上游，而曲线$C_{110}$则稍偏于$O_i$的下游。图 5.9（a）中的曲线$C_{\theta_0}$随$\theta_0$的增大（从$C_0$到$C_{138}$）而逐渐向左“偏移”［上述所有曲线的形状，均在一定程度上依赖于B/h_{av}和c_{av}，见式（5.18）］。图 5.9（b）［其中，$(\varpi_c)_a$为ϖ_c在顶点断面处的值］用以辅助说明之前的内容：当$\theta_0 <\approx 30°$时，$(\varpi_c)_a/(\varpi_c)_{\max}$“接近于 0”，但只有当$\theta_0=0°$时，它才严格等于 0；类似地，当$\theta_0 >\approx 70°$时，$(\varpi_c)_a/(\varpi_c)_{\max}$“接近于 1”，但只有当$\theta_0=138°$时，它才严格等于 1。然而，为了方便阐释，以下将假定内偏流的上限为$\theta_0 \approx 30°$，外偏流的下限为$\theta_0 \approx 70°$，

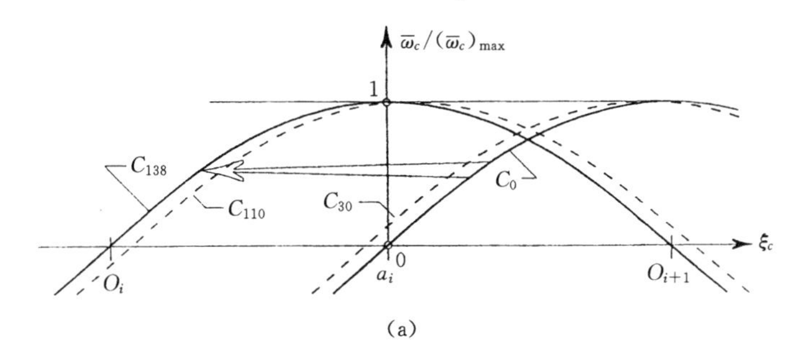

（a）

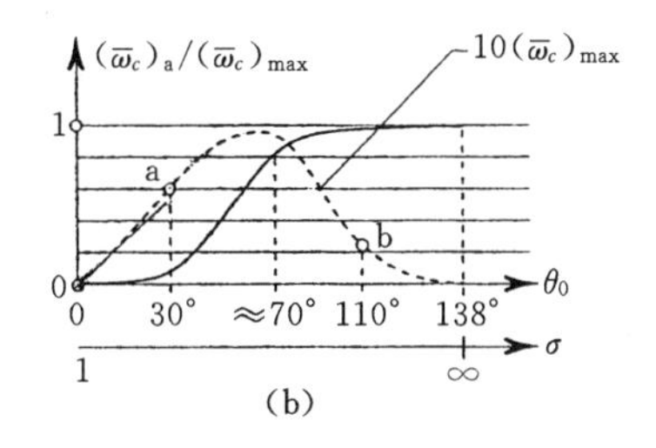

（b）

图 5.9

且它们$\bar{\omega}_c$的极值（最大值和最小值）分别出现在拐点和顶点断面处［见图 5.8（a）、图 5.8（b）］。需要注意的是，图 5.9（a）还显示了$(\bar{\omega}_c)_a$的值始终为正：对于任意$\theta_0 \in [0°,138°]$，$(\bar{\omega}_c)_a \geqslant 0$。

图 5.9（b）还表明了$(\bar{\omega}_c)_a$随θ_0变化的大致情况。当$\theta_0 = 0°$和$\theta_0 = 138°$时，河道曲率趋于零（任意ξ_c处，$B/R \to 0$），且有$(\bar{\omega}_c)_{\max} \to 0$。$(\bar{\omega}_c)_{\max}$曲线上的$a$点和$b$点是通过实验得到的（参见文献[54]）［可见第 6 章图 6.6（a）和图 6.6（b）］。

iii）图 5.10（a）、图 5.10（b）显示了具有“较小”和“较大”θ_0的真实弯曲河道中的冲刷—淤积情况。观察发现，冲刷—淤积区域（表现为“深槽”和“浅滩”）在水流平面中的位置与图 5.8（a）、图 5.8（b）中水流收敛—发散区域的位置大致相同。注意到，图 5.10（b）中河流冲刷—淤积最强烈的区域位于顶点断面a_i的稍偏下游处；这大概是因为这些河流（$\theta_0 \leqslant \approx 90°$）的最大偏移角$\bar{\omega}_c$位于顶点断面$a_i$的稍偏下游处［见图 5.9（a）］。接下来将解释为什么河道的冲刷—淤积区域与水流的收敛—发散区域大致相同。

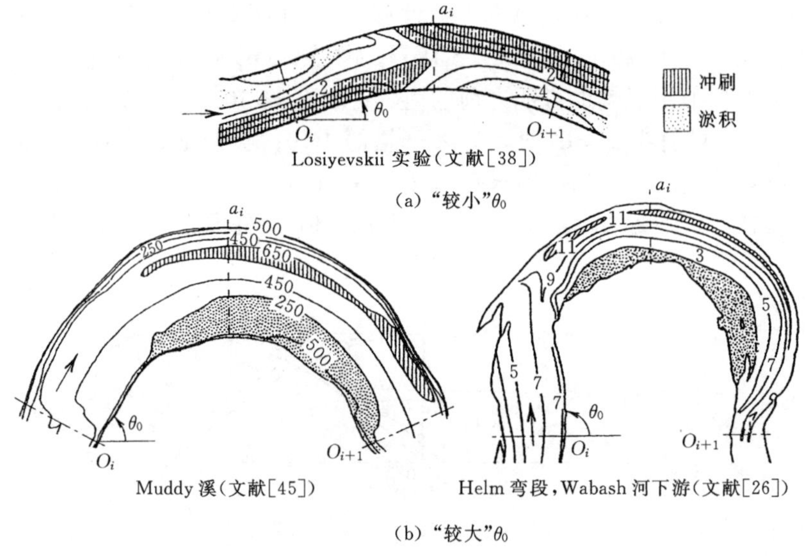

图 5.10

令$(z_b)_0$为$t=0$时刻（实验开始时）初始平整河床中点P的高程，$(z_b)_T$为$t=T_b$时刻变形河床中点P的高程［见图 5.11（a）］。河床表面在点P处的垂向位移（正值或负值）$z'_T = (z_b)_T - (z_b)_0$由下式确定

$$z'_T = \lim_{N\to\infty}\sum_{i=1}^{N}(\delta z')_i = \lim_{N\to\infty}\sum_{i=1}^{N}W_i\delta t_i = \int_0^{T_b} W \cdot \mathrm{d}t \tag{5.46}$$

式中：W为t的单调函数。

因为$W \sim \nabla\mathbf{q}_s = (h\bar{\mathbf{U}})\nabla\psi_q$［见式（1.73）和式（1.79）］，且$\Psi_q$是$\tau_0 \sim \bar{U}^2$的

递增函数［见式（1.78）］，所以$|z'_T|$的最大值一定出现在“对流”项$|\partial\bar{U}/\partial s|$也取得最大值的水流区域中。因此，横断面上的特征参量$\bar{\omega}_c$可视为该横断面上水流收敛—发散程度的“量度”。

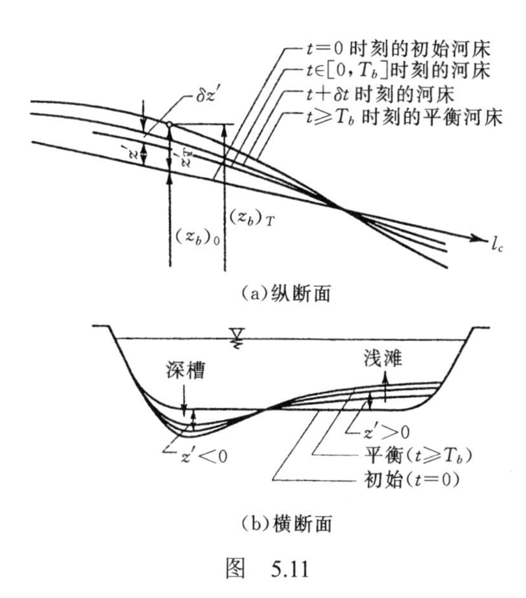

图 5.11

z'，即床面深槽和浅滩的发展，随时间的推移逐渐增大。由于浅滩阻碍水流且水流流向深槽，床面深槽和浅滩将改变水流形态（相较于初始平整河床上的水流形态），这一现象称为“地形转向（Topographic Steering）”（参见文献[44]，[45]）。因此，随着时间的推移，流经浅滩（水深 h 较小）的水流流速$\bar{U}$逐渐减小，而流经深槽（水深 h 较大）的水流流速$\bar{U}$逐渐增大。当水流“试图”避开浅滩而流经深槽时，自由水面位置的变化并不明显。（天然河流一般 B/h_{av} 和 θ_0 较大且河床变形较剧烈，其流速$\bar{U}$始终在顶点断面 a_i 附近的凹岸处取得最大值，此处深槽最显著，相应水深 h 最大，而拐点断面 O_i 处的河床始终趋于平整，最大流速不会在该断面出现。）

值得注意的是，床面上最剧烈的垂向变化，即 $W\sim\delta z'$ 的最大值，一般出现在时段 $0<t<T_b$ 的早期［见图 5.11（b)］。这就解释了为什么深槽和浅滩在水流平面中的位置大致可通过流经初始平整河床（$t=0$）的水流的对流特性进行预测。在河床演变后期，浅滩和深槽的发展主要体现在其显著程度的变化上，而其位置在河流平面上基本保持不变。但如果深槽和浅滩的幅度对水流形态有较大影响，则上述结论不能成立。当整个河域均达到 $\nabla\mathbf{q}_s\equiv 0$（$t=T_b$ 时刻）时，床面的发展将会终止［见 1.7 节 ii)］。图 5.12 给出了较大 θ_0 时初始水流形态 $(s_*)_0$ 和最终水流形态 $(s_*)_T$ 的特征。当然，对于较小 θ_0 的情况，其水流形态同样可以描绘。

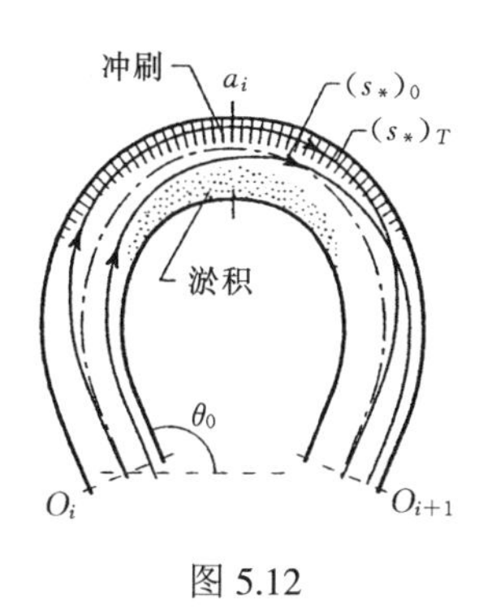

图 5.12

对于宽浅河道的河床变形，横向环流（Γ）的作用可以忽略；因此，这里也不考虑其影响［见式（5.34）和 5.7 节］。

5.6 弯曲河道的阻力系数

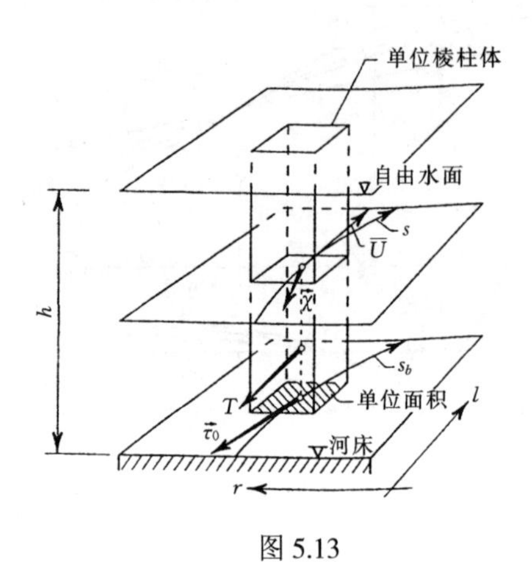

图 5.13

i）考虑弯道水流中点 $(l_c; r)$ 处的 $h\times1\times1$ 的单位棱柱体（见图 5.13）。棱柱体的底面受到床面剪切应力 $\vec{\tau}_0$ 的作用；垂向表面则受到流线弯曲引起的应力 σ_{ll}、σ_{rr} 和 $\tau_{rl}=\tau_{lr}$ 的作用。令 $\vec{\chi}$ 为作用在垂向表面上的应力 $\bar{\sigma}_{ll}h$、$\bar{\sigma}_{rr}h$ 和 $\bar{\tau}_{rl}h=\bar{\tau}_{lr}h$ 的合力（式中，$\bar{\sigma}_{ll}$、$\bar{\sigma}_{rr}$、…为 σ_{ll}、σ_{rr}、…的垂向平均值）[1]。则作用在单位棱柱体上流体的总阻力 **T** 为

$$\mathbf{T}=\vec{\tau}_0+\vec{\chi} \tag{5.47}$$

总阻力 **T** 与流体沿垂向平均流线 s 运动的方向相反，即沿 $-\mathbf{i}_s$ 方向；河床剪切应力 $\vec{\tau}_0$ 与流体沿床面上的流线 s_b 运动的方向相反，即沿 $-\mathbf{i}_b$ 方向。然而，在宽浅河道中，$\mathbf{i}_s$ 与 $\mathbf{i}_b$ 之间的差异是可以忽略的；因而式（5.47）可表示为

$$\mathbf{T}=\mathbf{i}_sT=\mathbf{i}_s\tau_0+\vec{\chi}=\mathbf{i}_s(\tau_0+\chi_s) \tag{5.48}$$

式中：χ_s 为 $\vec{\chi}$ 沿流线 s［在 $(l_c;\ r)$ 处］的分量。

令 $\bar{\mathbf{U}}=\mathbf{i}_s\bar{U}$ 为同一位置处的垂向平均流速矢量。无量纲比值

$$c_M=\frac{\bar{U}}{\sqrt{T/\rho}} \tag{5.49}$$

可视为（弯曲河道的）当地阻力系数（Local Resistance Factor）（参见文献[54]，[53]）。现在，我们回顾 c_M 的河域平均值和断面平均值是如何计算的。

ii）由于任意 t 时刻弯段（O_i 和 O_{i+1} 之间）内“输入”与“输出”的水沙量可视为相等，故弯段的平均河床与 $t=0$ 时刻的初始平整河床相同（参见文献[54]第 14、15 页）。

此外，野外和室内实验测量表明［见图 5.14（a）、图 5.14（b）］，任意 t 时刻，任意横断面上冲刷和淤积的面积（大致）是相等的[2]。因此，假定

---

[1] 就 $\bar{\sigma}_{ll}$、$\bar{\sigma}_{rr}$ 和 $\bar{\tau}_{lr}=\bar{\tau}_{rl}$ 而言，$\vec{\chi}$ 的表达式由式（6.14）和式（6.15）给出。注意到，组成 $\vec{\chi}$ 的分量的项，即 $\partial(\bar{\tau}_{rl}h)/\partial r$，$2\bar{\tau}_{rl}h/r$，…具有应力的量纲。

[2] 考虑图 5.14（b）中断面 ab 和 cd 之间的水流平面区域。由于 $\overset{\frown}{ad}>\overset{\frown}{bc}$，故横断面上凸岸 $\overset{\frown}{bc}$ 附近的淤积面积，实际上，稍大于凹岸 $\overset{\frown}{ad}$ 附近的冲刷面积（因为平均河床高程始终保持不变）。

$$h_m = h_{av} \tag{5.50}$$

且因此

$$u_m = u_{av}$$

[因为 $u_m = Q/(Bh_m) = Q/(Bh_{av}) = u_{av}$]。

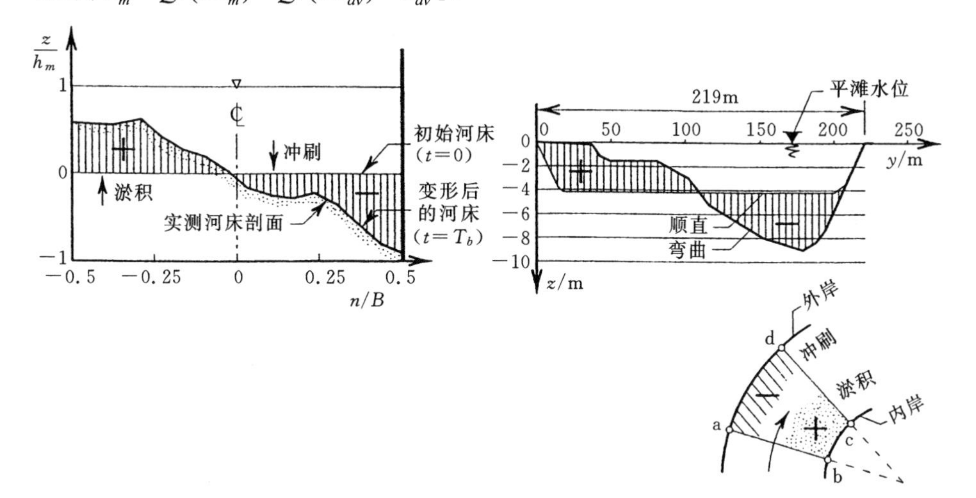

(a)正弦派生实验河道(文献[23])　　(b)Syr-Darya 河下游典型的顺直和弯曲区域(文献[37])

图 5.14

现在考虑河床坡降。纵向河床坡降 S 的河域平均值 S_{av}（通过对大量的反对称相等弯段或限定的几个弯段进行平均得到）等于河道中心线上的坡降 S_c。

$$S_{av} = S_c \tag{5.51}$$

由式（5.5），我们可确定出 S 的断面平均值 S_m

$$\begin{aligned} S_m &= \frac{1}{B}\int_{-B/2}^{B/2} S\mathrm{d}n = \frac{S_c}{B}\int_{-B/2}^{B/2}\frac{R}{R+n}\mathrm{d}n = S_c\frac{R}{B}\ln\left(\frac{1+B/2R}{1-B/2R}\right) \\ &= S_c\left[1+\frac{1}{12}\left(\frac{B}{R}\right)^2+\frac{1}{80}\left(\frac{B}{R}\right)^4+\cdots\right]\approx S_c \end{aligned} \tag{5.52}$$

式中最后一步推导，是由于正弦派生弯曲河道中，B/R 的最大值，即 B/R_a，对于任意 θ_0 均不超过≈0.8［见图 5.3（a)］；即便将 $B/R=0.8$ 代入式（5.52)，我们也只得到 $S_m = S_c[1+0.053+0.005+\cdots]\approx 1.058S_c$。因此，在实际应用中，采取式（5.53）具有足够的精度。

$$S_m \approx S_c = S_{av} \tag{5.53}$$

由式（5.50）和式（5.53），得到

$$\frac{u_m}{\sqrt{gS_m h_m}} \approx \frac{u_{av}}{\sqrt{gS_{av} h_{av}}} \tag{5.54}$$

式中，等号左边和右边分别为c_M的断面平均值和河域平均值，即

$$(c_M)_m \approx (c_M)_{av} \tag{5.55}$$

iii）关于弯曲河道中能量损失及河道平均阻力系数的研究已经很多，这也是水利工程师很感兴趣的话题（参见文献[2]，[48]，[42]，[36]，[4]，[20]，[47]，可供使用的方法参见文献[27]）。从野外和室内实验测量发现，宽浅弯曲河道的平均阻力系数$(c_M)_{av}$与相应的顺直河道的c（常量）没有明显差异❶。因此，得到

$$(c_M)_{av} \approx c \tag{5.56}$$

考虑式（5.55），上式可进一步表示为

$$(c_M)_m \approx (c_M)_{av} \approx c \tag{5.57}$$

实际上，式（5.57）的结果并不令人感到意外；因为理想条件下，天然弯曲河道的形成有使其曲率变化率达到最小的趋势[$\mathrm{d}(1/R)/\mathrm{d}l \to \min$]——正弦派生弯曲河道的平面形状也可据此推导出（参见文献［68］)。此外，弯曲河道中形成的冲刷和淤积区域（“深槽”和“浅滩”）没有任何（像沙纹和沙垄的背水面那样的）陡峭的表面：这表明，这些区域作为“小幅沙波”叠加在平均平整河床上。在宽浅的天然弯曲河道中，变形河床最大的横向和纵向比降，即$|\partial z'_T/\partial n|$和$|\partial z'_T/\partial l_c|$，通常分别小于1/20和1/120[如图5.14(b)所示的Syr-Darya河的弯曲河段，横比降约为1/25]。由于宽浅弯曲河道的阻力几乎全部由沙纹和沙垄引起，故$(c_M)_{av}$的值可由式（2.55）计算出的顺直河道的c值代替。当然，式中的h必须用弯曲河道的平均水深h_{av}代替。实际上，用于验证式（2.55）的实验点（见图2.22~图2.24）部分来源于顺直河道，部分来源于弯曲河道——从图中并不能分辨出这两种实验点。

然而，式（5.56）和式（5.57）并不意味着c_M在整个$(l_c;r)$平面内保持不变（一些学者曾这样假定）。实际上，这一结论是错误的。当地的c_M如何确定将在第6章中进行讨论。

5.7 结语

针对弯曲河道的系统性研究始于19世纪末期，其最初主要为满足实际需要。因此，首批观测者多为治河工程师，如M. Fargue，M.P. Du Boys，N. de Leliavsky，H. Engels，C.C. Inglis，S. Leliavskii等（参见文献[14]，[10]，[6]，[7]，[11]，[24]，[34]），且他们的观测均在野外进行。

❶ 我们假定顺直河道中的水流是均匀的，且h和K_s在整个流域内保持不变：$c = c_m = c_{av} = \text{const}$。

然而，旨在揭示弯曲河道力学特性的研究大多在实验室开展（Rozovskii 1957[48]，Ippen 和 Drinker 1962[25]，Fox 和 Ball 1968[15]，Yen 和 Yen 1971[71]，Francis 和 Asfari 1971[16]，Martvall 和 Nilsson 1972[39]，Mosonyi 和 Goetz 1973 [43]，Varshney 和 Garde 1975[63]，Kikkawa，Ikeda 和 Kitagawa 1976[30]，Choudhary 和 Narasimhan 1977[5]，De Vriend 和 Koch 1978[8]，Tamai、Ikeuchi 和 Yamazaki 1983[61]或[60]，Odgaard 1984[46]，Steffler 1984[57]，Almquist 和 Holley 1985[1]等）。但是，这类弯道研究要么采用（不同的中心角的）单一的圆形弯段，要么采用若干连续的圆形弯段。也有某些研究的案例，其河道由圆形弯段和顺直段交替组成。实际上，正弦派生弯曲河道的研究，仅有以下学者进行过探讨：Hooke 1974[22]，Hasegawa 1983[18]（或 Hasegawa 和 Yamaoka 1983[19]），Ikeda 和 Nishimura 1986[23]，Whiting 和 Dietrich 1993[65],[66],[67]，Silva 1995[54]或[53]，Termini 1996[62]。

i）由圆形弯段组成的弯曲河道，其曲率 $1/R$ 的图形在弯段末端（拐点）O_i 处存在一系列不连续的“跳跃”[图 5.15（a）]，这些“跳跃”会使 O_i 处的水流产生剧烈的动荡。这使得其水流形态，实质上较正弦派生弯曲河道有所偏离——正弦派生弯曲河道的曲率 $1/R$ 及其关于 l_c 的导数沿 l_c 是连续变化的［见图 5.15（b）］。

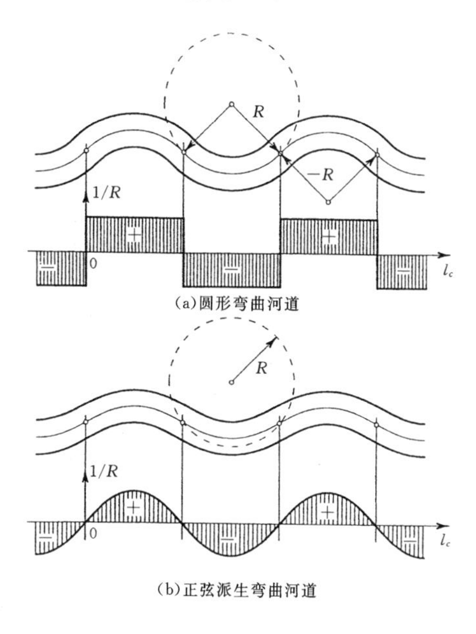

图 5.15

ii）为使实验水流便于观测，且确保其流态为紊流，h 不能小于 2~4cm。另一方面，受实验室场地所限，$B \sim \Lambda_M$ 不能太大；因此，实验所采用的 B/h 值一般不超过 10~15。然而，天然弯曲河流的 B/h 值通常可达到 100~150。这就意味着实验所采用的弯曲河道的 B/h 值是不合理的，而这将导致相对横向环流流速 $v_\Gamma/\bar{u} \sim \sqrt{h/B}$ 不成比例地增大［见式（5.34）］，进而放大了横向环流（Γ）的作用。

iii）对于理想化的弯曲河道（假定所研究的弯段距河道的上游端和下游端足够远），水流的几何及力学参量在弯段末端 O_i 和 O_{i+1} 对应的横断面 A_i 和 A_{i+1} 上具有（反对称）相同的分布。这种相同的分布（对于弯道水流，是其微分方程重要的边界条件），在河道仅包含一个或两个圆形弯段且具有顺直入口和出口的实验中几乎不可能实现。然而，许多著名的旨在揭示弯道水流运动机理的实验仍然按这种方式进行（见图 5.16 和图 5.17）。

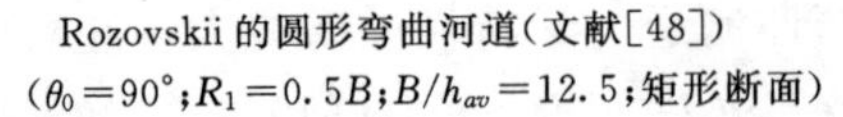

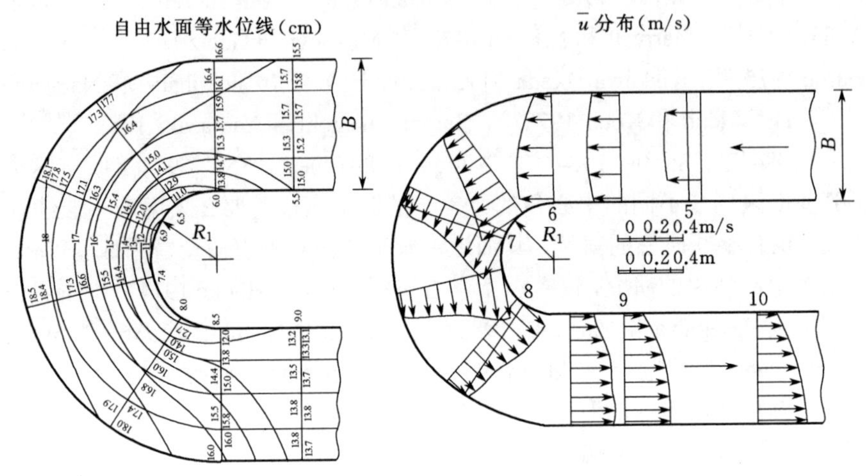

图 5.16

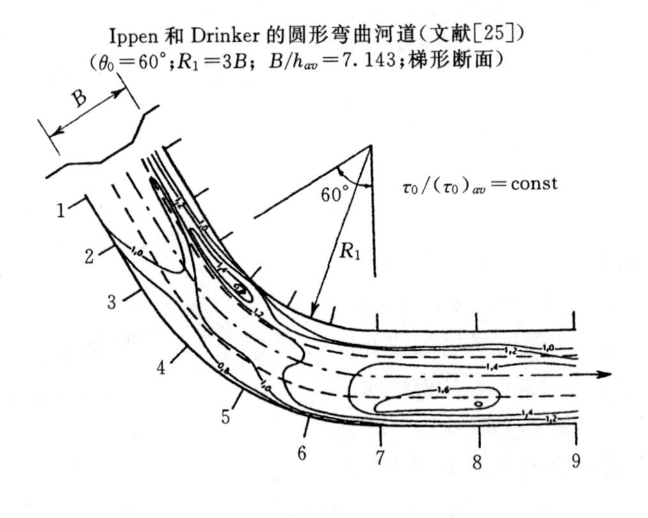

图 5.17

最后，应当指出，横向环流Γ的作用常常被过分夸大——这或许是弯道水流实验研究方面的相关文献给我们造成的最大误区。到目前为止，多数尚无法解释的弯曲河道或其边界的“径向特征”，总是被实验研究者和理论家们归因于横向环流，而不论 θ_0 和 B/h 取值多少。“多年以来，横向环流在弯曲河道床面几何形态塑造过程中的作用一直被过分强调，而要人们将水流形态的意义纳入合理的考量范围，恐怕还需一定的时间”（Hook 1980 [21]）。

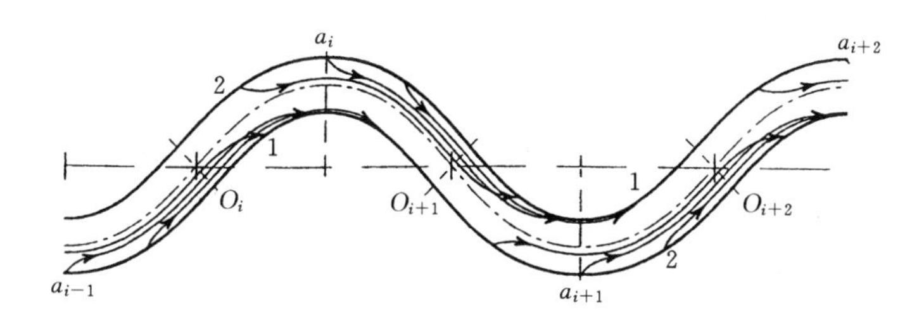

图 5.18

上述“Γ热”并未被本领域内权威的学者和工程师们（如 S. Leliavskii[34]，Matthes[40],[41]，Kondratiev et al.[31]，M.A. Velikanov[64] 和 Makaveyev[38]）认可。很早之前，他们在研究大型天然河流（一般具有较大的 B/h 和 θ_0）时，就已然注意到“横向环流只出现在变态实验模型，或宽深比较小的天然河道中……”（Matthes 1941[41] 或 Matthes 1948[40]）。注意到，这一论断与 5.3 节中 v_Γ 的表达式（5.34）是一致的。基于对 Mississippi 河的全面观察，Matthes 还提到“从凹岸冲刷下来进入河道的泥沙会沉积在下游同一侧的凸岸，如图 5.18 所示，而只有一小部分会横越河道”（参见文献[32]）。Makaveyvev 1975[38] 同样注意到“对于大型天然河流，横向环流的影响是次要的”这一事实，同时他还指出“环流对弯道形成的影响主要在于它们（仅仅）有助于凸岸的发展”。在这种背景下，Hook 1974[22] 指出“尽管凸岸浅滩（即顶点附近凸岸的淤积区域）的存在不能归因于二次流（即横向环流Γ）的作用，然而浅滩的具体形状至少部分地由它控制”。因此，我们应当清楚，在大型天然河流（具有较大的 B/h 和 θ_0）的情况下，河床的变形主要归结于水流的对流作用，而并非十分依赖于横向环流（Γ）。在近期的研究中（参见文献[44]，[45]，[50]，[51]，[58]，[59]，[28]），河床变形的计算主要基于（垂向平均）水流的对流作用。

习题

5.1　两条正弦派生弯曲河道（河道 1 和河道 2）弯曲系数的比值为 $\sigma_1/\sigma_2 = 2.202$；偏转角的比值为 $(\theta_0)_1/(\theta_0)_2 = 2.0$。试确定 $(\theta_0)_1$ 和 $(\theta_0)_2$ 的值。提示：利用下面的近似多项式计算 $J_0(\theta_0)$

$$J_0(\theta_0) \approx 1 - 2.2499997(\theta_0/3)^2 + 1.2656208(\theta_0/3)^4 - 0.3163866(\theta_0/3)^6 + 0.0444479(\theta_0/3)^8 - 0.0039444(\theta_0/3)^{10} + 0.0002100(\theta_0/3)^{12}$$

5.2　正弦派生弯曲河道的 θ_0 取何值时，B/R_a（即顶点断面处的 B/R）等于 0.37？

5.3　编写用于绘制 O_i 和 O_{i+1}（两个连续的拐点）之间的正弦派生弯曲河道中心线的通用程序。河道初始偏转角 θ_0 及河流宽度 B 均给定；且令 $\Lambda_M = 2\pi B$。提示：确定中心线上的若干个点的笛卡尔坐标。

5.4　利用习题 5.3 中的程序，绘制 $\theta_0 = 110°$ 的正弦派生弯曲河道的中心线。其中，河宽 B=0.40cm。

5.5　一条河流“竭力”通过蜿蜒达到其稳定状态，其河谷坡降 $S_0 = 1/500$，稳定坡降 $S_R = 1/1350$。河道中心线近似为正弦派生曲线。试问：

a）在河道稳定演变的某一阶段 Θ，河道坡降 $S_0 = 1/670$。该阶段偏转角 θ_0 的值是多少？

b）河道能够达到的最大偏转角 θ_0 是多少？

参考文献

[1] Almquist, C.W, Holley, E.R. 1985: *Transverse mixing in meandering laboratory channels with rectangular and naturally varying cross-sections*. Rept. CRWR 205, The university of Texas at Austin, Sept.

[2] Bagnold, R.A. 1960: *Some aspects of the shape of river meanders*. U.S. Geol. Survey Prof. Paper 282-E.

[3] Chang, H.H. 1988: *Fluvial processes in river engineering*. John Wiley and Sons.

[4] Chang, H.H. 1983: *Energy expenditure in curved open channels*. J. Hydr. Engrg., ASCE, Vol. 109, No. 7, July.

[5] Choudhary, U.K., Narasimhan, S. 1977: *Flow in 180° open channel rigid boundary bends*. J. Hydr. Div., ASCE, Vol. 103, No. HY6, June.

[6] de Leliavsky, N. 1905: *Results obtained by dredging on river-shoals*. 10th Int. Navigation Congress, Milan, Italy.

[7] de Leliavsky, N. 1894: *Currents in streams and the formation of stream beds*. 6th Int. Congress on Internal Navigation, The Hague, The Netherlands.

[8] De Vriend, H.J., Koch, F.G. 1978: *Flow of water in a curved open channel*. Delft Hydraulics Laboratory/Delft University of Technology, TOW-Report R657-VII/M141S-III.

[9] De Vriend, H.J. 1977: *A mathematical model of steady flow in curved shallow channels*. J. Hydr. Res., Vol. 15, No. 1.

[10] Du Boys, M.P. 1933: *The Rhone and rivers of shifting bed.* （1879）. Translated by H.G. Doke, Memphis, Tennessee, U.S. Engineer Office.

[11] Engels, H. 1926: *Movement of sedimentary materials in river bends*. In *Hydraulic*

Laboratory Practice, J.R. Freeman ed., New York, ASME.

[12] Engelund, F. 1974: *Flow and bed topography in channel bends*. J. Hydr. Div., ASCE, Vol. 100, No. HY11, Now.

[13] Falcon-Ascanio, M., Kennedy, J.F. 1983: *Flow in alluvial-river curves*. J. Fluid Mech., Vol. 133.

[14] Fargue, M. 1968: *Étude sur la correlation entre la configuration du lit et la profondeur d'eau dans les rivières à fond mobile*. Annales des Ponts et Chaussées.

[15] Fox, J.A., Ball, D.J. 1968: *The analysis of secondary flow in bends in open channels*. Proc. Instn. Civ. Engrs., Vol. 39.

[16] Francis, J.R.D., Asfari, A.F. 1971: *Velocity distribution in wide, curved open-channel flows*. J. Hydr. Res., Vol. 9, No. 1.

[17] Grisshanin, K.V. 1970: *Dynamics of alluvial streams*. Gidrometeoizdat, Leningrad.

[18] Hasegawa, K. 1983: *A study on flows and bed topographies in meandering channels*. （In Japanese） Proc. JSCE, No. 338, Oct.

[19] Hasegawa, K., Yamaoka, I. 1983: *Phase shifts of pools and their depths in meander bends*, in "River Meandering", C.M. Elliott ed., Proc. Conf. River'83, ASCE.

[20] Hayat, S. 1965: *The variation of loss coefficient with Froude number in an openchannel bend*. M.Sc. Thesis, University of Iowa.

[21] Hooke, R.L. 1980: *Shear-stress distribution in stable channel bends. Discussion*, J. Hydr. Div., ASCE, Vol. 106, No. HY7, July.

[22] Hooke, R.L. 1974: *Distribution of sediment transport and shear stress in a meander bend.* Rept. 30, Uppsala Univ. Naturgeografiska Inst., 58.

[23] Ikeda, S., Nishimura, T. 1986: *Flow and bed profile in meandering sand-silt rivers*. J. Hydr. Engrg., Vol. 112, No. 7, July.

[24] Inglis, C.C. 1947: *Meanders and their bearing on river training*. Proc. Instn. Civ. Engrs., Maritime and Waterways Paper No. 7, Jan.

[25] Ippen, A.T., Drinker, P.A. 1962: *Boundary shear stress in curved trapezoidal channels*. J. Hydr. Div., ASCE, Vol. 88, No. HY5, Sept.

[26] Jackson, R.J. 1975: *Velocity-bed-form-texture patterns of meander bends in the lower Wabash River of Illinois and Indiana*. Geol. Soc. Am. Bull., Vol. 86, Nov.

[27] James, C.S. 1994: *Evoluation of methods for predicting bends loss in meandering channels*. J. Hydr. Engrg., Vol. 120, No. 2, Feb.

[28] Jia, Y., Wang, S.S.Y. 1999: *Numerical model for channel flow and morphological change studies*. J. Hydr. Engrg., Vol. 125, No. 9, Sept.

[29] Kalkwijk, J.P.Th., De Vriend, H.J. 1980: *Computation of the flow in shallow river bends*. J.

Hydr. Res., Vol. 18, No. 4.

[30] Kikkawa, H., Ikeda, S., Kitagawa, A.1976: *Flow and bed topography in curved open channels*. J. Hydr. Div., ASCE, Vol. 102, No. HY9, Sept.

[31] Kondratiev, N., Popov, I., Snishchenko, B. 1982: *Foundations of hydromorphological theory of fluvial processes*. （In Russian） Gidrometeoizdat, Leningrad.

[32] Kondratiev, N.E., Lyapin, A.N., Popov, I.V., Pinkovskii, S.I., Fedorov, N.N., Yakunin, I.N. 1959: *River flow and river channel formation*. Gidrometeoizdat, Leningrad, 1959. Translated from Russian by the Israel Program for Scientific Translations, Jerusalem, 1962.

[33] Langbein, W.B., Leopold, L.B. 1966: *River meanders – theory of minimun variance*. U.S. Geol. Survey Prof. Paper 422-H.

[34] Leliavskii.S. 1959: *An introduction to fluvial hydraulics*. Constable and Company.

[35] Leopold, L.B., Langbein, W.B. 1966: *River meanders*. Sci. Am., 214.

[36] Leopold, L.B., Bagnold, R.A., Wolman, M.G., Brush, L.M.Jr. 1960: *Flow resistance in sinuous or irregular channels*. U.S. Geol. Survey Prof. Paper 282-D.

[37] Levi, I.I. 1957: *Dynamics of alluvial streams*. State Energy Publishing, Leninrad.

[38] Makaveyvev, N.I. 1975: *River bed and erosion in its basin*. Press of the Academy of Sciences of the USSR, Moscow.

[39] Martvall, S., Nilsson, G. 1972: *Experimental studies of meandering. The transport and deposition of material in curved channels*. UNGI Report 20, University of Uppsala, Sweden.

[40] Matthes, G.H. 1948: *Mississippi River cutoffs*. Trans. ASCE, Vol. 113.

[41] Matthes, G.H. 1941: *Basic aspects of stream meanders*. Amer. Geophys. Union.

[42] Mockmore, C.A. 1944: *Flow around bends in stable channels*. Trans., ASCE, Vol. 109.

[43] Mosonyi, E., Goetz, W. 1973: *Secondary currents in subsequent model bends*. Proc. Int. Symposium on River Mechanics, IAHR, Bangkok, Thailand.

[44] Nelson, J.M., Smith, J.D. 1989a: *Evolution and stability of erodible channel beds*. in “River Meandering”, S. Ikeda and G. Parker eds., American Geophysical Union, Water Resource Monograph, 12.

[45] Nelson, J.M., Smith, J.D. 1989b: *Flow in meandering channels with natural topography*. In “River Meandering”, S. Ikeda and G. Parker eds., American Geophysical Union, Water Resources, Monograph, 12.

[46] Odgaard, A.J. 1984: *Flow and bed topography in alluvial channel bend*. J. Hydr. Engrg., Vol. 110, No. 4, April.

[47] Onishi, Y., Jain, S.C., Kennedy, J.F. 1976: *Effects of meandering in alluvial streams*. J. Hydr. Div., ASCE, Vol. 102, No. HY7, July.

[48] Rozovskii, J.L. 1957: *Flow of water in bends of open channels*. The Academy of Sciences of the Ukrainian SSR, Translated from Russian by the Israel Progam for Scientific Translations, Jeruaslerm, 1962.

[49] Sedov, L.I. 1960: *Similarity and dimensional methods in hydraulics*. Academic Press, Inc., New York.

[50] Shimizu, Y. 1991: *A study on predication of flows and bed deformation in alluvial streams*. （In Japanese） Civil Engrg. Research Inst. Rept., Hokkaido Development Bureau, Sapporo, Japan.

[51] Shimizu, Y., Itakura, T. 1989: *Calculation of bed variation in alluvial channels*. J. Hydr. Engrg., ASCE, Vol. 116, No. 3.

[52] Shimizu, Y., Itakura, T., Yamaguchi, k. 1987: *Calculation of two-dimensional flow and bed deformation in rivers*. Proc. XXII Cong. IAHR, Vol. A.

[53] Silva, A.M.F. 1999: *Friction factor of meandering flows*. J. Hydr. Engrg., ASCE, Vol. 125, No. 7, July.

[54] Silva, A.M.F. 1995: *Turbulent flow in sine-generated meandering channels*. Ph.D. Thesis, Dept. of Civil Engrg., Queen's Univ., Kingston, Canada.

[55] Silva, A.M.F. 1991: A*lternate bars and related alluvial processes*. M.Sc. Thesis, Dept. of Civil Engrg., Queen's Univ., Kingston, Canada.

[56] Smith, J.D., McLean, S.R. 1984: *A model for flow in meandering streams*. Water Resour. Res., Vol. 20, No. 9.

[57] Steffler, P.M. 1984: *Turbulent flow in a curved rectangular channel*. Ph.D. Thesis, Unuversity of Alberta, Alberta, Canada.

[58] Struiksma, N., Crosato, A. 1989: *Analysis of 2-D bed topography model for rivers*. in "River Meandering", S. Ikeda and G. Parker eds., American Geophysical Union, Water Resources Monograph, 12.

[59] Struiksma, N., Olesen, K.W., Flokstra, C., De Vriend, H.J. 1985: *Bed deformation in curved alluvial channels*. J. Hydr. Res., Vol. 23, No. 1.

[60] Tamai, N., Ikeuchi, K., Mohamed, A.A. 1983: *Evolution of depth-averaged flow fields in meandering channels*. In "River Meandering", C.M. Elliott ed., Proc. Conf. River'83, ASCE.

[61] Tamai, N., Ikeuchi, K., Yamazaki, A. 1983: *Experimental analysis of the open channel flow in continuous bends*. （In Japanese） Proc. JECE, No. 331.

[62] Termini, D, 1996: *Evoluzione di un canale meandriforme a fondo inizialmente piano: studio teorico-sperimentable del fondo e le caratterisitiche cinematiche iniziali della corrente*. Ph.D. Thesis, Dept. Hydraulic Engineering and Environmental Applications, University of Palermo,

Italy.

[63] Varshney, D.V., Garde, R.J. 1975: *Shear distribution in bends in rectangular channels*. J. Hydr. Div., ASCE, Vol. 101, No. HY8, August.

[64] Velikanov, M.A. 1995: *Dynamics of alluvial streams. Vol. II. Sediment and bed flow.* State Publishing House for Theoretical and Technical Literature, Moscow.

[65] Whiting, P.J., Dietrich, W.E. 1993a: *Experimental studies of bed topography and flow patterns in large-amplitude meanders. 1. Observations*. Water Resour. Res., Vol. 29, No. 11, Nov.

[66] Whiting, P.J., Dietrich, W.E. 1993b: *Experimental studies of bed topography and flow patterns in large-amplitude meanders. 2. Mechanisms*. Water Resour. Res., Vol. 29, No. 11. Nov.

[67] Whiting, P.J., Dietrich, W.E. 1993c: *Experiment constraints on bar migration through bends: implications for meander wavelength*. Water Resour. Res., Vol. 29, No. 4, April.

[68] Yalin, M.S. 1992: *River mechanics*. Pergamon press, Oxford.

[69] Yalin, M.S. 1970: *Theory of hydraulic models*. MacMillan and Co., Ltd., London.

[70] Yen, B.C. 1972: *Spiral motion of developed flow in wide curved open channels. in Sedimentation （Einstein）*, H.W. Shen ed., P.O. Box 606,Fort Collins, Colorado, Chapter 22.

[71] Yen, C.L., Yen, B.C. 1971: *Water surface configuration in channel bends*. J. Hydr. Div., ASCE, Vol. 97, No. HY2, Feb.

第 6 章　弯曲河道的相关计算

6.1　弯曲河道的垂向平均水流

6.1.1　运动方程和连续方程；阻力系数 c_M的计算

i）弯曲河道垂向平均恒定水流的（纵向和径向）运动方程及连续方程，常用河道贴体坐标 l_c和 n 表示为如下形式（参见文献[22]，[11]，[12]）

$$\overbrace{\frac{R}{R+n}\frac{\partial(\overline{u}^2h)}{\partial l_c}+\frac{\partial(\overline{uv}h)}{\partial n}+2\frac{\overline{uv}h}{R+n}}^{\mathrm{I}}=\overbrace{-gh\frac{R}{R+n}\left(\frac{\partial z_b}{\partial l_c}+\frac{\partial h}{\partial l_c}\right)}^{\mathrm{II}}\overbrace{-\frac{\overline{u}^2}{c_M^2}}^{\mathrm{III}} \tag{6.1}$$

$$\frac{R}{R+n}\frac{\partial(\overline{uv}h)}{\partial l_c}+\frac{\partial(\overline{v}^2h)}{\partial n}-\frac{\overline{u}^2h}{R+n}=-gh\left(\frac{\partial z_b}{\partial n}+\frac{\partial h}{\partial n}\right)-\frac{\overline{uv}}{c_M^2} \tag{6.2}$$

$$\frac{R}{R+n}\frac{\partial(\overline{u}h)}{\partial l_c}+\frac{\partial(\overline{v}h)}{\partial n}+\frac{\overline{v}h}{R+n}=0 \tag{6.3}$$

其中，运动方程式（6.1）和式（6.2）中的Ⅰ、Ⅱ、Ⅲ三项分别为沿纵向 l 和沿径向 r 的（反向）惯性力 **I**、牵引力 **F** 及总阻力 $\mathbf{T}=\rho\overline{\mathbf{U}}^2/c_M^2$[**T** 的定义参见 5.6（i）]——在（$l_c;r$）坐标系统下，所有这些力都作用在体积为 h ×1×1 的单位棱柱体上。考虑到自由水面的高程 $z_f=z_b+h$，式(6.1)和式(6.2)等号右边圆括号中的表达式实际上是 z_f关于 l_c和 n 的偏导数。

采用$\overline{v}=\overline{\omega}\cdot\overline{u}$，并进行适当的代数运算（参见文献[21]）后，上述方程可等价转化为如下形式

$$\overline{u}^2\frac{\partial\overline{\omega}}{\partial n}=g\frac{R}{R+n}\left(\frac{\partial z_b}{\partial l_c}+\frac{\partial h}{\partial l_c}\right)+\frac{\overline{u}^2}{hc_M^2} \tag{6.4}$$

$$\overline{u}^2\frac{R}{R+n}\frac{\partial\overline{\omega}}{\partial l_c}-\frac{\overline{u}^2}{R+n}=-g\left(\frac{\partial z_b}{\partial n}+\frac{\partial h}{\partial n}\right)-\frac{\overline{u}^2}{hc_M^2}\overline{\omega} \tag{6.5}$$

$$\frac{R}{R+n}\frac{\partial(\overline{u}h)}{\partial l_c}+\frac{\partial(\overline{\varpi}\overline{u}h)}{\partial n}+\frac{\overline{\varpi}\overline{u}h}{R+n}=0 \tag{6.6}$$

在目前的研究中，常用后面几个等式［式（6.4）～ 式（6.6）］。

上述运动方程并未考虑岸坡摩擦阻力的作用，因此，不能简单地认为通过这些方程求出的函数$\overline{u}$、h和$\overline{\varpi}$（或$\overline{v}$）在整个河宽B上都是正确的：在河岸附近，它们必须经过适当的“修正”（具体“修正”方法参见文献[21]）。

在现有的著作中，阻力系数c_M均被视为“已知”函数，其他三个“未知”函数$h=f_h(l_c,n)$、$\overline{u}=f_u(l_c,n)$和$\overline{\varpi}=f_\omega(l_c,n)$［或$\overline{v}=f_v(l_c,n)$］可通过式（6.4）～式（6.5）［或式（6.1）～式（6.3）］三个方程进行数值求解：求解区域为一个平面弯段O_iO_{i+1}。其中，函数h、$\overline{u}$和$\overline{\varpi}$（或$\overline{v}$）必须满足如下边界条件：

1. 无水流流出河岸。

$$f_\omega(l_c,\pm B/2)=0\quad[\text{或 } f_v(l_c,\pm B/2)=0] \tag{6.7}$$

2. 在任意l_c处，$\overline{u}$和h的断面平均值等于它们的河域平均值［见式（5.50）］。

$$\frac{1}{B}\int_{-B/2}^{+B/2}\overline{u}\mathrm{d}n=u_{av}\text{和}\frac{1}{B}\int_{-B/2}^{+B/2}h\mathrm{d}n=h_{av} \tag{6.8}$$

3. 在水流入口O_i和出口O_{i+1}断面处，$\overline{u}$的分布是反对称的。

$$\begin{aligned}f_u(0,n)&=f_u(L/2,-n)\\f_h(0,n)&=f_h(L/2,-n)\\f_\omega(0,n)&=-f_\omega(L/2,-n)\end{aligned} \tag{6.9}$$

我们所研究的正弦派生弯曲河道由固定参数θ_0、B、S_c和$(c_M)_{av}\approx c$描述：流量Q是给定的。因此，$u_{av}(=u_m)$和$h_{av}(=h_m)$的值也就是确定的，其值取决于

$$u_{av}=c\sqrt{gS_ch_{av}} \tag{6.10}$$

和

$$Q=Bh_{av}u_{av}$$

对于已知平面几何形态的河道，R被视为给定值［特别地，如果是正弦派生河道，R值按式（5.8）确定］。如前所述，尽管在现有的著作中当地阻力系数c_M均被视为已知，然而，实际上它并非如假想的那样简单，接下来的内容即尝试对这一点予以说明。

ii）结合式（5.48），当地阻力系数c_M的定义式（5.49）可表示为如下形式

$$\frac{1}{c_M^2}=\frac{T}{\rho\overline{U}^2}=\frac{(\tau_0+\chi_s)}{\rho\overline{U}^2}=\frac{\tau_0}{\rho\overline{U}^2}\left(1+\frac{\chi_s}{\tau_0}\right)=\frac{1}{c_{M0}^2}\left(1+\frac{\chi_s}{\tau_0}\right) \tag{6.11}$$

即
$$\frac{T}{\tau_0}=\left(\frac{c_M}{c_{M0}}\right)^{-2}=1+\alpha \tag{6.12}$$

其中
$$\alpha=\chi_s/\tau_0$$

式中，$c_{M0}^{-2}=\tau_0/(\rho\bar{U}^2)$ 是 c_M^{-2} 中仅由河床阻力引起的那一部分[见式(2.44)]，其值（假定 $c_{M0}=c$）可通过将当地的 h 值代入式（2.55）或运用其他确定 c 值的方法（参见 2.5.3 节）进行计算。显然，c_{M0} 值随位置的变化而变化（τ_0 和 $\bar{U}$ 亦然）。$\alpha=\chi_s/\tau_0$ 反映了河道弯曲引起的应力 $\bar{\sigma}_{ll}h$、$\bar{\sigma}_{rr}h$ 及 $\bar{\tau}_{rl}h$ 的影响（因此 α 值也随位置的变化而变化）。

如果 $1/R\equiv0$（顺直河道），且水流为均匀流，则河道弯曲引起的应力等于零，从而，$\chi_s\equiv0$，$\alpha\equiv0$，且在整个河域内 c_M 退化为 c_{M0}。换言之，如果 $1/R\neq0$（弯曲河道），则河道弯曲引起的应力为有限[1]值［见式（6.16）和式（6.17）］，α 亦是如此。在这种情况下，c_M 值则由 c_{M0} 和非零的 α 共同决定。然而，在已发表的多数著作（参见文献[22]，[11]，[12]，[23]，[24]，[25]等）中，应用方程式（6.1）~式（6.3）解决弯道水流问题时，常将 c_M 简化为 c_{M0}，而忽略 α 的影响，即采用[2]

$$c_M=c_{M0} \tag{6.13}$$

即
$$\alpha=0$$

即便对于平整河床，上述处理也是不合理的。举例而言，考虑图 6.1 所示的 $\bar{u}$ 的分布。这些分布基于式（6.13）的假定，在平整河床的情况下通过求解方程式（6.1）~ 式（6.3）得到（参见文献[22]）。我们注意到，$\bar{u}$ 的最大值总是出现在顶点 a_i 附近的凸岸处，而无论 θ_0 为何值。因此，式（6.13）的应用致使方程式（6.1）~ 式（6.3）只能解出“内偏流”［其定义参见 5.5 节 ii)］。显然，这种处理不符合实际情况：只有当 θ_0“较小”时，弯道水流才会形成“内偏流”；当 θ_0“较大”时，弯道水流为“外偏流”［见图 5.8（a）、图 5.8（b）］。上述文献的作者们只有在顶点 a_i 的凸岸引入一个人造“凸起”（用以模拟凸岸浅滩）的情况下，才能获得“外偏流”。

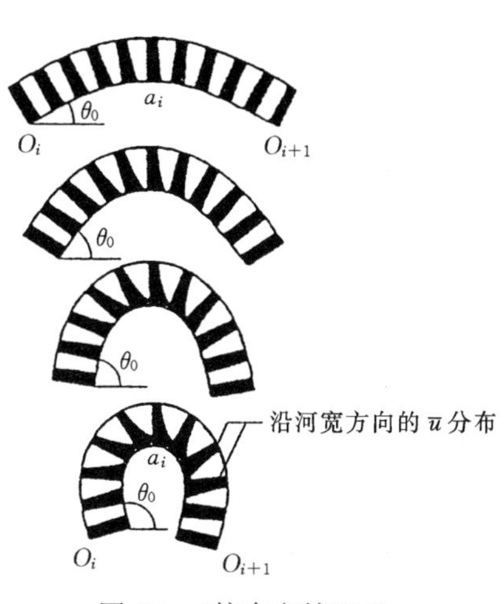

图 6.1 （摘自文献[22]）

iii）乍看之下，要想确定 $\alpha=\chi_s/\tau_0=\chi_s[c_{M0}^2/(\rho\bar{U}^2)]$ 的值，我们只需利用下

[1] 此处的“有限”指既不为零也不为正无穷或负无穷，下同。

[2] 显然，这种处理方法基于这样一项事实：弯曲河道的平均阻力系数与顺直河道大致相等［（即 $(c_M)_{av}\approx c$，参见 5.6 节 iii)］。

面的关系式对 $\chi_s=\sqrt{\chi_l^2+\chi_r^2}$ 进行计算。

$$-\chi_l=\frac{\partial(\bar{\sigma}_{ll}h)}{\partial l}+\frac{\partial(\bar{\tau}_{rl}h)}{\partial r}+2\frac{\bar{\tau}_{rl}h}{r} \tag{6.14}$$

和

$$-\chi_r=\frac{\partial(\bar{\tau}_{rl}h)}{\partial l}+\frac{\partial(\bar{\sigma}_{rr}h)}{\partial r}+\frac{(\bar{\sigma}_{rr}-\bar{\sigma}_{ll})h}{r} \tag{6.15}$$

式中涉及的应力用下式计算

$$\bar{\sigma}_{ll}=2\rho\bar{\nu}_t\left(\frac{\partial\bar{u}}{\partial l}+\frac{\bar{v}}{r}\right),\ \bar{\sigma}_{rr}=2\rho\bar{\nu}_t\frac{\partial\bar{v}}{\partial r} \tag{6.16}$$

和

$$\bar{\tau}_{rl}=\rho\bar{\nu}_t\left(\frac{\partial\bar{v}}{\partial l}+\frac{\partial\bar{u}}{\partial r}-\frac{\bar{u}}{r}\right) \tag{6.17}$$

式中，$\bar{\nu}_t$ 为$(l;r)$坐标平面上的垂向平均紊流运动黏滞系数❶。

然而，实际上，χ_s 和 c_M 的确定并非如设想的那样简单。目前，尚无资料阐明紊流运动黏滞系数 ν_t（扩散系数）在弯道紊流中的分布规律。对于任意形式的明渠紊流，一种普遍的倾向是用抛物线公式 $\nu_t=\kappa v_* z(1-z/h)$ 来描述 $\bar{\nu}_t$ 的分布——而这实际上仅仅适用于顺直河道中的二维明渠水流。抛物线公式只计及垂向紊动（~h）的影响，但考虑到宽浅弯曲河道的水流中尚存在水平向紊动（~B），亦即存在（甚至占主导地位的）水平向的动量交换，抛物线公式并不适用于弯道水流。

采用目前流行的 k—ϵ 方法计算的流速场和剪切应力场也常常不能令人满意。实际上，在一些情况下，按此方法计算的结果与实验得出的规律会有一定的出入（参见文献[15]，第 54 页）。而且，k—ϵ 方法涉及 5 个并不具有普遍意义的常量，因此并不能应用于所有形式的水流。如果"……用合适的水流参量的函数替代该方法的某些常量"（参见文献[15]，第 29 页），换句话说，在弯道水流的情况下，用关于 θ_0、B/h_{av} 和 K_s/h_{av} 这些参量的函数替换常量，那么该方法将更加符合实际情况。[已有研究阐明 B/h_{av} 对顺直明渠中紊流内部结构的影响（参见文献[13]）。对于弯道水流，应用 k—ϵ 方法计算的结果与实际不相符的例子参见文献[1]。]

当然，可以"构造"一个与现有数据匹配的函数 $\bar{\nu}_t$，且利用它来计算 $\bar{\sigma}_{ll}$、$\bar{\sigma}_{rr}$ 和 $\bar{\tau}_{rl}$，然后计算 χ_l 和 χ_r，最后计算 c_M。但是，为什么不首先构造一个适当的 α 的表达式呢？接下来，针对平整河床这种最简单的情况，我们介绍一种可行的方法以实现该目的。

❶ 这里，式（6.14）~式（6.17）用坐标$(l;r)$表达（正如流体力学教科书中的形式）：利用式（5.4）则可将它们转化为关于坐标$(l_c;n)$的形式。

6.1.2　平整床面阻力系数 c_M的表达式

i）虽然函数$\alpha = \chi_s / \tau_0 [= \phi_\alpha(l_c, r)]$的具体形式尚不明确，但它的一些大致特征还是可以预知的，现叙述如下。

1. 基于式（6.12）及式（5.43），可得到 c_M的断面平均值及河域平均值

$$\frac{(c_{M0})_m^2}{(c_M)_m^2} = 1 + \alpha_m,\ \frac{(c_{M0})_{av}^2}{(c_M)_{av}^2} = 1 + \alpha_{av} \tag{6.18}$$

然而，$(c_M)_{av} \approx (c_M)_m$和$h_m = h_{av}$［参见式（5.57）和式（5.50）］意味着$(c_{M0})_{av} \approx (c_{M0})_m$［因为$c_{M0} = \phi(h/K_s)$，式中，$K_s$假定为一常量］，因此，

$$\alpha_{av} \approx \alpha_m \approx 0 \tag{6.19}$$

式（6.19）表明横断面上α的分布有正有负，且正负面积相等而相互抵消。

2. 文献[19]指出，只有在$(c_M / c_{M0})^{-2}$，即α，沿 r（即沿$\eta \in [-0.5, 0.5]$）逐渐减小的情况下，式（6.1）~式（6.3）才能解出“外偏流”。鉴于此，且考虑到$(c_M / c_{M0})^{-2}$的横断面平均值为 1（或者说α的横断面平均值为 0），我们可以推断$(c_M / c_{M0})^{-2} = 1 + \alpha$在横断面上的分布只能是图 6.2 所示的形式。

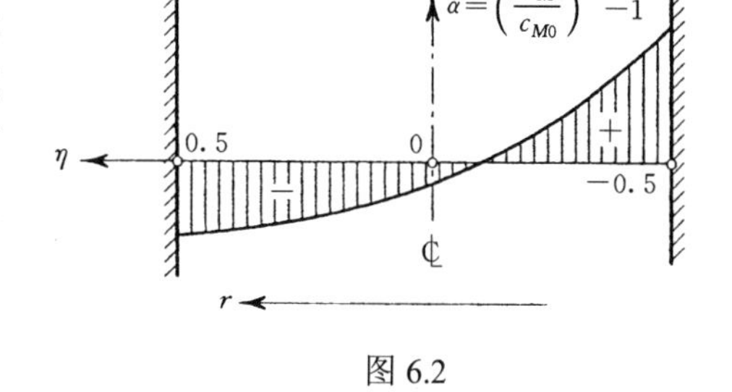

图 6.2

3. α沿η的减小率，即$|\partial\alpha/\partial\eta|$，随 $1/R$ 的增大而增大。因此，$|\partial\alpha/\partial\eta|$的最大值出现应在顶点断面 a_i处（即河道曲率 $1/R$ 最大处）；在拐点 O_i处（即 $1/R=0$ 处），$|\partial\alpha/\partial\eta|$应等于零。

4. 内偏流向外偏流的过渡（正如由 5.5 节推断出的）与θ_0紧密相关。因此，α必然是θ_0的单调递增函数。

ii）文献[21]建议用下面的关系式表示α，该式满足上述 4 个条件

$$\alpha \approx \alpha_\chi \left\{ \underbrace{\left[(R/r)^2 - 1\right]}_{\text{I}} - \underbrace{\left[4(R/B)^2 - 1\right]^{-1}}_{\text{II}} \right\} \tag{6.20}$$

函数α的图像如图 6.2 所示。式（6.20）中的第 I 项保证了横断面上的α沿 $r=R+n$（即沿η）逐渐减小；而第 II 项负责拉低曲线 I（见图 6.2），以使其在横断面上正、负区间的面积相等（第 I 项和第 II 项均是ξ_c、η和θ_0的已知函数）。系数α_χ很可能只是θ_0和 B/h_{av}的函数（其具体形式尚不明确），因此，对于给定的实验（即对于指定的θ_0和 B/h_{av}）α_χ为一常数。然而，这也意味着α_χ值的选取应足以确保方程式（6.4）~式（6.6）能解出与实际相符的函数 h、$\bar{u}$和$\bar{\omega}$。换言之，如果在实验中测得 h，$\bar{u}$和$\bar{\omega}$的值，且绘出能够表征其沿ξ_c或η分布

特征的点的分布图，那么通过适当调整 α_χ 值，就应该能使[由式(6.4)~式(6.6)]计算出的 h、$\bar{u}$ 和 $\bar{\omega}$ 曲线经过它们的实测点。为验证真实情况是否如此，已有实验室进行了一系列具有针对性的实验。这些实验测量成果以及相应的计算成果，将在下面给出。

6.1.3 计算成果与室内实验测量成果（平整床面）

i）以下实验内容由葡萄牙里斯本的“国家土木工程实验室”（Laboratório Nacional de Engenharia Civil，LNEC）完成［文献[21]中可以找到这些实验的详细描述（或参见文献[20]）］实验采用两条正弦派生弯曲河道，一条是弯曲系数较小的河道 A（θ_0=30°），另一条是弯曲系数较大的河道 B（θ_0=110°）。这两条河道的过水断面均是矩形，河宽 B=0.4m，波长 $\Lambda_M = 2\pi B = 2.51\text{m}$。每条河道在其有效长度内均包含 3 个连续的完整弯段。实验装置的整体布局如图 6.3 所示。此外，河道边壁由有机玻璃制成，河床由 D_{50}=2.2mm 的非黏性颗粒状物质铺成。河床的表面被刮平，以获得沿河道中心线的设计底坡 S_c；河床沿径向的底坡为零。与此同时，在床面喷洒了稀释的涂料以固定其表层颗粒。

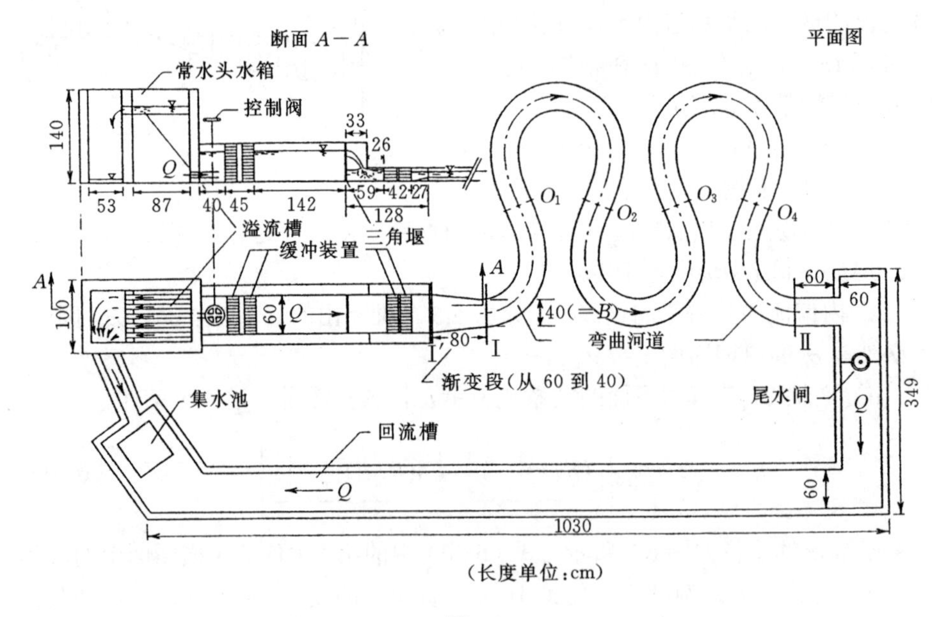

图 6.3

实验条件如下：

河道 A：Q=2.10L/s；h_{av}=3.2cm；S_c=1/1000

河道 B：Q=2.01L/s；h_{av}=3.0cm；S_c=1/1120

$\bar{u}$、$\bar{\omega}_c$ 及 h 的值在两条河道（A 和 B）中施测。测量在 Λ_1、Λ_2 和 Λ_3 3 个

弯段中（见图 6.4）进行，每个弯段上布置 8 个沿 l_c 等间距分布的测量断面，每个断面上按不同的曲率半径 r 布置若干测点。然而，这里只展示了拐点及顶点断面的测量结果。（完整的测量过程及结果可参见文献[21]。）

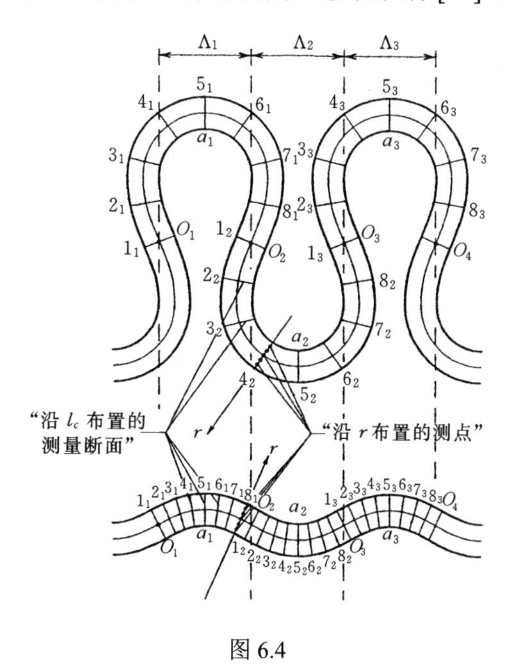

图 6.4

图 6.5、图 6.6 和图 6.7 分别展示了 $\bar{u}/u_{av}$、$\bar{\omega}_c$ 和 h/h_{av} 在河道 A（θ_0=30°）和 B（θ_0=110°）中的上述断面的测量值。应注意，弯段 Λ_2 中心线上任意一点处的偏移角 $\bar{\omega}_c$ 与弯段 Λ_1 和 Λ_3 相同位置处的偏移角 $\bar{\omega}_c$ 的符号相反。为便于比较，图中以 Λ_1 和 Λ_3 为准，统一了所有 $\bar{\omega}_c$ 测量值的符号，从而获得单一形式的点的分布。

ii）图 6.5、图 6.6 及图 6.7 中实线表示与测量值相匹配的计算值。它们通过求解方程式（6.4）～ 式（6.6）得到，其中 c_M 按式（6.12）计算，而 α 则由式（6.20）给出。式（6.20）中的 α_χ 取值如下：

θ_0=30°，B/h_{av}=12.5：α_χ=0.17

θ_0=110°，B/h_{av}=13.3：α_χ=1.70

对于具有平整床面的正弦派生弯曲河道中的垂向平均水流，α_χ 的值只取决于 θ_0 和 B/h_{av}。因此，上述两 α_χ 值是未知曲线 $\alpha_\chi = \phi_{\alpha_\chi}(\theta_0, B/h_{av})$ 上的两点。

方程式（6.4）～ 式（6.6）的求解，基于如下平整床面的关系

$$\frac{\partial z_b}{\partial n} = 0$$

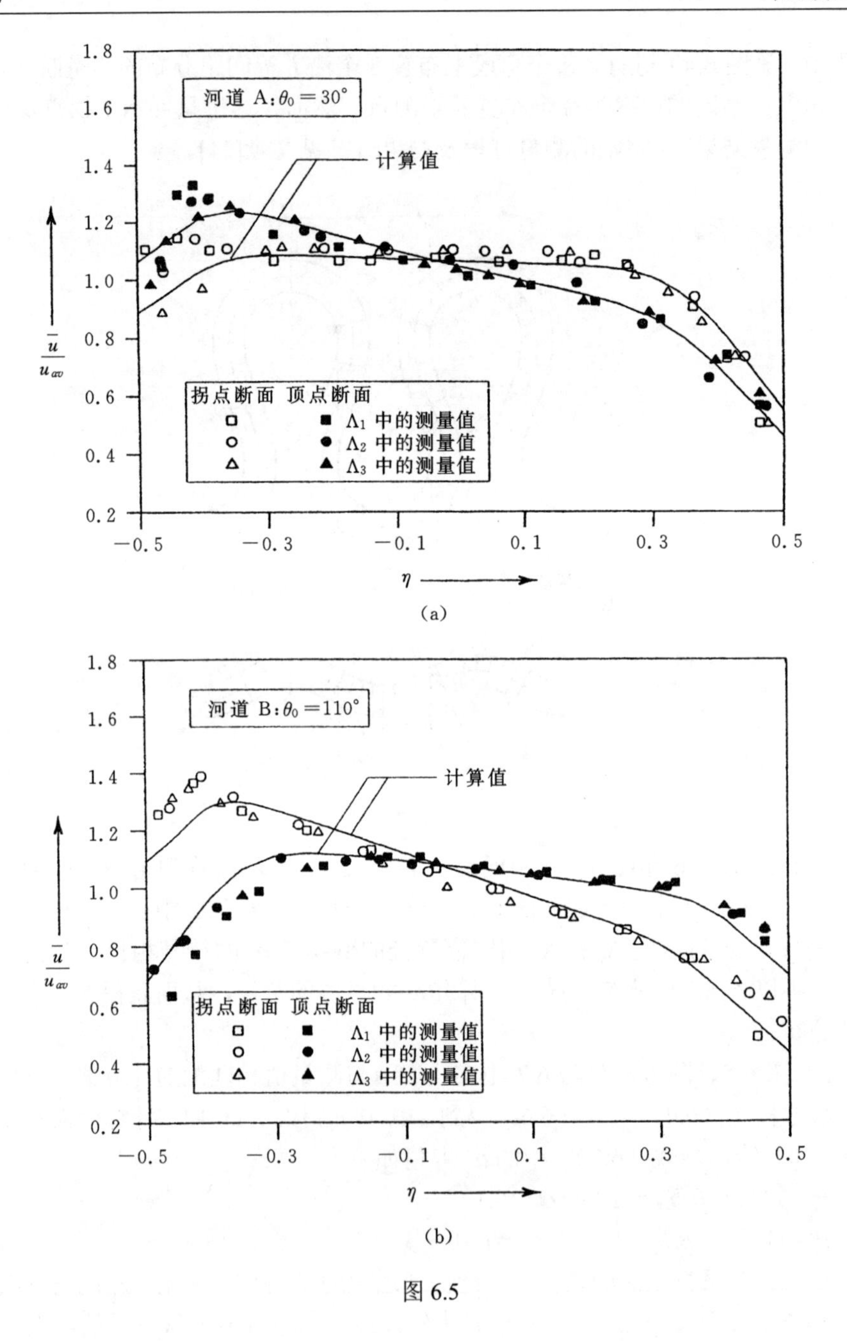

图 6.5

和

$$\frac{\partial z_b}{\partial l}=S=\frac{R}{R+n}S_c \tag{6.21}$$

函数$\overline{u}$、$\overline{\omega}$及h的计算采用“向前步进”的有限差分离散方法，其步骤（以$\overline{u}$

为例）可概括如下：在弯段的“入口”断面 O_i 处流速分布已知为 $\overline{u}_1 = f_{u_1}(0,n)$（例如，均匀分布时，$\overline{u}_1 = \text{const}$）；沿 l_c 向前移动，到达 O_{i+1} 处时求得流速分布 $\overline{u}_2 = f_{u_2}(L/2,n)$；转换这种分布（即将式中 n 全部以 $-n$ 代替），得到新的表达式，并将其作为断面 O_i 的输入条件；再次求得 O_{i+1} 处新的流速分布 $\overline{u}_3 = f_{u_3}(L/2,n)$，以此类推，直至 O_{i+1} 处前后两次求得的流速分布 $\overline{u}_j = \overline{u}_{j+1}$ 时终止计算。

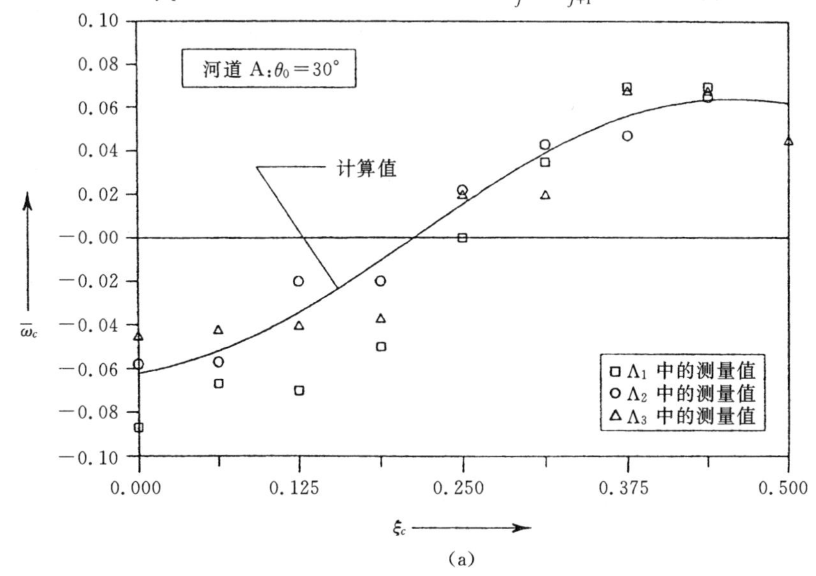

(a)

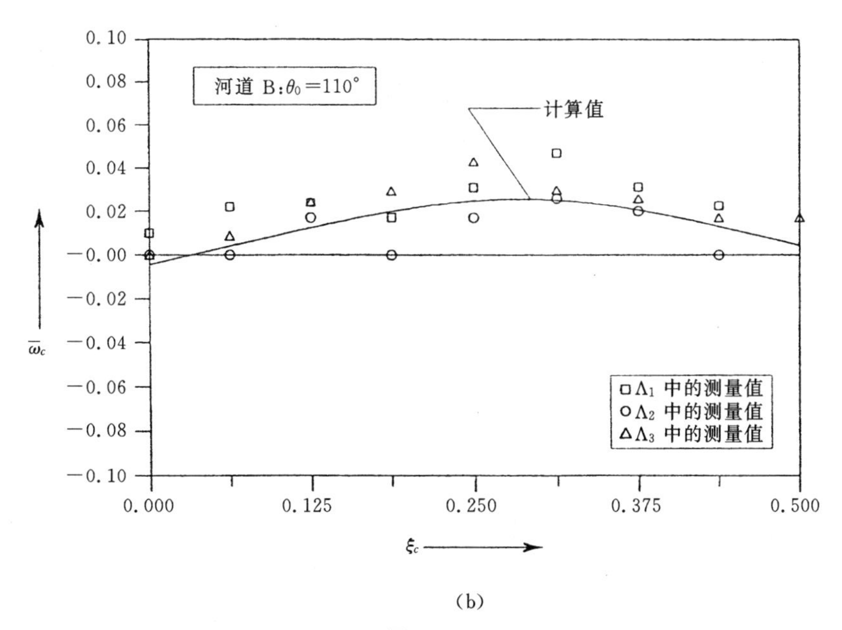

(b)

图 6.6

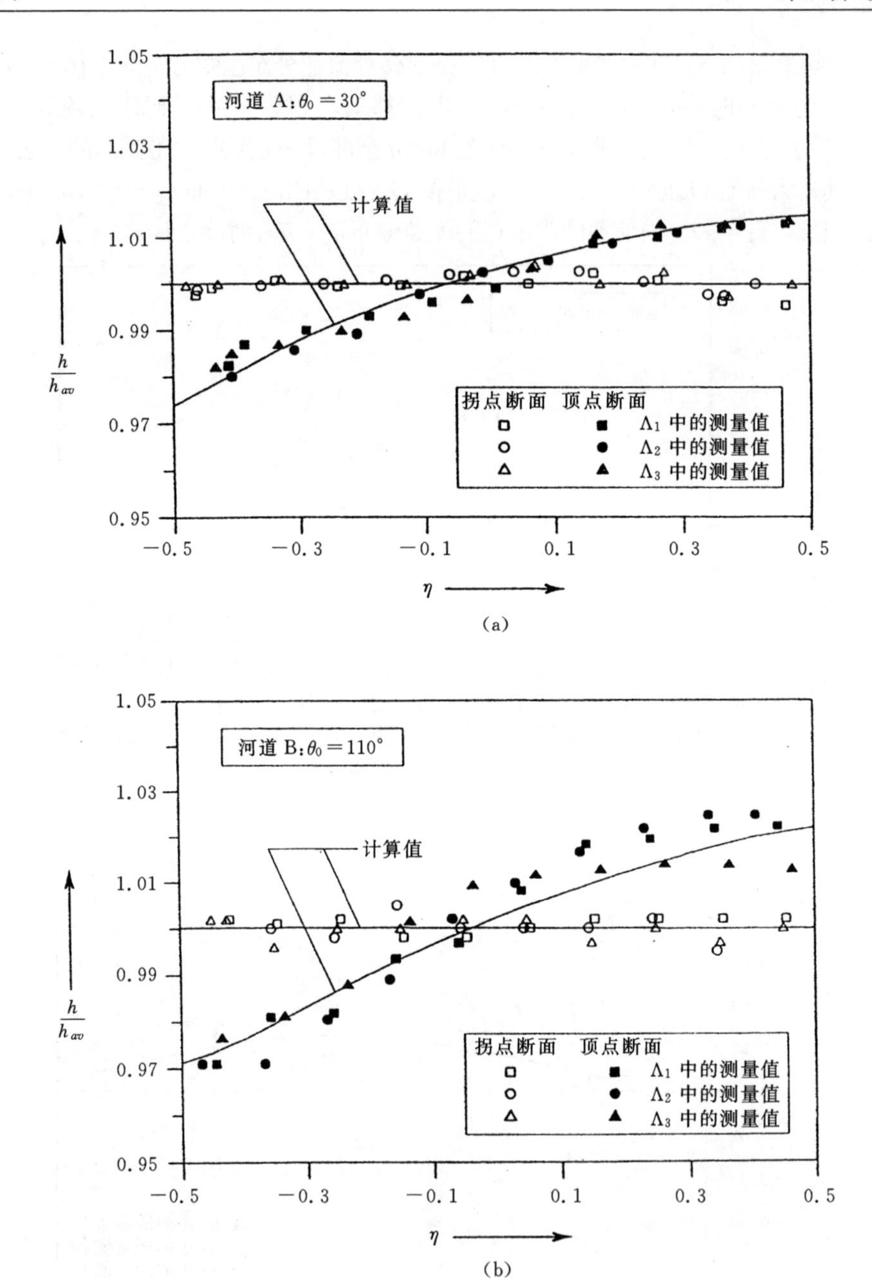

图 6.7

6.1.4 封闭弯道水流方程的变分法

i）在前面的小节中，方便起见，c_M被认为是已知函数，而 h，$\overline{u}$ 和 $\overline{\omega}$（或

$\overline{v}$ ）[1]为未知函数。用于确定这三个未知函数的方程式（6.4）～ 式（6.6）可用下列符号表达式表示

$$\phi_1(h,\overline{u},\overline{\varpi})=0 \text{［沿 } l_c \text{ 方向的运动方程式（6.4）］} \tag{6.22}$$

$$\phi_2(h,\overline{u},\overline{\varpi})=0 \text{［沿 } n \text{ 方向的运动方程式（6.5）］} \tag{6.23}$$

$$\phi_3(h,\overline{u},\overline{\varpi})=0 \text{［连续方程式（6.6）］} \tag{6.24}$$

然而，实际上，前面已经清楚地说明了 c_M 并非已知——即便是在平整河床的情况下。它是另一个（类似于 h、$\overline{u}$ 和 $\overline{\varpi}$ 的）需要求解的未知函数。这就意味着，实际上待求的未知函数有 4 个而非 3 个，即

$$h,\ \overline{u},\ \overline{\varpi} \text{和 } c_M \tag{6.25}$$

因此，对于给定的任意地形［即对于给定的任意函数 $z'=f_{z'}(l_c,n)$］，需要有 4 个方程才能求解正弦派生弯曲河道中的垂向平均水流。那么，附加的第 4 个方程会是什么样子呢？尝试着解答这一问题，我们回想起无论 θ_0 为何值，即不管弯道水流是“内偏流”、“外偏流”还是“中间流”，当其靠近凹岸时，自由水面的高程 z_f 总是增加的。增加的比率在顶点 a 处达到最大；而在拐点 O 处，其值接近于零。

$$\mathcal{J}=\frac{\partial z_f}{\partial r}\geqslant 0 \text{（对于任意 } \theta_0 \text{）} \tag{6.26}$$

如果是平整河床，则 $\partial z_f/\partial r=\partial h/\partial r$ 。

z_f 随着 r 的增大而增加是河道弯曲的必然结果。然而，针对这一点的唯一疑问是，这种增加是如何发生的。有一种合理的解释：假定自由水面是按照（在任意方向）尽可能“平滑”变化的方式形成的；只有在这种情况下，流体中的压力才能以最小可辨形式从某一位置到另一位置变化，且流体将以最“舒服”的方式流动。用数学术语来讲，这意味着自由水面应满足如下条件：其 $\mathcal{J}$ 值，或更准确地讲，$\mathcal{J}^2$ 值在任一完整弯段的平面区域 Ω 上的积分值最小[2]：

$$\int_\Omega \mathcal{J}^2 \mathrm{d}\Omega \to \min \tag{6.27}$$

（除 $\mathcal{J}$ 之外，并不需要考虑自由水面的纵比降 $J=\partial z_f/\partial l$ 。因为 $\mathcal{J}$ 和 J 并不相互独立［$\partial J/\partial r=\partial \mathcal{J}/\partial l=\partial^2 z_f/(\partial l \partial r)$］，如果两者中的一个确定了，另一个自然也就确定了。）

ii）平面区域 Ω（见图 6.8）的面积微元 dΩ 由下式确定

---

[1] 今后，将只用到 $\overline{\varpi}$，并只提及包含它的方程式（6.4）～ 式（6.6）。

[2] 关于选择 f^2 而不是 f 用以解决这种最小值问题的原因，可参阅相关的变分学教材。

$$\mathrm{d}\Omega = \mathrm{d}l \cdot \mathrm{d}n = \left(1+\frac{n}{R}\right)\mathrm{d}l_c \cdot \mathrm{d}n = \left(1+\eta\frac{B}{R}\right)LB\mathrm{d}\xi_c\mathrm{d}\eta \tag{6.28}$$

式中，B/R 为关于 ξ_c 的已知函数［参见式（5.13）］，即

$$\frac{B}{R} = [\theta_0 J_0(\theta_0)]\sin(2\pi\xi_c)(=f(\xi_c)) \tag{6.29}$$

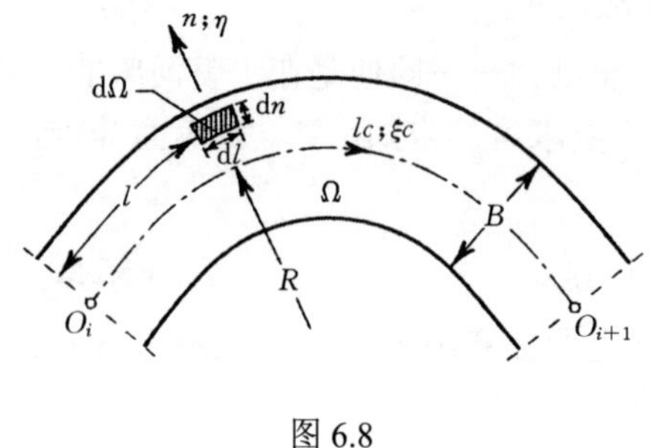

图 6.8

使用记号

$$\frac{\partial A}{\partial \eta} = A_\eta\text{，}H = \frac{z_f}{B}\left(=\frac{z_b}{B}+\frac{h}{B}\right) \tag{6.30}$$

得到

$$\mathcal{J} = \frac{\partial z_f}{\partial r} = \frac{\partial z_f}{\partial n} = \frac{\partial H}{\partial \eta} = H_\eta \tag{6.31}$$

综合考虑式（6.28）、式（6.29）和式（6.31），式（6.27）可表示为

$$\int_\Omega H_\eta^2 \mathrm{d}\Omega = LB\int_0^{1/2}\left\{\int_{-1/2}^{+1/2} H_\eta^2[1+f(\xi_c)\cdot\eta]\mathrm{d}\eta\right\}\mathrm{d}\xi_c \to \min \tag{6.32}$$

由于 ξ_c 只出现在已知函数 $f(\xi_c)$ 中，故上述最小值问题实际为

$$\int_{-1/2}^{+1/2} \underbrace{H_\eta^2[1+f(\xi_c)\cdot\eta]}_{F}\mathrm{d}\eta \to \min \tag{6.33}$$

假定该表达式适用于所有 ξ_c 断面，其中的被积项 F 只是 H_η 和 η 的函数。将 F 代入 Euler 方程

$$\frac{\partial F}{\partial H} - \frac{\partial}{\partial \eta}\left(\frac{\partial F}{\partial H_\eta}\right) = 0 \tag{6.34}$$

即

$$\frac{\partial}{\partial \eta}\left(\frac{\partial F}{\partial H_\eta}\right) = 0$$

可得到

$$\frac{\partial}{\partial \eta}\{2H_\eta[1+f(\xi_c)\cdot\eta]\} = 0 \tag{6.35}$$

亦即

$$\frac{\partial^2 H}{\partial \eta^2} + \left[\frac{f(\xi_c)}{1+f(\xi_c)\cdot\eta}\right]\frac{\partial H}{\partial \eta} = 0 \tag{6.36}$$

或

$$\frac{\partial^2 z_f}{\partial n^2} + \frac{1}{R+n}\frac{\partial z_f}{\partial n} = 0 \tag{6.37}$$

以上即为我们所找寻的附加（第 4 个）方程。

iii）对式（6.35）积分，得到

$$\frac{\partial H}{\partial \eta}\left[1+f(\xi_c)\cdot\eta\right]=C_1 \tag{6.38}$$

即

$$\frac{\partial H}{\partial \eta}=\mathcal{J}=\frac{C_1}{1+f(\xi_c)\cdot\eta} \tag{6.39}$$

式中，C_1 反映了 $\mathcal{J}=\partial H/\partial\eta$ 沿中心线 l_c（$\eta=0$ 处）的变化情况：$C_1=\mathcal{J}\ (\xi_c,0)$。再对式（6.39）积分，得到

$$H=\frac{C_1}{f(\xi_c)}\ln[1+f(\xi_c)\cdot\eta]+C_2 \tag{6.40}$$

式中，C_2 反映了 H 沿 l_c 的变化情况：$C_2=H(\xi_c,0)$。

$\mathcal{J}$ 的断面平均值 $\mathcal{J}_m$ 可表示为如下（众所周知的）形式

$$\mathcal{J}_m=\alpha_*\frac{u_m^2}{gR} \tag{6.41}$$

即

$$\mathcal{J}_m=\alpha_*\frac{u_m^2}{gB}\cdot f(\xi_c)$$

式中，α_* 的值接近于 1。另一方面，也可通过求 $\mathcal{J}$ 的表达式（6.39）在整个河宽 $-1/2\leqslant\eta\leqslant1/2$ 范围内的平均值来计算 $\mathcal{J}_m$。

$$\mathcal{J}_m=C_1\int_{-1/2}^{+1/2}\frac{\mathrm{d}\eta}{1+f(\xi_c)\cdot\eta}=\frac{C_1}{f(\xi_c)}\ln\left[\frac{1+\frac{1}{2}f(\xi_c)}{1-\frac{1}{2}f(\xi_c)}\right] \tag{6.42}$$

$f(\xi_c)$ 始终小于 2（且大于 0），因此，式（6.42）中的对数项恒有意义。

令上述两个 $\mathcal{J}_m$ 的表达式相等，得到

$$C_1=\mathcal{J}\ (\xi_c,0)=\alpha_*Fr\cdot\frac{h_m}{B}\cdot\frac{f^2(\xi_c)}{\ln(a/b)} \tag{6.43}$$

式中

$$Fr=\frac{u_m^2}{gh_m},\ a=1+\frac{1}{2}f(\xi_c),\ b=1-\frac{1}{2}f(\xi_c) \tag{6.44}$$

将式（6.43）代入式（6.40），得到

$$H=\alpha_*Fr\frac{h_m}{B}\frac{f(\xi_c)}{\ln(a/b)}\ln\left[1+f(\xi_c)\cdot\eta\right]+C_2 \tag{6.45}$$

由于 $$HB = z_f = z_b + h = z_b + h_m(h / h_m) \tag{6.46}$$

H 的表达式（6.45）可转变为 h/h_m 的表达式，即

$$\frac{h}{h_m} = \alpha_* Fr \frac{f(\xi_c)}{\ln(a/b)} F(\xi_c,\eta) + C_2' \tag{6.47}$$

式中 $$F(\xi_c,\eta) = \ln[1 + f(\xi_c) \bullet \eta], \quad C_2' = \frac{B}{h_m} C_2 - \frac{z_b}{h_m} \tag{6.48}$$

C_2' 这一项反映了 h/h_m 沿中心线 l_c 的变化情况。

求 h/h_m 的表达式（6.47）在整个河宽范围内的平均值，得到

$$1 = \alpha_* Fr \frac{f(\xi_c)}{\ln(a/b)} \int_{-1/2}^{+1/2} F(\xi_c,\eta) \mathrm{d}\eta + \frac{B}{h_m} C_2 - \frac{1}{h_m} \int_{-1/2}^{+1/2} z_b \mathrm{d}\eta \tag{6.49}$$

然而 $z_b = (z_b)_m + z'$，其中，$(z_b)_m$（以一种已知的方式）沿 ξ_c 变化，而 z' 沿 ξ_c 及 η 变化，因此，

$$\frac{1}{h_m} \int_{-1/2}^{+1/2} z_b \mathrm{d}\eta = \frac{(z_b)_m}{h_m} + \frac{1}{h_m} \int_{-1/2}^{+1/2} z' \mathrm{d}\eta \tag{6.50}$$

将式（6.50）代入式（6.49），再将该结果从式（6.47）中减去，得到

$$\frac{h}{h_m} - 1 = \alpha_* Fr \frac{f(\xi_c)}{\ln(a/b)} \left[F(\xi_c,\eta) - \int_{-1/2}^{+1/2} F(\xi_c,\eta)\, \mathrm{d}\eta \right] + K \tag{6.51}$$

其中 $$K = -\frac{z_b}{h_m} + \frac{(z_b)_m}{h_m} + \frac{1}{h_m} \int_{-1/2}^{+1/2} z' \mathrm{d}\eta \tag{6.52}$$

即 $$K = \frac{1}{h_m} \left(\int_{-1/2}^{+1/2} z' \mathrm{d}\eta - z' \right) \tag{6.53}$$

注意到，如果[就像 5.6 节 ii）提到的]横断面上淤积和冲刷的面积［分别用（+）和（−）z' 表示］相等，那么式（6.53）中的积分为零，同时，式（6.53）简化为

$$K = -\frac{z'}{h_m} \tag{6.54}$$

另外注意到，如果河床是平整的（或 z' / h 很“小”），那么 K=0（或 $K \to 0$）。

图 6.9 显示了式（6.51）计算出的 h/h_m 值与实验数据的对比情况。图中实线表示顶点和拐点断面处计算出的 h/h_m 沿河宽的分布。该计算基于 6.1.3 节 i）中描述的河道 B（θ_0=110°）进行：采用 K=0（平整河床）及 $\alpha_* = 1.2$。图 6.9 与图 6.7（b）中的实验数据是相同的。可以看出，图 6.9 中的计算曲线与实验数据吻合良好。

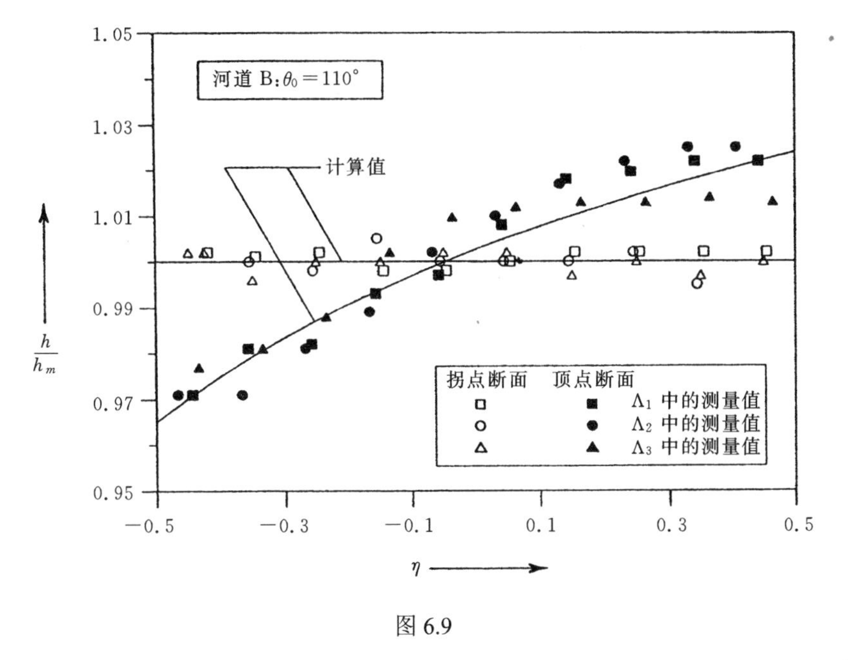

图 6.9

iv）本小节介绍的变分法表明函数 $h = f_h(l_c, n)$ 与 $z' = f_{z'}(l_c, n)$ 是相互关联的：它们必须满足条件 $\phi_4(h, z') = 0$，实际上也就是变分方程式(6.37)或式(6.51)。如果床面的地形给定，即如果 $z' = f_{z'}(l_c, n)$ 为已知函数，那么只需 $h = f_h(l_c, n)$ 满足 $\phi_4(h, z') = 0$，$\phi_4(h, z') = 0$ 简化为 $\phi_4(h) = 0$。

由此可见，在床面地形给定的情况下，正弦派生弯曲河道中的垂向平均水流所涉及的 4 个未知函数 h、$\bar{u}$、$\bar{\omega}$ 和 c_M 可通过以下 4 个方程求解。

$$\phi_1(h, \bar{u}, \bar{\omega}, c_M) = 0 \quad \text{[沿 } l_c \text{ 方向的运动方程式（6.4）]} \tag{6.55}$$

$$\phi_2(h, \bar{u}, \bar{\omega}, c_M) = 0 \quad \text{[沿 } n \text{ 方向的运动方程式（6.5）]} \tag{6.56}$$

$$\phi_3(h, \bar{u}, \bar{\omega}) = 0 \quad \text{[连续方程式（6.6）]} \tag{6.57}$$

$$\phi_4(h) = 0 \quad \text{[变分方程式（6.37）或式（6.51）]} \tag{6.58}$$

由于未对 c_M 作进一步推导，方程的边界条件仍沿用 6.1.1 节 i）中所述。

6.2　弯道水流引起的河床变形

6.2.1　河床变形计算

i）我们只考虑推移质的情况。由式（2.92）得知，对于给定的颗粒及水流条件[即给定 $(\tau_0)_{cr} = \gamma_s D \Psi(\Xi)$]，推移质输沙率 $q_s = q_{sb}$ 由 h、$\bar{U}$、τ_0 和 λ_c 决定。但由于

$$\bar{U}=\bar{u}\sqrt{1+\bar{\varpi}^2},\ \tau_0=\frac{\rho\bar{U}^2}{c_{M0}^2}\text{和}\ \lambda_c=\frac{c_{M0}}{c_f} \tag{6.59}$$

{式中 $c_f=\phi_c[Z,\Psi(\Xi)]$，且 c_{M0} 为已知函数[c_{M0} 可利用式（2.55）计算，相当于求解 c 值]}

对于给定的实验条件，推移质输沙率 q_s=q_{sb} 随位置而异，而这主要取决于未知函数 h、$\bar{u}$ 和 $\bar{\varpi}$。然而，严格来讲，Bagnold 公式只适用于（各种床面形态中的）平整河床。如果床面是不平整的（$z'\neq0$），那么 z' 就是一个附加参量，此时 q_s 值按下式确定

$$q_s=f_{q_s}(h,\bar{u},\bar{\varpi},z') \tag{6.60}$$

引入 z'（或 $\partial z'/\partial l_c$，$\partial z'/\partial n$）来修正泥沙输移公式的一些方法，可参阅文献[3]，[14]，[11]，[23]。然而，正如 5.6 节 iii）中提到的，天然的宽浅弯曲河道中形成的冲刷一淤积区域通常是相对平整的。因此，对于这些河流，即便 q_s 用常规的（未经修正的）泥沙输移公式计算，其误差也是可以忽略的——只要公式中 h、$\bar{u}$ 和 $\bar{\varpi}$ 的取值考虑到 z' 的影响。

ii）现在，考虑 $t\geqslant T_b$ 时刻，弯道水流流经变形床面——这一由未知函数 $z_T'=f_{z_T'}(l_c,n)$ 表示的床面是叠加在（已知的）初始平整床面 $(z_b)_0$ 上的。当然，流经床面 z_T' 的水流也是未知的。因此，共有 5 个未知函数，即

$$h,\bar{u},\bar{\varpi},c_M,z_T' \tag{6.61}$$

所以，还需要第 5 个方程作为式（6.55）~ 式（6.58）这 4 个方程的补充。

从 5.5 节 iii）的内容可知，当 W~$\nabla\mathbf{q}_s$ 减小为零时（t=T_b 时刻），z' 变为 z_T'。因此，第 5 个方程即为 $\nabla\mathbf{q}_s=0$。而根据式（6.60），有如下关系

$$\nabla\mathbf{q}_s=\phi_5(h,\bar{u},\bar{\varpi},z_T') \tag{6.62}$$

此时，未知函数 z_T' 在变分方程 ϕ_4 以及运动方程 ϕ_1 和 ϕ_2 中都应出现，因此，用于求解的方程变为

$$\phi_1(h,\bar{u},\bar{\varpi},c_M,z_T')=0\ \text{［沿 } l_c \text{ 方向的运动方程式（6.4）］} \tag{6.63}$$

$$\phi_2(h,\bar{u},\bar{\varpi},c_M,z_T')=0\ \text{［沿 } n \text{ 方向的运动方程式（6.5）］} \tag{6.64}$$

$$\phi_3(h,\bar{u},\bar{\varpi})=0\ \text{［连续方程式（6.6）］} \tag{6.65}$$

$$\phi_4(h,z_T')=0\ \text{［变分方程式（6.51）］} \tag{6.66}$$

$$\phi_5(h,\bar{u},\bar{\varpi},z_T')=0\ \text{［泥沙输移连续方程式（6.62）］} \tag{6.67}$$

［z_T' 之所以出现在 ϕ_1 和 ϕ_2 中，是因为 $z_f=(z_b)_T+h=(z_b)_0+z_T'+h$；参见 6.1.1 节 i）❶。］

---

❶ 泥沙输移公式若得到修正，则 z_T' 出现在 ϕ_5 中（正如文献[11]，[14]等所指出的）；若未得到修正，则 z_T' 不出现在 ϕ_5 中。

iii）弯曲河道河床地形的计算，文献[11]，[12]，[16]，[17]，[18]，[23]，[24]，[25]均有所研究。然而，这些文献中，变形后的河床地形（相应于 $t \geqslant T_b$ 及 $\nabla \mathbf{q}_s = 0$ ）却并未直接进行计算。相反，T_b 是用一系列时间步长 δt_i 来逐渐逼近的，而每一步长都产生一相应的增量 $(\delta z')_i = W_i \delta t_i$ ［随着 i 的增加，W_i 和 $(\delta z')_i$ 都越来越趋近于零］。于是，在某一平面位置，z'_T 值就通过计算 $\sum(\delta z')_i$ 而得到。上述文献中的计算均基于 $c_M \equiv c_{M0}$ 这一假定，因此，其求解得到的水流总是"内偏流"［见 6.1.1 节 ii）］。为使这一问题得到妥善解决，这些文献的作者只得将已产生变形的床面地形作为计算的初始条件输入，而该床面地形是通过在弯道顶点附近靠近凸岸的区域引入一个人造的"凸起"来发展实现的［见 6.1.1 节 iii）］——依照这些作者的看法，"由于横向环流的存在"，该"凸起"理应出现在那里。

上面介绍的 δt_i 方法，虽然在 $t \geqslant T_b$ 时刻（河床变形后）水流形态的计算上显得较为繁琐，但对于任意 $t \in [0, T_b]$ 时刻水流形态的计算，仍具有一定的优越性。图 6.10（a）、（b）分别展示了较小和较大 θ_0（即 θ_0=30° 和 θ_0=110° ）两

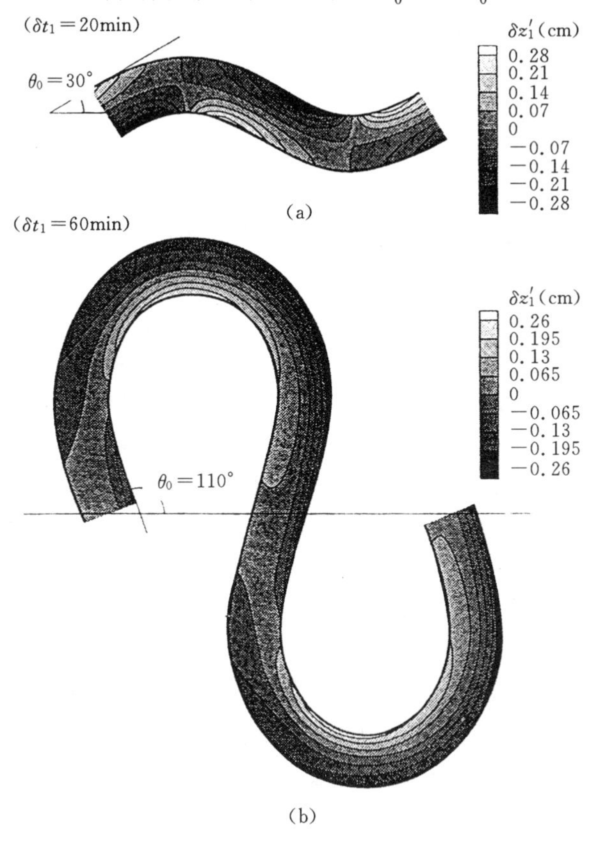

图 6.10

种情况下应用 δt_i 方法计算出的河床地形。计算相应于“初始阶段”的河床变形——只用到一个且是第一个时间步长（δt_1）——其中，q_s 用未经修正的 Bagnold 公式计算；c_M用式（6.12）和式（6.20）计算（α_χ=0.17 和 1.70）。除 γ_s 和随之确定的 $(\eta_*)_{av}$ 外，相应于较小和较大 θ_0 的情况，计算中用到的其他用以描述水流形态的参数均与 6.1.3 节 i）中描述的河道 A 和 B 相同。为了确保床面材料可以移动，假定 $(\eta_*)_{av}=1.5$，即假定 γ_s 约为普通沙容重的 10.6%。

注意到，虽然图 6.10（a）、图 6.10（b）计算的是“初始阶段”的冲刷—淤积情况，我们仍可判断，其冲刷—淤积区域的平面位置与变形后的河床是相同的［与图 5.10（a）、图 6.10（b）相比较］。这印证了 5.5 节 iii）中的结论。

6.2.2 河床变形最新研究进展

i）6.1.3 节 i）中描述的定床河道 B（$\theta_0=110°$）的研究，被意大利巴勒莫大学（University of Palermo）的 D. Termini 拓展至动床条件（参见文献[26]）。然而，尽管 $\theta_0=110°$ 未变，Termini 的实验却采用了如下（稍有不同的）参数：

$$Q=0.0065\text{m}^3/\text{s},\quad B=0.50\text{m},\quad D=0.65\text{mm}$$

$$\gamma_s/\gamma=1.65,\quad S_c=1/270,\quad h_{av}=3.0\text{cm}$$

图 6.11 展示了变形后的河床地形（T_b=400min）。从图中可以看出，对于 θ_0 较大的情况，冲刷—淤积区域出现在期望位置［与图 5.10（b）相比较］。同时，它也与图 6.10（b）相吻合［图 6.10（b）是针对 $0<t<T_b$ 的“初始阶段”所作的计算］。

图 6.1.2 是 Termini 的另一项研究成果：它展现了 t=0 时刻，$\nabla\mathbf{q}_{sb}$ 的计算值在水流平面上的分布情况（平整河床）。在这些计算中，q_s 通过测定水流流经平整床面时的 h、$\bar{u}$ 和 $\bar{\omega}$ 值来确定——而这同样也用到了 Bagnold 公式。同时，我们也可认为，这一结果明确了这样一项事实：变形后的河床地形特征（浅滩和深槽的平面位置）可以借助（流经平整河床的）初始水流的对流特性来进行预测。

ii）文献[28]中介绍了一种值得注意的方法，该方法可用于水流和河床变形（刚性河岸）的三维计算。同样，该三维数值模型建立在常规的流体运动方程、流体连续方程以及与式（1.72）在本质上并无区别的泥沙输移连续方程上，但并未用到水流阻力系数 c_M。相反，考虑了应力 τ_{ij}，其值用 $k-\epsilon$ 模型确定［参见 6.1.1 节 ii）、iii）］。$k-\epsilon$ 模型涉及的 5 个系数均取定值。

$$c_\mu=0.09,\quad c_{\epsilon1}=1.44,\quad c_{\epsilon2}=1.92,\quad \sigma_k=1.0,\quad \sigma_\epsilon=1.3$$

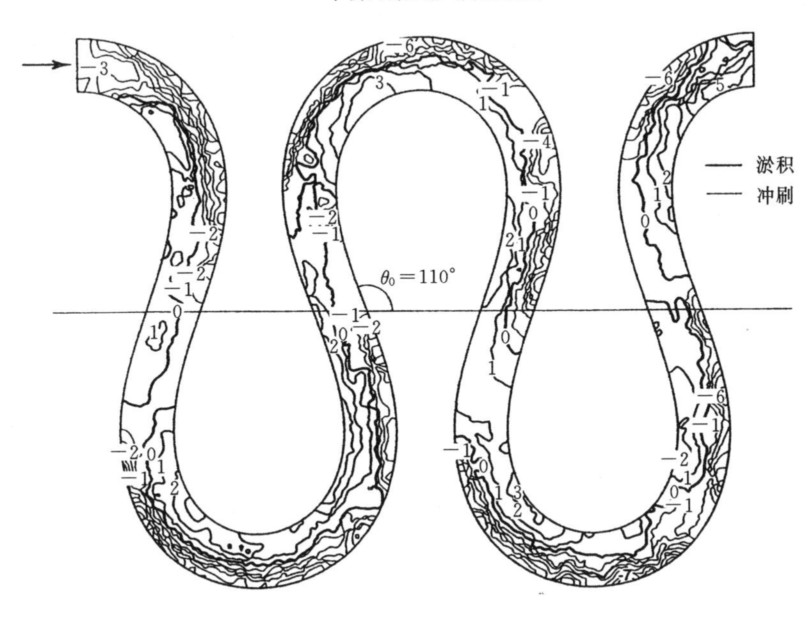

图 6.11　（摘自文献[26]）

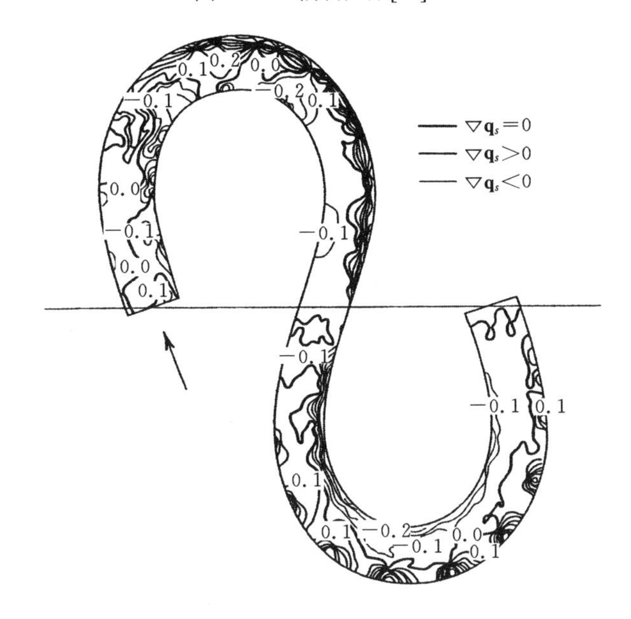

图 6.12　（摘自文献[26]）

尽管忽略了明渠河道的平面形态及断面几何形状的影响，特征参量的计算结果与实验测定结果相比，仍然符合得很好。床面的有效粗糙度应用 van Rijn（1984）表达式（2.72）进行计算。

iii）文献[9]提出了一种用于计算河床及河岸变形的二维模型。它假定从河岸表面移走的颗粒（p_s）几乎全部沉积在床面（p_d）。p_s值（单位面积上和单位时间内的）按照 Nakagawa 等人的公式确定（参见文献[10]）。这些移走的颗粒（主要）沉积在床面，进而p_d值（同样是单位面积上和单位时间内的）随距源头距离的增长而呈指数衰减。水流状况用常规的运动方程和连续方程解算。垂向平均紊动动能（k）和涡旋黏度（v_t）（对于任意地形条件）分别取 2.07 v_*^2 和 $\alpha h v_*$。最后比较其计算结果与实验结果，两者吻合较好。

6.3 弯段的迁移和扩展

6.3.1 概述

前一节中，我们主要讨论的是河床变形，为此，假定河道的平面形状是不变的，亦即河岸是刚性的（θ_0 为定值）。这一节中，将讨论河岸的变化，即河岸的迁移（Migration）和扩展（Expansion）。我们主要针对大型天然河流，它们的 B/h_{av} 常常达到 3 位数（参见文献[4]），并且其横向环流 Γ 的影响也可以忽略［见式（5.34）］。因此，河岸的变化主要归因于水流的对流作用及河道的稳定演变趋势。该结论与如下（已经提及的）事实相符：“从凹岸冲刷下来进入河道的泥沙会沉积在下游同一侧的凸岸，而只有一小部分会横越河道”（见图 5.18）（参见文献[2]，[5]，[6]，[7]，[8]，[27]）。

弯曲河道横断面的水流边界是一条连续的曲线（见图 6.13），因此，河床和河岸的冲刷（或淤积）发生在横断面的同一侧。与 5.6 节 ii）一致，我们同样认为横断面上冲刷和淤积区域的面积是相等的（在任意 l_c 处和 $t\sim\Theta$ 时刻）。这样，我们就可以用（q_s）$_{av}$（=const）来替代（q_s）$_m$。

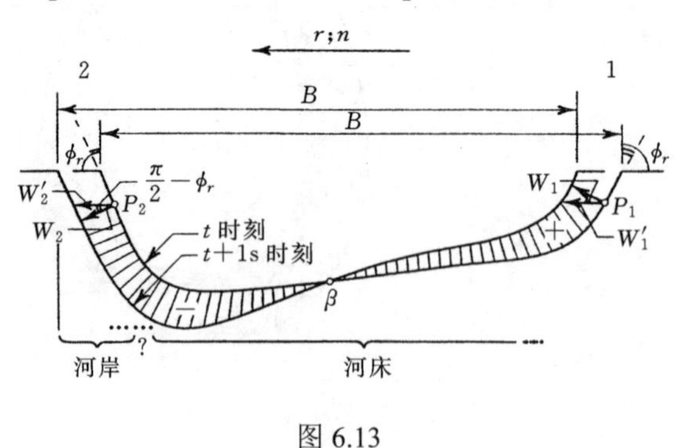

图 6.13

在这一节中，我们假定底坡 S 的减小只是由河道弯曲引起的（而不是由，例如河道弯曲和冲刷—淤积作用共同引起的）。

6.3.2　法向和径向河岸移动速度

考虑图 6.13 所示的法向边界移动速度 W的分布（W组成的阴影部分，其正、负面积是相等的）。河岸处 P_1 和 P_2 点的径向（水平）移动速度 W_1' 和 W_2'，则由相应的法向位移速度 W_1 和 W_2 确定，它们可表示为如下形式

$$W_1' = W_1 / \sin\phi_r$$

和

$$W_2' = W_2 / \sin\phi_r \tag{6.68}$$

式中：ϕ_r 为休止角。（这里，认为河岸的坡度与相应的水流边界线末端的坡度是相等的，而水流边界线末端的倾角近似为 ϕ_r。）

在 3.4.1 节中，我们曾提及，河宽 B 沿河道长度 l_c 并不发生任何系统性的变化；且在 $\hat{T}_0 < t < T_R$ 时段内，它随时间的变化（增加）是微小的。为此，我们假定 $\partial B/\partial t = W_2' - W_1'$ 近似等于零（在任意 l_c 处和 $t \in \left[\hat{T}_0, T_R\right]$ 时刻），即

$$W_1' = W_2' (= W') \tag{6.69}$$

由此可见，对于任意给定的瞬时，W' 可能会随水流横断面位置 l_c 的变化而变化；但从横断面上一点到同一断面上另一点，W' 绝不可能发生变化。简而言之，W' 将被视为弯曲河道的断面参量。显然，W' 也可以被认为是水流中心线的径向移动速度（见图 6.14）。

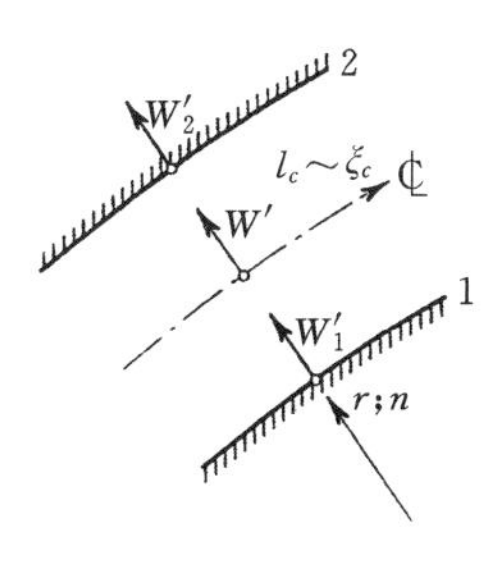

图 6.14

在下文中，对于任意瞬时的河宽 B，我们将考虑用该瞬时底坡 S 所对应的平衡河宽来表示[见 4.3 节 i）]。

6.3.3　径向河岸移动速度的计算

在本小节和下一小节中，我们将认为河岸的移动只是弯道时均水流对流作用的结果；稳定演变带来的额外影响，我们将在 6.3.5 中考虑。

i）如果存在泥沙输移，那么表达式（5.44）中的函数 ϕ_A 就需要额外增加一个无量纲变量，即 $\Pi_{q_s} = (q_s)_{av}/(\mathcal{VL})$。如果 A 是断面参量，那么 η 就必须删除。考虑断面参量 W' 和 $\bar{\omega}_c$。把它们分别视为 A，并用 L 和 u_m 替换 $\mathcal{L}$ 和 $\mathcal{V}$，则在式（5.44）的基础上得到

$$\Pi_{W'} = \frac{W'}{u_m} = \overset{=}{\phi}_{W'}(\theta_0,\ B/h_{av}, c_{av}, \Pi_{q_s}, \xi_c) \tag{6.70}$$

和

$$\Pi_{\bar{\omega}_c} = \bar{\omega}_c = \overset{=}{\phi}_{\bar{\omega}_c}(\theta_0,\ B/h_{av}, c_{av}, \Pi_{q_s}, \xi_c) \tag{6.71}$$

其中

$$\Pi_{q_s} = \frac{(q_s)_{av}}{u_m L} \tag{6.72}$$

式（6.70）和式（6.71）消去ξ_c，得到

$$\Pi_{W'}=\frac{W'}{u_m}=\bar{\phi}_{W'}(\theta_0,\ B/h_{av},c_{av},\Pi_{q_s},\bar{\omega}_c) \tag{6.73}$$

式中，过水断面由（沿ξ_c变化的）$\bar{\omega}_c$值描述。

如果$(q_s)_{av}=0$，那么也有$W'=0$（河岸不可能在没有泥沙输移的情况下产生变形）。这就意味着式（6.73）一定为如下形式

$$\Pi_{W'}=\frac{W'}{u_m}=\Pi_{q_s}^{n_q}\phi_{W'}(\theta_0,\ B/h_{av},c_{av},\bar{\omega}_c)\quad（式中，n_q\geqslant 1） \tag{6.74}$$

法向河岸移动速度（图 6.13 中的）W_1和W_2——$W'(=W_1'=W_2')$跟它们始终保持一个恒定的比例关系［见式（6.68）］——均只是图 6.13 中一个有限且连续的 W 分布图的“末端值”。然而，由于（至少是因为量纲的原因）W 分布图中的所有 W 值均必须互相成比例，对于任意断面位置$\eta(=n/B)$处的 W，则有

$$W_1=W_2=\phi(\eta)W \tag{6.75}$$

考虑式（1.73），即

$$W=-\frac{1}{1-p}\nabla\mathbf{q}_s\sim\frac{(q_s)_{av}}{L} \tag{6.76}$$

再综合考虑式（6.73）、式（6.68）、式（6.75）及式（6.72），得到

$$\Pi_{W'}\sim W'\sim(W_1=W_2)\sim W\sim\frac{(q_s)_{av}}{L}\sim\Pi_{q_s} \tag{6.77}$$

这一关系式表明式（6.74）中的指数n_q为 1，因此，式（6.74）可写成如下形式

$$\frac{W'}{u_m}=\frac{(q_s)_{av}}{u_m L}\phi_{W'}(\theta_0,B/h_{av},c_{av},\bar{\omega}_c) \tag{6.78}$$

然后得到

$$W'=\frac{(q_s)_{av}}{L}\phi_{W'}(\theta_0,B/h_{av},c_{av},\bar{\omega}_c) \tag{6.79}$$

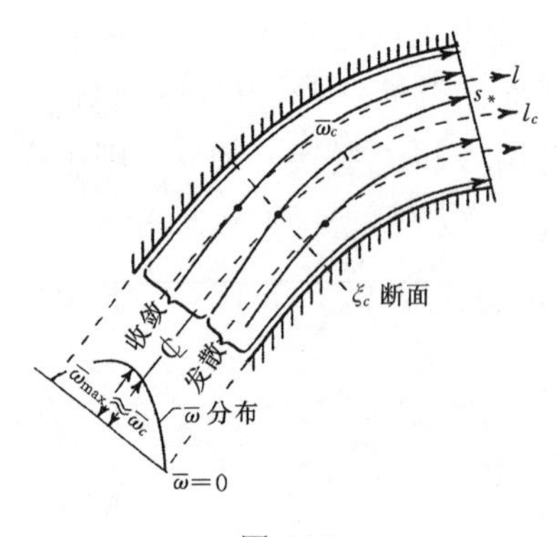

图 6.15

ii）图 6.15 展示了弯道水流中的某一断面ξ_c可划分为两个区域，即收敛区和发散区。$\bar{\omega}$的最大值，即$\bar{\omega}_{max}$，在河道的中心线附近取得；$\bar{\omega}=0$则在河岸处达到。因此，$\bar{\omega}_c$与$\bar{\omega}_{max}$相差不大，继而$\bar{\omega}_c$可作为某一断面处水流收敛—发散强度的“量度”。同时，这意味着$\bar{\omega}_c$也可作为$\nabla\mathbf{q}_s$大小的量度（$\nabla\mathbf{q}_s$是关于垂向平均水流流线 s 收敛—发散程度的增函数）。进一步地，$\bar{\omega}_c$还可作为河床移动速度 W 的量度［见式（6.76）］。

以上所提及的内容与天然弯曲河道的变形模式是一致的。实际上，考虑图 5.8（a）和图 5.10（a）所示的河道，它们均相应于“较小”θ_0 的情况。图 5.8（a）表明 $\overline{\omega}_c$ 的最小值[即 $(\overline{\omega}_c)_{\min}$]出现在拐点断面 O_i 处，而图 5.10（a）显示最强烈的河床变形也发生在拐点断面 O_i 附近。类似的结论对于图 5.8(b) 和图 5.10（b）所描述的“较大”θ_0 的情况也成立。按照图 5.8（b），$\overline{\omega}_c$ 的最大值[即 $(\overline{\omega}_c)_{\max}$]出现在顶点断面 a_i 处，同时，图 5.10（b）显示最强烈的冲刷—淤积变化也发生在 a_i 附近。同样，我们可作出如下论断：$\overline{\omega}_c=0$ 处，河床的变形可以忽略（见图 5.8 和图 5.10）。

iii）如果说 $\overline{\omega}_c$ 可作为河床移动速度 W 的“量度”，那么同样，它也可作为径向河岸移动速度 $W_1'=W_2'(=W')$ 的“量度”（因为 $W'\sim W$ ）。同时，实验也证实了，无论 θ_0“较小”还是“较大”，径向河岸移动速度（W'）的最大值和零值均出现在河床变形（W）和与之相关的 $\overline{\omega}_c$ 取得最大值和零值的水流区域。图 6.16（a)、图 6.16（b）即描绘了这一事实。

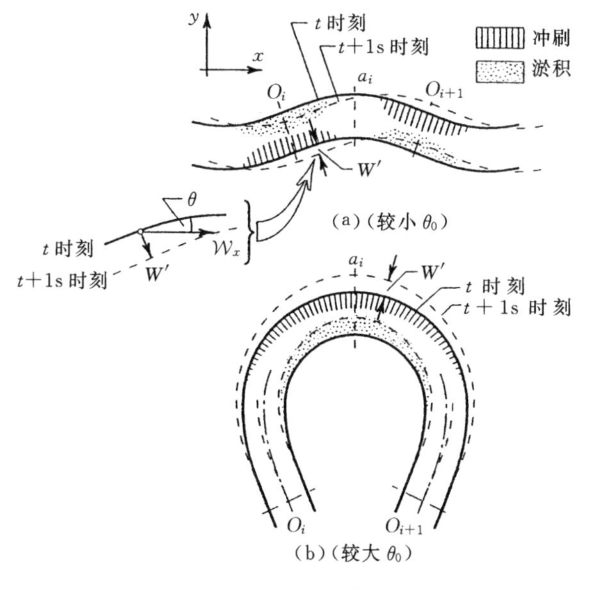

图 6.16

上述条件的成立，要求 W' 是 $\overline{\omega}_c$ 的递增函数，且当 $\overline{\omega}_c$ 等于零时，W' 也等于零；即要求式（6.79）能表示为如下形式

$$W'=\alpha_W\frac{(q_s)_{av}}{L}\overline{\omega}_c^{n_\omega} \tag{6.80}$$

其中 $$n_\omega\geqslant 1 \text{ 且 } \alpha_W=\phi_{W'}(\theta_0,B/h_{av},c_{av}) \tag{6.81}$$

n_ω 的取值将在下一小节中讨论；到目前为止尚未明确的函数 α_W 将在 6.3.5 节中讨论。

6.3.4 径向河岸移动速度的迁移分量和扩展分量

现在，我们将试着阐明，当θ_0的取值限定在“较小”和“较大”两种情况时，W'随着ξ_c是怎样变化的。

i）如果θ_0较小，那么，在图 6.16（a）所示的理想条件下，“$t+1\mathrm{s}$”时刻的河岸线可看作“t”时刻的河岸线沿x方向偏移的结果（因为对于较小的θ_0，河道的扩展可以忽略）。因此，引入下式

$$W' = -\mathcal{W}_x \sin\theta \tag{6.82}$$

式中：$\mathcal{W}_x$为（弯曲河道的）迁移速度（Migration Velocity）。

我们假定，在这一过程中原河岸线不发生变形，因此，对于所有河岸线上的点，或河道中心线上的点P，$\mathcal{W}_x$是相同的。对于我们研究的正弦派生弯曲河道，θ沿ξ_c变化［见式（5.7)］，所以

$$W' = -\mathcal{W}_x \sin[\theta_0 \cos(2\pi\xi_c)] \tag{6.83}$$

结合式（6.83）和式（6.80），得到

$$\bar{\varpi}_c^{n_\varpi} = -K_1 \sin[\theta_0 \cos(2\pi\xi_c)] \tag{6.84}$$

式中，对于给定的工况，$K_1 = \mathcal{W}_x L/[\alpha_W (q_s)_{av}]$为一常数。考虑顶点断面 a_i，其$\xi_c = 1/4$。

在该断面的邻域内应用关系式$\lim\limits_{x\to 0}(\sin x/x) = 1$，式中，$x$替换为$\theta_0\cos(2\pi\xi_c)$，注意到，在$\xi_c = 1/4$处，式（6.84）等号右边的部分$\approx -(K_1\theta_0)\cos(2\pi\xi_c)$。该余弦函数的图像与$\xi_c$轴（在$\xi_c = 1/4$处）交于一个有限的夹角——$\bar{\varpi}_c^{n_\varpi}$必然也是如此，且只有当$n_\varpi = 1$时才可能成立。［注意到图 6.6（a）中，$\bar{\varpi}_c$的点绘曲线与$\xi_c$轴在 1/4 附近确实交于一个有限的夹角。］

因此，对于较小的θ_0，则有

$$W' = \alpha_W \frac{(q_s)_{av}}{L} \bar{\varpi}_c = -\mathcal{W}_x \sin[\theta_0 \cos(2\pi\xi_c)] \tag{6.85}$$

ii）如果θ_0较大，那么河道的迁移就可以忽略（$\mathcal{W}_x \to 0$），且可以假定理想河道［见图 6.16（b）］的变形只是由于其弯段（在固定拐点O_i附近）的扩展（参见文献[5]，[29]）。在这种情况下，河道中心线上点 P 的径向移动速度W'就等同于河道在该点处的扩展速度（Expansion Velocity）。

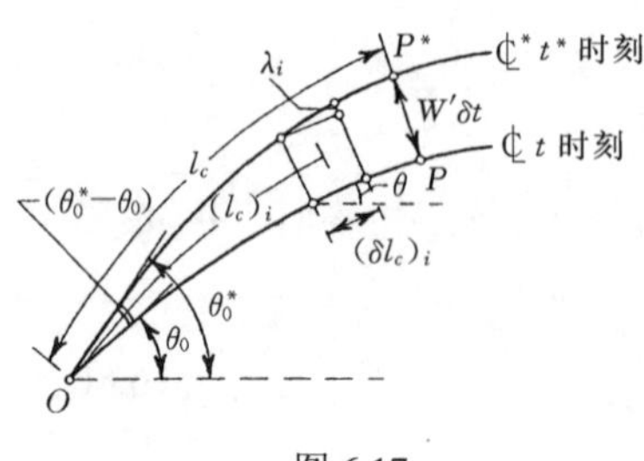

图 6.17

为了探究W'沿ξ_c的变化，回想起正弦函数式（5.7）对所有$t\in[0, T_R]$，亦即对所有θ_0均适用。于是，我们可以分别写出河道中心线在t和$t^* = t + \delta t$时刻的方程（见图 6.17）

$$\theta=\theta_0\cos(2\pi\xi_c) \tag{6.86}$$

和
$$\theta^*=\theta_0^*\cos(2\pi\xi_c^*)$$

t 时刻河道中心线上的点 P，在 δt 时间内移动了 $PP^*=W'\delta t$ 的距离。由于 δt 及 $\theta_0^*-\theta_0(=\delta\theta)$ 均被认为是“微小的”，可以假定 PP^* 与 C_L 和 C_L^* 均是正交的。当然，这也意味着 $l_c/L=\xi_c$ 在 δt 时间内几乎没有变化（即 $\xi_c=\xi_c^*$），且基于式（6.86），可以写出

$$\frac{\mathrm{d}\theta}{\mathrm{d}t}=\frac{\mathrm{d}\theta_0}{\mathrm{d}t}\cos(2\pi\xi_c) \tag{6.87}$$

将（有限的）距离 $l_c(=\xi_c L)$ 分成 N 个相邻的（微小的）区段 $(\delta l_c)_i$，则 δt 时间内，每一 $(\delta l_c)_i$ 末端点径向移动距离的差分等于

$$\frac{\mathrm{d}\theta_i}{\mathrm{d}t}\delta t(\delta l_c)_i \quad (=\lambda_i) \tag{6.88}$$

距离 $PP^*=W'\delta t$ 即为所有 λ_i 的和，因此，

$$W'\delta t=\lim_{N\to\infty}\sum_{i=1}^{N}\lambda_i=\lim_{N\to\infty}\sum_{i=1}^{N}\frac{\mathrm{d}\theta_i}{\mathrm{d}t}\delta t(\delta l_c)_i=\int_0^{l_c}\frac{\mathrm{d}\theta}{\mathrm{d}t}\delta t\mathrm{d}l_c \tag{6.89}$$

且由于积分沿 l_c（而不是按 t）进行，有

$$W'=\int_0^{l_c}\frac{\mathrm{d}\theta}{\mathrm{d}t}\mathrm{d}l_c \tag{6.90}$$

将式（6.87）给出的 $\mathrm{d}\theta/\mathrm{d}t$ 值代入式（6.90），并考虑到 $\mathrm{d}l_c=L\mathrm{d}\xi_c$，得到

$$W'=\frac{\mathrm{d}\theta_0}{\mathrm{d}t}L\int_0^{\xi_c}\cos(2\pi\xi_c)\mathrm{d}\xi_c=\frac{\mathrm{d}\theta_0}{\mathrm{d}t}\frac{L}{2\pi}\sin(2\pi\xi_c) \tag{6.91}$$

所以，对于顶点 a_i，即 $\xi_c=1/4$ 处的扩展速度 W_a'，则有

$$W_a'=\frac{\mathrm{d}\theta_0}{\mathrm{d}t}\frac{L}{2\pi} \tag{6.92}$$

则式（6.91）可表示为

$$W'=W_a'\sin(2\pi\xi_c) \tag{6.93}$$

这一关系式表明：只要知道 W_a'，就可以确定弯曲河道中任意 ξ_c 断面处的扩展速度。扩展速度的函数图像是一条正弦曲线：其最大值出现在顶点处，而零值则出现在拐点处。

结合式（6.93）和式（6.80）[正如在 i）中所做的]，得到

$$\varpi_c^{n_\omega}=K_2\sin(2\pi\xi_c) \tag{6.94}$$

式中，$K_2=W_a'L/[\alpha_W(q_s)_{av}]$ 并不沿 ξ_c 变化。不足为奇，这一情况同样表明 n_ω 必须等于 1。实际上，在拐点断面 O_i，即 $\xi_c=0$ 处，则有

$$\lim_{\xi_c\to 0}[\sin(2\pi\xi_c)]=2\pi\xi_c \ (=\varpi_c^{n_\omega}/K_2) \tag{6.95}$$

这表明 $\varpi_c^{n_\omega}$ 的图像在 $\xi_c=0$ 处与 ξ_c 轴交于一个有限的夹角，即有 $n_\omega=1$。因此，

$$W' = \alpha_W \frac{(q_s)_{av}}{L} \bar{\omega}_c = W'_a \sin(2\pi\xi_c) \tag{6.96}$$

在这种情况下，同样注意到在图 6.6（b）中，$\bar{\omega}_c$ 的点绘曲线与 ξ_c 轴在 0 附近交于一个有限的夹角。

iii）一般情况。如果 θ_0 既非“较大”，也非“较小”，那么河道中心线上点 P 的径向移动速度 W' 即为 W'_{mig} 和 W'_{exp} 的代数和。

$$W' = W'_{\text{mig}} + W'_{\text{exp}} \tag{6.97}$$

式中：W'_{mig} 和 W'_{exp} 分别为 W' 的迁移分量与扩展分量。

显然，点 P 的 W'_{mig} 是向量 $\mathbf{i}_x\mathcal{W}_x$ 在 r 方向的分量，即 $\mathbf{i}_r(\mathbf{i}_x\mathcal{W}_x)$。实际上

$$W'_{\text{mig}} = \mathbf{i}_r(\mathbf{i}_x\mathcal{W}_x) = \cos\left(\frac{\pi}{2}+\theta\right)\mathcal{W}_x = -\mathcal{W}_x \sin\theta \tag{6.98}$$

该式与式（6.82）是一致的。

因此，就弯段 $O_i a_i O_{i+1}$（见图 6.18）而言，在 $O_i a_i$ 范围内 $W'_{\text{mig}} < 0$（此时 $\theta > 0$），而在 $a_i O_{i+1}$ 范围内 $W'_{\text{mig}} > 0$（此时 $\theta < 0$）；当然，W'_{exp} 在整个范围内都是正值。

将式（6.83）、式（6.93）和式（6.80）所表示的 W'_{mig}，W'_{exp} 和 W' 代入式（6.97），并考虑 $n_\omega = 1$，得到

$$W' = \alpha_W \bar{\omega}_c \frac{(q_s)_{av}}{L} = -\mathcal{W}_x \sin\left[\theta_0 \cos(2\pi\xi_c)\right] + W'_a \sin(2\pi\xi_c) \tag{6.99}$$

从式（6.99）（及图 6.18），注意到在拐点 O_i，O_{i+1}（$\xi_c = 0, 1/2$）处，$W'_{\text{exp}} = 0$，因此

$$\mathcal{W}_x = -(\bar{\omega}_c)_O \frac{(q_s)_{av}}{L} \frac{\alpha_W}{\sin\theta_0} \tag{6.100}$$

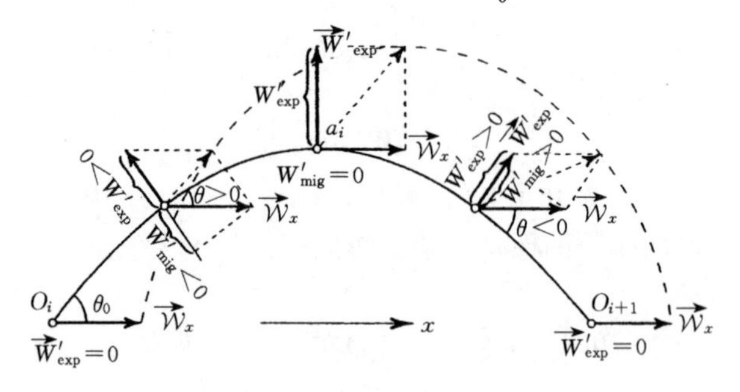

图 6.18

而在顶点 $a_i(\xi_c = 1/4)$ 处，$W'_{\text{mig}} = 0$，因此

$$W'_a = (\bar{\omega}_c)_a \frac{(q_s)_{av}}{L} \alpha_W = (\bar{\omega}_c)_a \frac{(q_s)_{av}}{R_a} \frac{\alpha_W}{2\pi\theta_0} \tag{6.101}$$

式中，最后一步推导需利用式（5.9）。另一方面，式（5.9）和式（5.10）给出

$$\frac{\Lambda_M}{R_a}=2\pi\theta_0\frac{1}{\sigma}=2\pi\theta_0 J_0(\theta_0) \tag{6.102}$$

如此，W'_a 就可用 θ_0（和 Λ_M）来表示，即

$$W'_a=(\bar{\omega}_c)_a\frac{(q_s)_{av}}{\Lambda_M}J_0(\theta_0)\alpha_W \tag{6.103}$$

iv）基于（十分有限的）野外观测（参见文献[5]），图 6.19 展示了 $\mathcal{W}_x$ 和 W'_a 随 θ_0 的变化情况（$\mathcal{W}_x$ 曲线和 W'_a 曲线）；“在早期（θ_0 较小时），起主要作用的是弯段顺水流方向的迁移（$\mathcal{W}_x$）；到后期（θ_0 较大时），占主导地位的则是弯段的扩展”（参见文献[5]的第 108 页）。这里，我们只考虑（与河道稳定演变有关的）扩展速度 W'_a。

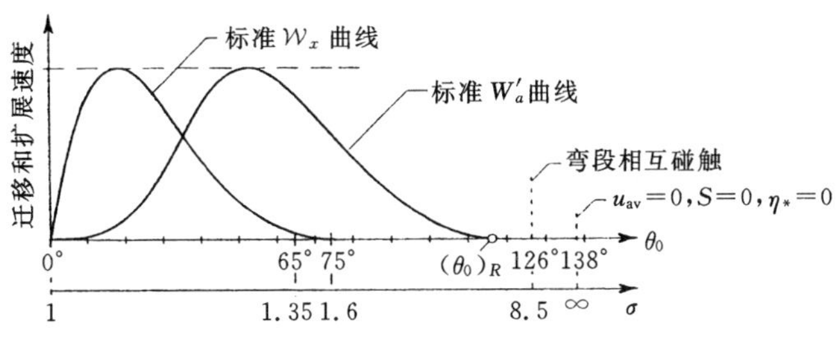

图 6.19

我们曾在 5.5 节 ii）中提及，偏移角 $(\bar{\omega}_c)_a$ 始终为正［见图 5.9（a）］，因此，式（6.103）等号右边部分的值也始终为正。既然如此，扩展速度 W'_a 从一开始（即从 $\theta_0=0$ 时）就是存在的（这不过是推断而已，其理由在于，仅仅在 $\theta_0=0$ 之后，我们就可以观察到河道的迁移，而这意味着 W'_a 所引起的弯段已经存在了）。我们还应注意到，只有当河道稳定时的 θ_0 值，即 $(\theta_0)_R$ 小于 126° 时［注意，当 $(\theta_0)_R$ 接近 126° 时，相邻的弯段将会触碰，如图 5.3（b）所示］，弯曲作用下河道的演变才能趋于稳定。如果 $(\theta_0)_R>126°$，那么演变将永远持续。显然，$(\theta_0)_R$ 总是小于 138° 的，此时，$S=0$，且因此 $u_{av}=0$（见图 6.19）。

为了弄清式（6.103）与图 6.19 中的 W'_a 曲线是如何匹配的，我们考虑式（6.103）等号右边各因子随 θ_0 的变化情况。这里，Λ_M 与 θ_0 无关，而 α_W（α_W 保持正号且始终取有限值）可能与 θ_0 有关，但其随 θ_0 的变化在目前的研究中可忽略。$J_0(\theta_0)$ 的变化规律如图 5.3（a）所示，亦即如图 6.20 中描绘的曲线 1 所示。现在考虑 $(\bar{\omega}_c)_a$，图 5.9（b）显示，当 θ_0 从 0° 增加到 138° 时，$(\bar{\omega}_c)_a/(\bar{\omega}_c)_{max}$ 从 0 单调地增加到 1，如图 6.20 中的曲线 2 所示。然而，随着 θ_0 的增加，任意断面 ξ_c 处的最大偏移角 $(\bar{\omega}_c)_{max}$ 先从 0 开始增加，达到其最大值，然后又逐渐减小，直到 $\theta_0=138°$ 时再次减为 0——因为当 $\sigma\to 1$ 和当 $\sigma\to\infty$ 时，（任意断面 ξ_c 处的）相对河道曲率 B/R 趋近于 0。我们可以推断，$(\bar{\omega}_c)_{max}$ 的出现必然要求 θ_0

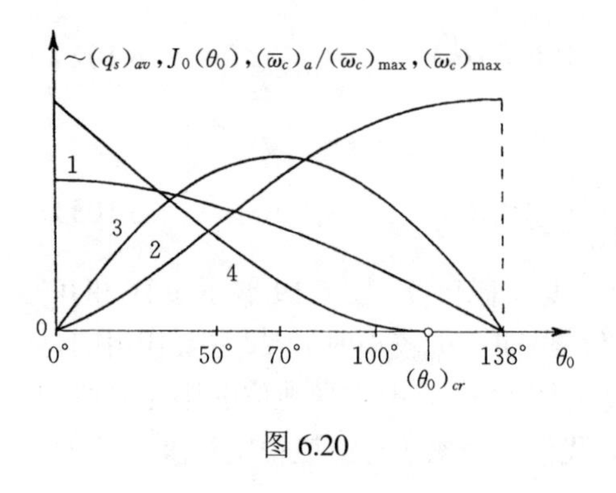

图 6.20

的取值能使 $B/R_a[=\theta_0 J_0(\theta_0)]$ 的值达到最大，即取 $\theta_0 \approx 70°$［见图 5.9（b）］，如图 6.20 中的曲线 3 所示。最后考虑 $(q_s)_{av}$，当 $\eta_*(\sim S)$ 减小时，它的值也不断减小（曲线 4），直到 $\theta_0=(\theta_0)_{cr}$［相应于 $(\eta_*)_{cr}=1$］时，减小至 0。我们可以容易地看出：曲线 1、2、3 和 4 的叠合必然会产生一条与图 6.19 中的 W_a' 形状相同的曲线。

6.3.5　弯段的扩展速度与稳定演变

i）如果稳定演变是砾质的，那么当减小至 $(\eta_*)_{cr}=1$ 时，这种演变及河道的扩展都将被迫终止。在这种情况下，式（6.103）——其中包含 $(q_s)_{av}$——实际上给出 $W_a'=0$，此时，$\eta_*=1$ 且因此 $(q_s)_{av}=0$。

然而，如果稳定演变是砂质的，那么即便是在稳定状态下（“动床”稳定河道），$(q_s)_{av}$ 也将是有限的（$\gg 0$）。在这种情况下，式（6.103）将不能给出 $W_a'=0$；因为当 θ_0 达到其稳定值 $(\theta_0)_R$ 时，等号右边各因子都不为零。因此，仅仅基于水流运动和泥沙输移而建立起来的式（6.103）并不完善：为了能将稳定演变所提供的条件纳入其中，必须对它进行修正。

ii）从前述内容得知，式（6.103）必须引入一种新形式，以使得在 $\theta_0=(\theta_0)_R$［相应于 $(\eta_*)_R$］时能够给出 $W_a'=0$——即便稳定演变是砂质的（且因此 $(\eta_*)_R\gg 1$）。本书中，我们应该明确这样一个概念：即使对于一个具体的实验，河道的稳定底坡 S_R 也是确定的（能计算的），但初始底坡 S_0 并非如此，因为初始时刻可以任意选取。这就意味着，弯曲河道的稳定状态（相应于指定的流量 Q 及给定的颗粒材料和流体）不能与某种确定的平面几何形态，即不能与某个确定的稳定状态下的弯曲系数 σ_R 或偏转角 $(\theta_0)_R$ 联系起来。实际上，关系式

$$\frac{S_0}{S_R}=\frac{L_R}{\Lambda_M}=\sigma_R=\frac{1}{J_0[(\theta_0)_R]} \tag{6.104}$$

表明，每一个任意选取的 S_0 都有“它自己的” σ_R 和 $(\theta_0)_R$。如果 S_R 是计算的而 S_0 是选取的，那么 $(\theta_0)_R$ 可按式（6.104）求得。[特别地，如果 S_0 取与 S_R 相同的数值，那么（顺直的）初始河道将永远保持它原来的形态 $(\sigma_R=1,(\theta_0)_R=0)$]。换句话说，初始（河谷）底坡 S_0 可作为一个附加参量用于弯曲河道“稳定几何形态”的确定。

当 $S=S_R$ 时，$W_a'=0$ 这一要求可通过引入一个额外的函数 β_W 作为因子来实现，也就是把式（6.103）变为

$$W_a' = (\bar{\varpi}_c)_a \frac{(q_s)_{av}}{\Lambda_M} J_0(\theta_0)\alpha_W \beta_W \tag{6.105}$$

其中

$$\left.\begin{aligned} &\text{砾质：}\beta_W \equiv 1 \\ &\text{砂质：}\beta_W = \phi_\beta[(\theta_0)_R, \theta_0] \end{aligned}\right\} \tag{6.106}$$

从以上讨论可知，对于给定的实验（给定的流量 Q 及材料），弯段的扩展速度 W_a' 是 θ_0 和 S_0 两个变量的函数，如图 6.21 中的曲线族所示——每一个 S_0 都有“它自己的” $(\theta_0)_R$，而 $(\theta_0)_R$ 意味着弯道（稳定）演变过程的终止。可以想象，相应于不同 $(S_0)_i$ 的 W_a' 曲线 C_1，C_2，…，C_i 开始时以相同的方式增长（即当 $\theta_0 = 0$ 时，这些曲线将合并到一起）。这也意味着，到目前为止尚不明确的函数 $\phi_\beta[(\theta_0)_R, \theta_0]$ 有可能满足条件

$$\phi_\beta[(\theta_0)_R, 0] = 1,\ \frac{\partial \phi_\beta[(\theta_0)_R, 0]}{\partial \theta_0} = 0 \tag{6.107}$$

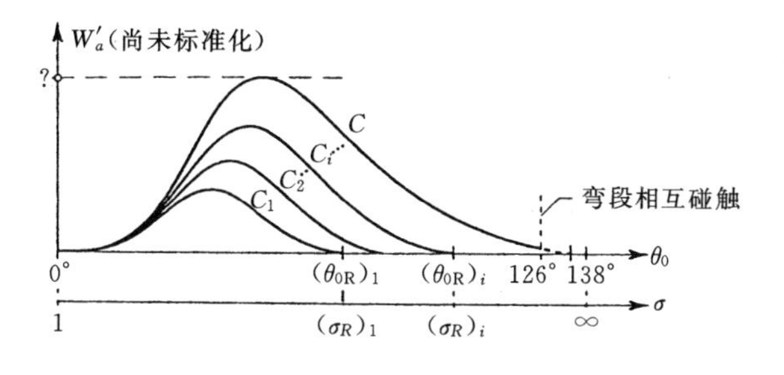

图 6.21

当然，还必须满足 $\phi_\beta[(\theta_0)_R, (\theta_0)_R] = 0$。只有在函数 α_W 和 β_W 确定之后，式(6.100)和式（6.103）才可用于计算 $\mathcal{W}_x$ 和 W_a'。显然，专门用于确定这两个（关于 B/h_{av}、c_{av}、S_0，且可能关于 θ_0 的）函数的实验研究是极有价值的。

习题

6.1　假设有两条垂向平均水流流线通过弯道水流中点 P 及其附近一点，（从平面上看）b 是这两条流线间的“微小”距离：$\bar{\varpi}$ 是点 P 处的偏移角，水深 h 的变化可以忽略。试证明：

$$\frac{1}{b}\frac{\partial b}{\partial s} = \frac{\partial \bar{\varpi}}{\partial n_s} \text{和} \frac{1}{\bar{U}}\frac{\partial \bar{U}}{\partial s} = -\frac{\partial \bar{\varpi}}{\partial n_s}$$

其中，s 沿流线变化，n_s 沿 s 的法向变化（即取 s 和 n_s 作为自然坐标）。

6.2　给定水流平面中的一点，试证明：在该点处，坐标线 l 的曲率半径 r

与（垂向平均）流线 s 的曲率半径 r_s 有如下关系

$$\frac{1}{r_s}=-\frac{\partial\bar{\varpi}}{\partial s}+\frac{1}{r}\cos\bar{\varpi}$$

6.3 请从式（6.1）~式（6.3）出发，证明：弯曲河道中垂向平均水流的运动方程和连续方程在自然坐标系（$s; r_s$）中可表示为

$$\frac{\partial(\bar{U}^2 h)}{\partial s}=-ghJ_s-\frac{\bar{U}^2}{c_M^2}$$

$$\frac{\bar{U}^2}{r_s}=-ghJ_{r_s}$$

$$\frac{\partial(\bar{U}h)}{\partial s}=0$$

式中：J_s 和 J_{r_s} 分别为沿 s 和 r_s 方向自由水面的比降。

6.4 考虑一无限长的圆形断面渠道［如文献[29]中的图 5.23（b）所示］：水流恒定且均匀 $(R=\text{const},\ \partial h/\partial l_c=0,\ \partial\bar{u}/\partial l_c=0)$。

a）针对这一特殊情况，简化式（6.4）~式（6.6）所表示的运动方程和连续方程。

b）将 $\bar{u}$ 和 h 表示成 n/R 的函数。

6.5 基于运动方程和连续方程，证明：当 c_M 为常数，或当 c_M 只随 h/K_s 变化时，在平整河床的条件下，这些方程只能解出内偏流——无论 θ_0 的值有多大（见图 6.1）。

6.6 采用如下记号：

$$y=\bar{\varpi}_c/(\bar{\varpi}_c)_{\max},\quad y_a=(\bar{\varpi}_c)_a/(\bar{\varpi}_c)_{\max}$$

比值 y 是随 ξ_c 和 θ_0 变化的，如图 5.9（a）中的曲线族所示，其中，每一条 C_{θ_0} 曲线均对应一个 θ_0 值。该曲线族可（近似）表示为

$$y=\sin\{2\pi[\xi_c-\psi_1(\theta_0)]\} \tag{6.108}$$

如果 $\xi_c=1/4$（顶点 a_i），那么式（6.108）简化为

$$y_a=\cos[2\pi\psi_1(\theta_0)]=\Psi_a(\theta_0) \tag{6.109}$$

它随 θ_0 变化，如图 5.9（b）中的“S”形实曲线所示。

a）确定合适的函数

$$y_a=\Psi_a(\theta_0)\text{ 和 }(\bar{\varpi}_c)_{\max}=\Psi_\omega(\theta_0)$$

用以表示图 5.9（b）中的两条曲线。

b）已知函数 $\Psi_a(\theta_0)$、$\Psi_\omega(\theta_0)$、式（6.108）及式（6.109），对于任意给定的 θ_0 和 ξ_c，确定用于计算 $\bar{\varpi}_c$ 的公式。

c）解释为什么图 5.9（b）中的曲线$(\bar{\omega}_c)_{\max}$，在$\theta_0 \to 0$的情况下与直线$(\bar{\omega}_c)_{\max} = \theta_0$几乎重合。

6.7　考虑这样一条河流：Q=1500m^3/s，D=0.7mm（$\gamma_s/\gamma = 1.65$，$\rho = 10^3\,\mathrm{kg/m^3}$，$\nu = 10^{-6}\,\mathrm{m^2/s}$）。底坡 S 的稳定演变主要是由河道弯曲（而非冲刷）引起的。对于所有阶段，均采用总阻力系数 c=13.0。

a）假定初始河道的底坡 S_0 是 S_R 的 4 倍（S_0=4S_R），确定稳定状态下 B_R、h_R、S_R和$(\theta_0)_R$的值。

b）现考虑中间阶段：S 是 S_R 2 倍（S=2S_R）。①该阶段的θ_0和$(\bar{\omega}_c)_a$的值是多少？②该阶段的输沙率$(q_s)_{av}$是多少（取$B = 0.95B_R$）？③该阶段的河道扩展速度W_a'是多少（取$\alpha_W\beta_W = 6.5$）？

6.8　试证明：偏转角θ_0的扩展速度，即$\mathrm{d}\theta_0/\mathrm{d}t$与顶点断面的扩展速度$W_a'$有如下关系：

$$\theta_0 \frac{\mathrm{d}\theta_0}{\mathrm{d}t} = \frac{W_a'}{R_a}$$

参考文献

[1] Demuren, A.O. 1993: *A numerical model for flow in meandering channels with natural bed topography*. Water Resour. Res., Vol. 29, No. 4, April.

[2] Friedkin, J.F. 1945: *A laboratory study of the meandering of alluvial rivers*. U.S. Waterways Exp. Sta., Vicksburg, Mississippi.

[3] Ikeda, S. 1982: *Lateral bed load transport on side slope*. J. Hydr. Engrg., ASCE, Vol. 108, No. HY11, Nov.

[4] Jansen, P.Ph., van Bendegom, L., van den Berg, J., de Vries, M., Zanen, A. 1979: *Principles of river engineering*. Pitman Publishing Ltd., London.

[5] Kondratiev, N., Popov, I., Snishchenko, B. 1982: *Foundations of hydromorphological theory of fluvial processes*. （In Russian）Gidrometeoizdat, Leningrad.

[6] Levi, I.I. 1957: *Dynamics of alluvial streams*. State Energy Publishing, Leningrad.

[7] Matthes, G.H. 1948: *Mississippi River cutoffs*. Trans. ASCE, Vol. 113.

[8] Matthes, G.H. 1941: *Basic aspects of stream meanders*. Amer. Geophy. Union.

[9] Nagata, N., Hosoda, T., Muramoto, Y. 2000: *Numerical analysis of river channel processes with bank erosion*. J. Hydr. Engrg., ASCE, Vol. 126, No. 4, April.

[10] Nakagawa, H., Tsujimoto, T., Murakami, S. 1986: *Non-equilibrium bed load transport along side slope of an alluvial stream*. Proc. 3rd Int. Symp. on River Sedimentation, University of Mississippi, Mississippi.

[11] Nelson, J.M., Smith, J.D. 1989a: *Evolution and stability of erodible channel beds.* In “River Meandering”, S. Ikeda and G. Parker eds., American Geophysical Union, Water Resources Monograph, 12.

[12] Nelson, J.M., Smith, J.D. 1989b: *Flow in meandering channels with natural topography.* In “River Meandering”, S. Ikeda and G. Parker eds., American Geophysical Union, Water Resources Monograph, 12.

[13] Okoye, J.K. 1970: *Characteristics of transverse mixing in open channel flows.* W.M. Keck Laboratory for Hydraulics and Water Resources, California Institute of Technology, Repotrt KH-R-23.

[14] Parker, G. 1984: *Discussion of Lateral bed load transport on side slopes by* S.Ikeda. J.Hydr. Engrg., ASCE, Vol. 110, No. 2, Feb.

[15] Rodi, W. 1980: *Turbulence models and their applications in hydraulics.* IAHR, Delft, The Netherlands.

[16] Shimizu, Y. 1991: *A study on prediction of flows and bed deformation in alluvial streams.* （In Japanese）Civil Engrg. Research Inst. Rept., Hokkaido Development Bureau, Sapporo, Japan.

[17] Shimizu, Y., Itakura, T. 1989: *Calculation of bed variation in alluvial channels.* J.Hydr. Engrg., ASCE, Vol. 116, No. 3.

[18] Shimizu, Y., Itakura, T., Yamaguchi, K. 1987: *Calculation of two-dimensional flow and bed deformation in rivers.* Proc. XXII Cong. IAHR, Vol. A.

[19] Silva, A.M.F. 1999: *Friction factor of meandering flows.* J. Hydr. Engrg., ASCE, Vol. 125, No. 7, July.

[20] Silva, A.M.F., Yalin, M.S. 1997: *Laboratory measurements in sine-generated meandering channels.* International Journal of Sediment Research, IRTCES, Vol. 12, No. 2, Aug.

[21] Silva, A.M.F. 1995: *Turbulent flow in sine-generated meandering channels.* Ph.D. Thesis, Dept. of Civil Engrg., Queen’s Univ., Kingston, Canada.

[22] Smith, J.D., Mclean, S.R. 1984: *A model for flow in meandering streams.* Water Resour. Res., Vol. 20, No. 9.

[23] Struiksma, N., Crosato, A. 1989: *Analysis of a 2-D bed topography model for rivers.* in “River Meandering”, S. Ikeda and G. Parker eds., American Geophysical Union, Water Resources Monograph, 12.

[24] Struiksma, N., Olesen, K.W., Flokstra, C., De Vriend, H.J. 1985: *Bed deformation in curved alluvial channels.* J. Hydr. Res., Vol. 23, No. 1.

[25] Struiksma, N. 1985: *Prediction of 2-D bed topography in rivers.* J.Hydr. Engrg., ASCE, Vol. 111, No. 8.

[26] Termini, D. 1996: *Evoluzione di un canale meandriforme a fondo inizialmente piano studio teorico-sperimentale del fondo e le caratteristiche cinematiche iniziali della corrente*. Ph.D. Thesis, Dept. Hydraulic Engineering and Environmental Applications, University of Palermo, Italy.

[27] Velikanov, M.A. 1955: *Dynamics of alluvial streams. Vol. II. Sediment and bed flow.* State Publishing House for Theoretical and Technical Literature, Moscow.

[28] Wu, W., Rodi, W., Wenka, T. 2000: *3D numerical modeling of flow and sediment transport in open channels*. J. Hydr. Engrg., ASCE, Vol. 26, No. 1.

[29] Yalin, M.S. 1992: *River mechanics*. Pergamon Press, Oxford.